世界一やさしい

# ウイスキーの味覚図鑑

朝倉あさげ［著］
omiso［イラスト］

KANZEN

# はじめに

「作家」を将来の夢ということにしていた。小学生の頃、自分の将来の夢を書いた画用紙を持って写真に撮られるなどという地獄のようなレクリエーションがあり、クラスメイトは「ケーキ屋さん」とか「サッカー選手」、はては「消防車」などというトランスフォーマーもいる中で、自分は子どものくせに冷めた人間だったので、とりあえず大人ウケを意識してウンウン悩んだ結果、「作家」という大嘘を書いたのを鮮明に覚えている。

そんな夢なし人間もズルズルと大人になるとどういう動機か忘れたものの、ウイスキーを「嗜む」ようになってしまった。その体験をベラベラと話したかったのでブログでダラダラとベラベラを積み重ねていたところ、何かが狂って……いや僥倖なことに出版社「様」から本を出しませんかと声をかけていただいた。

作家とはまた違うかもしれないけれど、嘘から出た実とはこのことである。好きなものを好きに楽しみ書いたものが、本になるなんて。これもウイスキーがくれた縁なのかもしれない。この本を通じて、ウイスキーの魅力が少しでも伝われば幸いである。

2024年11月　朝倉あさげ

# 〈本書の読み方〉

001
アラン 10年
シングルモルト
スコッチ
Arran 10 Years Old

フレッシュで果実味あふれるアイランズモルト

DATA
蒸留所：ロックランザ蒸留所（スコットランド／アイランズ）
製造会社：同上
内容量：700㎖
アルコール度数：46%
購入時価格：4,150円（税込）
2024年11月時市場価格：6,200円（税込）

トップも木製で温かみがあってオシャレ

2020年にボトルを現代的でスタイリッシュなものに一新

近年人気の蒸留所のスタンダードモデル。1995年にアイル・オブ・アラン蒸留所として創業した新進気鋭の蒸留所で、アラン島に蒸留所が復活したのは実に約160年ぶりとのこと。現在は第二蒸留所であるラグ蒸留所が稼働を開始、第一蒸留所であるアイル・オブ・アラン蒸留所もロックランザ蒸留所と改名して操業を続けています。ちょっと前にはインターネットで流行り、ハイボールが美味しいウイスキーとして注目を集め、今でもとても人気の銘柄です。

味覚チャート

ストレート

色
・明るめなゴールド

香
・アルコールのアタックの直後に梅酒っぽい香り
・若い樽香。瑞々しさ
・ほのかに甘いレーズン香

味
・穏やかで爽やかな甘み。若さを感じる
・度数が46%なのもありアルコール感はある
・余韻で突き抜けていく果実感

構成要素
〈果物〉洋梨　〈甘さ〉はちみつ　〈果物〉桃　〈果物〉レーズン　〈果物〉レモン　〈熟成〉木材

ロックで飲んでみる

香
・結構激しく振ってもアルコールでウッとならない
・甘い香りが残り樽香は引っ込む

味
・アルコール感がほとんどなくなって飲みやすい
・が、余韻もそれなりにパッと消えていく
・飲み終わりにアルコール感を感じる

構成要素
〈甘さ〉はちみつ　〈果物〉洋梨　〈果物〉レーズン　〈果物〉レモン　〈熟成〉木材

ハイボールで飲んでみる

味
・美味しいけど何か薄さを感じる。濃いめが吉かも
・ロックと違いウッディネス。弾ける炭酸の中に微かな甘み
・しっかりとフルーティーな味わい。黄色～黄緑の果物を連想させる
・ハイボール適性、すごい

構成要素
〈熟成〉木材　〈果物〉洋梨　〈果物〉レモン　〈甘さ〉はちみつ　〈熟成〉バニラ　〈果物〉レーズン

総評
スペイサイド感とハイランド感かつフレッシュでフルーティーな香り

梅酒と表現して大丈夫なのかと心配になるが、それほど果実感がある。ただ主体は樽から来るウッディな香りが強く、あとから果実感が追ってくる感じで、個人的にはハイボールの際は割と濃いめにつくらないと「良さ」が損なわれる気がする。樽感、果実感の絶妙なバランスを楽しめるエレガントな一本。

所感
ハイボールの爽やかさがスーッと効いてこれはありがたい

嫌味だと感じるところがまったくといっていいほどなく、こちらを嫌いになれる方がいるの？というレベルで癖がないので、ウイスキー初心者にもおすすめされる理由もなかなかどうしてなるほどねぇ、という感じです。ガツンと来る強烈な個性はないものの、「バランス感」がはっきりとわかる良いウイスキーです。

8　9

❶通し**ナンバー**

❷**種類**

❸**産地**

❹**ボトル名**

❺**ボトル英字**

❻**ボトルデータ**

❼**ボトルイメージ**　なんとomiso先生の超美麗イラストです。

❽**ボトルキャップ**　コルク栓だとうれしくなります。

❾**ボトルうんちく**　ボトルについての理解が深まるように書きました。

❿**味覚チャート**　数値が大きいほど美味しいとは限りません。

⓫**○○で飲んでみる**　3種類の飲み方で味わい尽くします。

⓬**色・香・味**　目で見て、鼻で感じ、舌で味わいます。

⓭**構成要素**　色とりどりのアイコンで直感的に理解できます。

⓮**おすすめ**　個人の感想です。

⓯**総評**　真面目なことを書いています。

⓰**所感**　余談やふざけたことを書いています。

# Contents

# 〈味覚アイコン一覧〉

果物
青りんご
赤りんご
赤ワイン
あんず
いちご
オレンジ
熟しかけのりんご
チェリー
バナナ
ぶどう
フルーティー
マスカット
マンゴー
メロン
桃
洋梨
レーズン
レモン
ピート
硫黄
磯
海岸線
紙
革
潮
書斎
スモーキー
焚き火
出汁
土
泥
干し草
甘さ
キャラメル
黒蜜
黒糖
人工的シロップ
チョコレート
はちみつ
花の蜜
バニラアイス
ビターチョコ
ヘザーハニー
ミルクチョコ
メープルシロップ
感覚
大人しい
金属
粉
ゴム
樽から来る渋み
ビター
芳醇
熟成

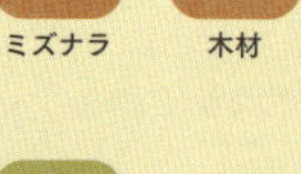

湿った木
スパイシー
乳酸菌
バニラ
ミズナラ
木材
溶剤

香ばしさ

小豆
カカオ
穀物
トースト
焼き立てのパン

ハーブ

緑野菜
森


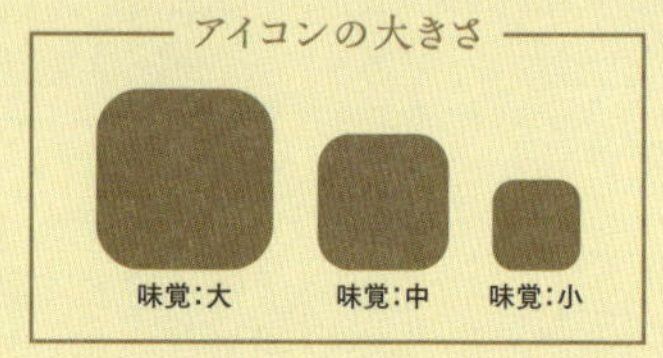

アイコンの大きさ
味覚：大
味覚：中
味覚：小

# 1

# フルーティー

ウイスキーの花形。**洋梨**や**青りんご**を筆頭に**ぶどう**や**柑橘**、**バナナ**や**マンゴー**といった**フルーツ**の香りは、発酵の際に使われる酵母や熟成樽により、それぞれもたらされています。

001

# アラン 10年

シングルモルト

スコッチ

Arran 10 Years Old

## フレッシュで果実味あふれるアイランズモルト

DATA

蒸留所：ロックランザ蒸留所（スコットランド／アイランズ）
製造会社：同上
内容量：700㎖
アルコール度数：46%
購入時価格：4,150円（税込）
2024年11月時市場価格：6,200円（税込）

トップも木製で温かみがあってオシャレ

### 2020年にボトルを現代的でスタイリッシュなものに一新

近年人気の蒸留所のスタンダードモデル。1995年にアイル・オブ・アラン蒸留所として創業した新進気鋭の蒸留所で、アラン島に蒸留所が復活したのは実に約160年ぶりとのこと。現在は第二蒸留所であるラグ蒸留所が稼働を開始、第一蒸留所であるアイル・オブ・アラン蒸留所もロックランザ蒸留所と改名して操業を続けています。ちょっと前にはインターネットで流行り、ハイボールが美味しいウイスキーとして注目を集め、今でもとても人気の銘柄です。

味覚チャート

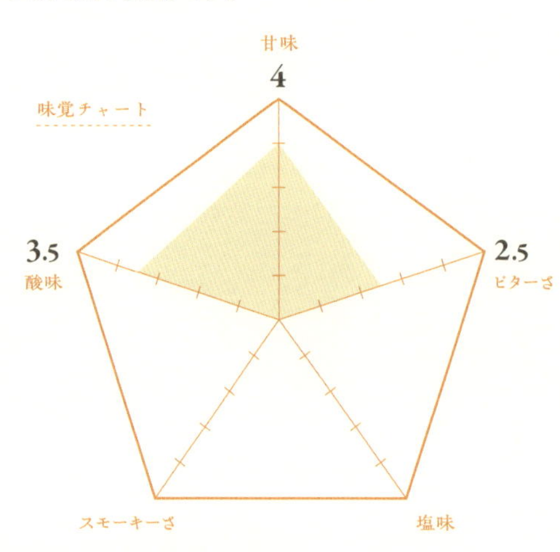

## ストレートで飲んでみる

おすすめ

| | |
|---|---|
| 色 | ▪明るめなゴールド |
| 香 | ▪アルコールのアタックの直後に**梅酒**っぽい香り<br>▪若い**樽**香。瑞々しさ<br>▪ほのかに**甘いレーズン**香 |
| 味 | ▪穏やかで爽やかな**甘み**。若さを感じる<br>▪度数が46%なのもありアルコール感はある<br>▪余韻で突き抜けていく**果実**感 |

構成要素

〈果物〉洋梨　〈甘さ〉はちみつ　〈果物〉桃　〈果物〉レーズン　〈果物〉レモン　〈熟成〉木材

## ロックで飲んでみる

| | |
|---|---|
| 香 | ▪結構激しく吸ってもアルコールでウっとならない<br>▪**甘い**香りが残り樽香は引っ込む |
| 味 | ▪アルコール感がほとんどなくなって飲みやすい<br>▪が、余韻もそれなりにパっと消えていく<br>▪飲み終わりにアルコール感を感じる |

構成要素

〈甘さ〉はちみつ　〈果物〉洋梨　〈果物〉レーズン　〈果物〉レモン　〈熟成〉木材

## ハイボールで飲んでみる

おすすめ

| | |
|---|---|
| 味 | ▪美味しいけど何か薄さを感じる。濃いめが吉かも<br>▪ロックと違い**ウッディネス**。<br>弾ける炭酸の中に微かな**甘み**<br>▪しっかりと**フルーティー**な味わい。<br>**黄色～黄緑の果物**を連想させる<br>▪ハイボール適性、すごい |

構成要素

〈熟成〉木材　〈果物〉洋梨　〈果物〉レモン　〈甘さ〉はちみつ　〈熟成〉バニラ　〈果物〉レーズン

### 総評　スペイサイド感とハイランド感かつ**フレッシュ**で**フルーティー**な香り

**梅酒**と表現して大丈夫なのかと心配になるが、それほど**果実**感がある。ただ主体は**樽から来るウッディ**な香りが強く、あとから**果実**感が追ってくる感じで、個人的にはハイボールの際は割と濃いめにつくらないと「良さ」が損なわれる気がする。**樽**感、**果実**感の絶妙なバランスを楽しめるエレガントな一本。

### 所感　ハイボールの爽やかさがスーッと効いて…これは…ありがたい…

嫌味だと感じるところがまったくといっていいほどなく、こちらを嫌いになれる方がいるの？というレベルで癖がないので、ウイスキー初心者にもおすすめされる理由もなかなかどうしてなるほどねぇ、という感じです。ガツンと来る強烈な個性はないものの、「バランス感」がはっきりとわかる良いウイスキーです。

002

# アラン シェリーカスク

シングルモルト

スコッチ

Arran Sherry Cask

## いちごジャムを感じるリッチな優等生

DATA

蒸留所：ロックランザ蒸留所（スコットランド／アイランズ）
製造会社：同上
内容量：700㎖
アルコール度数：55.8%
購入時価格：6,545円（税込）
2024年11月時市場価格：8,180円（税込）

キャップは『アラン』共通のデザイン

### 「アラン・カスクストレングスシリーズ」の一角

熟成樽はファーストフィルのシェリーホグスヘッド（初めてウイスキーの熟成に使うシェリーの古樽）のみ、熟成年数は大体7年だそうです。データの通りアルコール度数は55.8%のカスクストレングス（樽から出して加水を行っていない状態）。ノンチルフィルター（冷却濾過を行っていない）でノンカラー（着色をしていない）です。このシリーズ、他にも「ポートカスク」「アマローネカスク」「ソーテルヌカスク」とありますが、どれも入手しづらいイメージです。

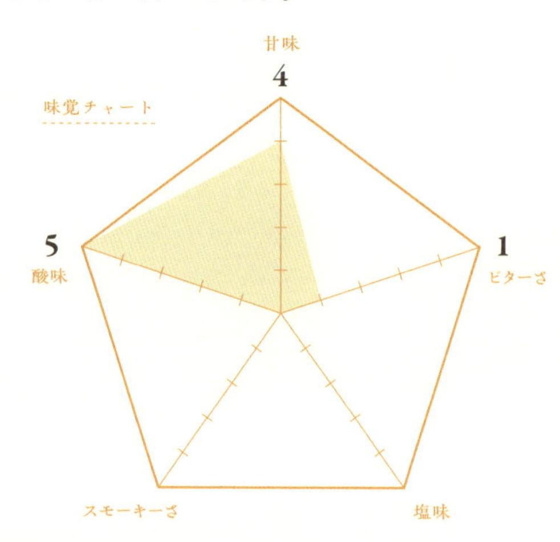

## ストレートで飲んでみる おすすめ

| | |
|---|---|
| 色 | ・濃い赤褐色 |
| 香 | ・『アラン』特有のフレッシュな黄色を連想させる果実香<br>・シェリーか……？　と言われれば奥にほんのりとレーズンが香る<br>・高度数のおかげか樽香もふんわりと香る |
| 味 | ・度数なりのアルコール刺激は来るものの、めちゃくちゃ痛いわけではない<br>・いちごジャムのような粘性、酸味のある甘さが口に広がる<br>・そう、まさにいちごジャムって感じ。美味しい |

構成要素

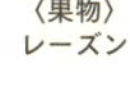

〈果物〉いちご
〈甘さ〉チョコレート
〈果物〉レーズン
〈熟成〉バニラ
〈果物〉フルーティー
〈熟成〉木材

## ロックで飲んでみる

| | |
|---|---|
| 香 | ・シェリー樽熟成特有のレーズン香が出てきた<br>・フレッシュな果実香も相変わらず<br>・アルコールアタックがなくなったので嗅ぎやすい |
| 味 | ・ストレートで感じたほどの味の豊かさはなくなった気がする<br>・アルコール刺激もまだあることにはある<br>・飲みやすいけど物足りなさがあるかな…… |

構成要素

〈果物〉レーズン
〈果物〉いちご
〈熟成〉バニラ
〈果物〉フルーティー

## ハイボールで飲んでみる おすすめ

| | |
|---|---|
| 味 | ・シェリーの主張はわずかに<br>・雑味が一切ないので飲みやすい<br>・でもハイプルーフの割にコシがなく単純に薄まっている印象を受ける？<br>・いちご的なベリー感。フレッシュなレーズン感がふわりと立ち昇る。炭酸との親和性も高し!! |

構成要素

〈果物〉いちご
〈果物〉レーズン
〈熟成〉木材
〈熟成〉バニラ
〈果物〉フルーティー

### 総評　いちごジャム感は唯一無二の突き抜けた個性

ハイボールで推されがちな『アラン』だけれどストレートも美味しい。「シェリーカスク」においてはそれが顕著で、他のシェリー系にはない「粘性を持ったいちごジャム感」が突き抜けた個性となっていて楽しい。純粋な飲みやすさで言えば、雑味のない酒質なのでハイボールでも美味しくいただける。

### 所感　長熟になるとシェリー樽原酒が使われだすので……

『アラン』の長熟ものはシェリー樽原酒が大きな割合を占めてくる（「21年」はファーストフィルとセカンドフィルのシェリーホグスヘッドで熟成した原酒のみを使用）ので、それの体験版のような感じを比較的安価で楽しめるボトルです。ちょっと前までは手に入りにくいイメージでしたが、供給が追いついてきました。

003

# インチマリン 12年

シングルモルト

スコッチ

ROCH LOMOND INCHMURRIN AGED 12 YEARS

## 初心者にもやさしい果汁感が心地いい優等生

DATA

蒸留所：ロッホローモンド蒸留所（スコットランド／ハイランド）
製造会社：同上
内容量：700mℓ
アルコール度数：46%
購入時価格：5,500円（税込）
2024年11月時市場価格：5,500円（税込）

### フルーティータイプの『ロッホローモンド』

ロッホローモンド蒸留所はローモンド型スチルという「蒸気となったアルコールの還流率をスチル内で変化させることができる」1台で何役もこなせる蒸留器を使用し、多彩な原酒を造り分けています。また、従来型のスワンネックのポットスチルやグレーンウイスキーを製造する連続式蒸留器、ニッカウヰスキー宮城峡蒸溜所にも存在するカフェスチルなど、さまざまな設備を備えています。『インチマリン』はそのローモンドスチルで蒸留された原酒のみを使用しています。

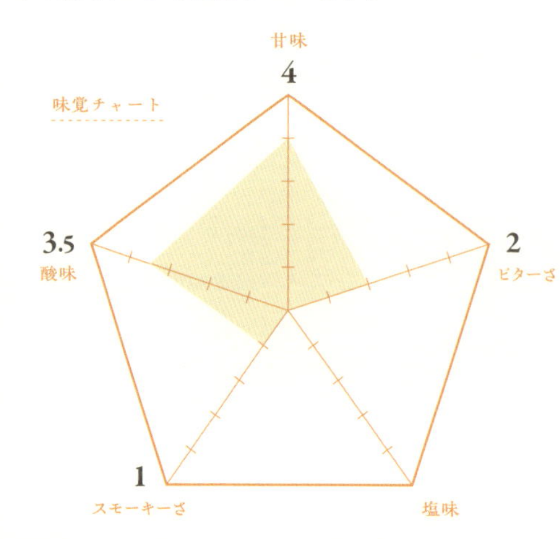

## ストレートで飲んでみる

**色**
- 鮮やかな琥珀色

**香**
- ほのかな果実感……いや、結構ある果実感
- なんだろう？　マスカットの皮？　甘め
- 桃のような香りも確かに感じる

**味**
- やさしく舌にまとわりつく
  シルクのような果実の甘さ
- ハイランドモルトっぽい干し草感も一瞬出てくる

構成要素

〈果物〉マスカット　〈果物〉桃
〈ピート〉干し草　〈果物〉フルーティー　〈感覚〉芳醇

## ロックで飲んでみる

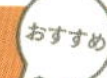

**香**
- マスカットや洋梨の果実っぽさが前面に出てくる
- 果物そのものというより果汁の香り

**味**
- 如実に味わいが濃くなる。不思議
- と同時に余韻のビターさも増して飲みごたえもよい
- フルーツの甘さや酸っぱさを
  リアルに体現している感じ

構成要素

〈果物〉マスカット　〈果物〉洋梨
〈果物〉桃　〈果物〉フルーティー　〈熟成〉木材

## ハイボールで飲んでみる

**味**
- 美味しい。癖がなく純粋に美味しい
- 余韻に特有の爽やかでいて
  ちょっと濃いフルーティーさが抜けていく
- わかりやすくいい感じ
- 炭酸に乗って弾けるフルーティー感もとてもよい。
  親和性高し

構成要素

〈果物〉マスカット　〈果物〉洋梨　〈果物〉桃
〈果物〉フルーティー　〈熟成〉木材

### 総評　もっとはっちゃけてよい……と心配になるほど優等生

真っ当に美味しく、これが本当にウイスキーなの……？　というくらい癖もなく万人に安心しておすすめできそうなハイスペックさがある。果実味が濃密で飲みやすく、余韻のビターさのバランスが良いという、これまた優等生的な振るまいを見せてくれるロックがおすすめ。どう飲んでもわかりやすい！

### 所感　『ロッホローモンド』は品評会で殿堂入りするくらい人気

ウイスキーの値上げが著しい中、『ロッホローモンド』は比較的価格が抑えめなので世界でも評価されているシングルモルトを気軽に試せます（『インチモーン』はちょっと高め）。他、『ロッホローモンド』はバランス型のスタンダードタイプ。『インチモーン』はピーテッドタイプでテイスティング比較も楽しそうです。

004

シングルモルト

タイワニーズ（台湾）

# カバラン コンサートマスター ポートカスクフィニッシュ

KAVALAN CONCERTMASTER PORT CASK FINISH

## ナチュラルで甘酸っぱい果実味

DATA

蒸留所：カバラン蒸留所（台湾）
製造会社：同上
内容量：700㎖
アルコール度数：40％
購入時価格：50㎖ボトルのため参考外
2024年11月時市場価格：8,000円（税込）

50㎖ボトルではメタルスクリュー仕様

### ポートワイン樽でフィニッシュをかけた『カバラン』

『カバラン』は台湾北東部、宜蘭(ぎらん)県で製造されています。竣工は2006年であるものの、世界的品評会で数々の賞を総なめにしている新進気鋭の蒸留所です。スコットランドの冷涼な気候でゆっくりと熟成するのとは真反対の亜熱帯気候により熟成が早く進むのが大きな特徴です。本ボトルはポルトガルの酒精強化ワインであるポートワインの空き樽で後熟をかけたもので、明るいフルーティーさが加えられています。「コンサートマスター」にはシェリーカスクフィニッシュも存在します。

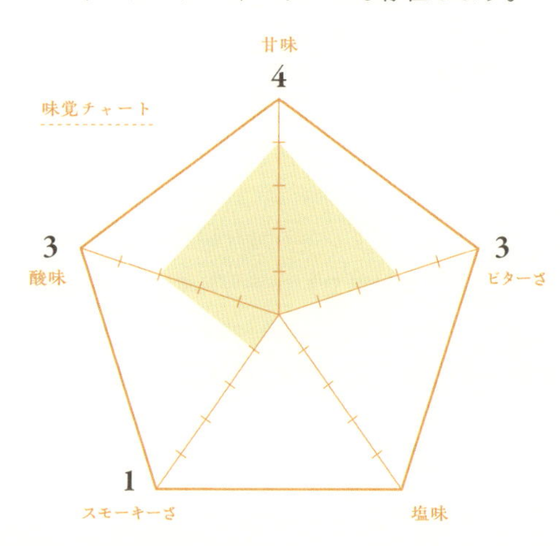

50㎖ボトル

## ストレートで飲んでみる

色
- 淡い赤褐色

香
- 「クラシック」と同じくバーボン然とした溶剤臭が目立つ
- その中にふわりと甘い黒糖のような香りを感じる

味
- 舌に乗せた瞬間に果実的な酸味を感じる
- 一瞬の甘さのあとにキュっとなるタンニン感、樽感。余韻は長い

構成要素

〈果物〉レーズン

〈甘さ〉黒糖

〈熟成〉バニラ

〈熟成〉木材

## ロックで飲んでみる

香
- アルコール感がなくなり嗅ぎやすくなる
- バーボン的なトロピカル感、甘い香り

味
- 甘酸っぱい、のあとにちょこっとスモーキーな樽感で〆る
- 要素としては多めで、樽感のおかげで飲みごたえはかなりアリ

構成要素

〈果物〉レーズン

〈果物〉青りんご

〈果物〉バナナ

〈熟成〉木材

## ハイボールで飲んでみる

味
- やはり果実味が楽しい甘酸っぱいハイボール
- 「クラシック」と比較するとこちらのほうが人工的な風味がない
- ナチュラルな感じで飲みやすさがある
- なんとなく、樽感もあるのでバランスも良い

構成要素

〈果物〉レーズン

〈果物〉バナナ

〈熟成〉バニラ

〈果物〉青りんご

〈果物〉マンゴー

### 総評　南国感あふれる甘いフルーティーさ

南国っぽさは『カバラン』特有のものなのか、「ポートカスクフィニッシュ」を経ても見え隠れするほどの黄色いフルーツ感。ストレートからでも甘いフルーティーさを楽しめ、ハイボールでもフルーツジュースのような甘さを見せてくれる。キャラクターとしては万能なので、いろいろ飲み比べてみるのがおすすめ。

### 所感　ミニボトルのデザインがかなり精巧

（『カバラン』内で相対的に）安価帯のボトルとなっていますけれど、やはり手が出しづらい……という方のために50㎖のミニボトルが「クラシック」と「コンサートマスター」には存在しています。バーで飲んだつもりで1本買って飲んでみるのもよいですね。ミニサイズながらフルボトルそっくりで集めたくなる出来です。

005

# クラガンモア 12年

シングルモルト
スコッチ

CRAGGANMORE 12 YEARS OLD

## 『桃の天然水』的な清楚系……と見せかけて?

DATA

蒸留所：クラガンモア蒸留所（スコットランド／スペイサイド）
製造会社：同上
内容量：700㎖
アルコール度数：40%
購入時価格：4,000円（税込）
2024年11月時市場価格：5,000円（税込）

### ディアジオ・クラシックモルト、スペイサイド代表

始まりは1869年。ユナイテッド・ディスティラリーズ社が提唱し、現在はディアジオ社が引き継いでいるスコットランドの地域別代表モルトのシリーズのひとつ。他の銘柄は『オーバン』『タリスカー』『ダルウィニー』『ラガヴーリン』『グレンキンチー』です。上述の通り現在蒸留所はディアジオ社が所有しており、その原酒は『ジョニーウォーカー』や『ホワイトホース』『オールドパー』といった名だたるブレンデッドウイスキーにも使われている縁の下の力持ち的な実力派です。

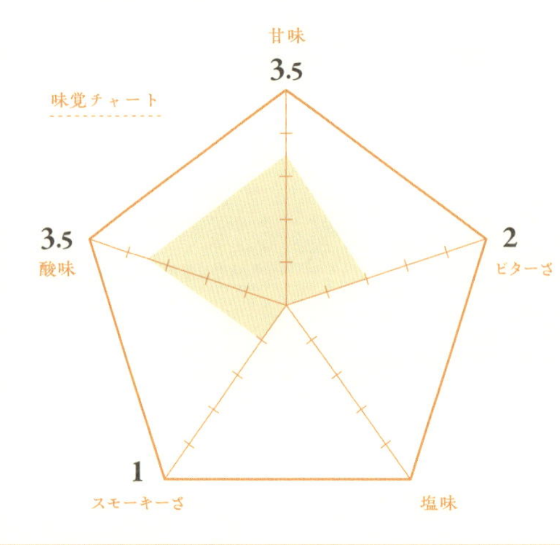

## ストレートで飲んでみる おすすめ

| | |
|---|---|
| 色 | ・やや深めのゴールド |
| 香 | ・実に奥ゆかしい。スペイサイドらしさを感じる**クリーン**な香り<br>・**はちみつ**のような**甘い**香りでありながら、**フルーティー**さも感じる<br>・**『桃の天然水』**みたいな |
| 味 | ・薄口の**バニラクリーム**のような味わい。なめらか<br>・それでいて**潮**、**干し草**っぽさもある？不思議な感覚 |

構成要素

## ロックで飲んでみる

| | |
|---|---|
| 香 | ・**クリーン**な香りは相変わらず<br>・余計**『桃天』**っぽくなる。おもろい |
| 味 | ・印象が激変する。刺激的になる<br>・なんか『ジョニー……なんたら』っぽい<br>・**樽**感が強く出るのか、押しが少し強くなるイメージ |

構成要素

## ハイボールで飲んでみる

| | |
|---|---|
| 味 | ・形容しづらい感じ。ハイランドモルトっぽさも出てくる<br>・**干し草**に**はちみつ**を垂らしたところを舐めさせられて、「**甘い**でしょ？」と詰め寄られている感じ？？？？<br>・ハイボールでは個性を取り戻し、**フルーティー**かつ少し**スモーキー**でよい |

構成要素

総評

### 加水するとやんちゃを通り越してグレる

清楚で大人しいと思っていた人とカラオケに行ったら突如としてデスメタルを歌いだした……みたいな豹変ぶり。おすすめはストレート。スペイサイドらしい**果実**味あふれる味わいに加え、広大な自然を思わせる**春先の空気の情景**が浮かぶほのぼのとした味わい。加水で表情が変わるものの、全体的に穏やか。好き。

所感

### 『桃の天然水』もう売っていない問題

ほんわかと**桃**が香る、やさしげなモルト。薄まりすぎると桃天感はなくなり、**ライトピート**感が顔を出すところがなんとも面白さがあり、スペイサイドっぽさもありつつハイランドっぽさもありつつ……結構複雑。ところで**『桃の天然水』**ってもう売っていないんですね。え？**『桃天』**って例え、伝わってない……？

006

# グレンアラヒー 8年

シングルモルト

スコッチ

GLENALLACHIE AGED 8 YEARS

## 本来の姿が垣間見えるナチュラルな『グレンアラヒー』

DATA

蒸留所：グレンアラヒー蒸留所（スコットランド／スペイサイド）
製造会社：同上
内容量：700㎖
アルコール度数：46%
購入時価格：量り売り
2024年11月時市場価格：7,000円（税込）

### 『グレンアラヒー』の比較的新しいコアレンジ

始まりは1967年。2017年にペルノ・リカール社から独立し、シングルモルトとしての販売を開始しました。『グレンアラヒー』とはゲール語で「岩の谷」という意味で、その名の通りラベル、外箱にはその意匠が見て取れます。スペックはペドロヒメネスシェリーのパンチョン樽、オロロソシェリーのパンチョン樽熟成原酒がメインで、バージンオーク樽、赤ワインバリック熟成の原酒を少量という構成だそうです。エントリーグレードは長らく「12年」が担っていたところに現れた新星。

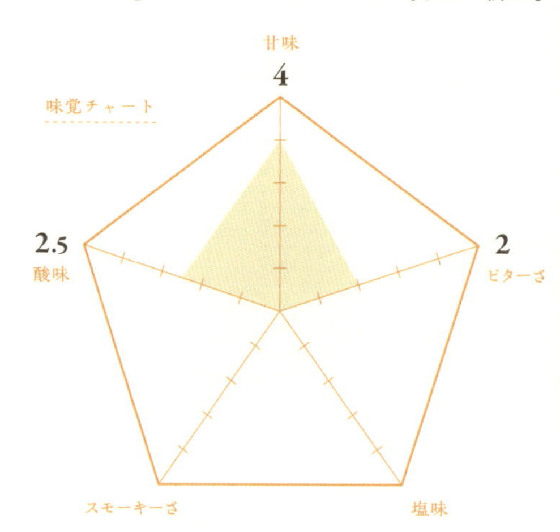

## ストレートで飲んでみる

構成要素

〈熟成〉バニラ

〈甘さ〉黒糖

〈甘さ〉はちみつ

〈果物〉レーズン

〈甘さ〉ヘザーハニー

**色**
- 明るめのアンバー

**香**
- 香り的には**バニラ**香がメイン？
- 時間を置くと**シェリー**っぽい**黒糖**の香りが出てくる
- さすがに「12年」のような深々としたどっしり感とまではいかない……

**味**
- 多少のアルコール刺激
- **ヘザーハニー**のような**植物の蜜**感
- **黒蜜**のような**甘さ**を一瞬感じる
- 年数通り「12年」の一歩手前な感じ

## ロックで飲んでみる

構成要素

〈甘さ〉はちみつ

〈果物〉レーズン

〈甘さ〉ヘザーハニー

〈熟成〉木材

〈甘さ〉黒糖

〈熟成〉バニラ

**香**
- 全体的に香りが後退
- やはり奥に**ヘザーハニー**感

**味**
- 意外にも強烈な**はちみつ**感
- 舌の奥へ奥へと突き抜けるような**酸味**？　**渋み**？みたいな独特の感じも**はちみつ**にそっくり
- 余韻は**渋め**。面白さがある

## ハイボールで飲んでみる

構成要素

〈甘さ〉はちみつ

〈甘さ〉ヘザーハニー

〈熟成〉木材

〈甘さ〉黒糖

〈果物〉レーズン

**味**
- 薄い……？
- 期待して若者に任せすぎた感
- 余韻にはやはりリアルな**はちみつ**感
- **レーズン**の**フルーティー**感もほのかに
- サラっとした**はちみつ**感。面白い

総評

### もしかして……「ノンエイジ」化への布石？

リアルな**はちみつ**のエミュレーションが得意なボトル。一方、売りであるはずのシェリー樽の特徴はあまり出ておらず、従来の『グレンアラヒー』はこんな感じだったのかな、と考えを巡らせてしまう。おすすめはストレート。ギリギリ**シェリー**樽の要素を感じ取れる。いろいろ混ざっていて騒がしめだけどそれが楽しい。

所感

### 入門は高くても「12年」からのほうがいいかも

現在の『グレンアラヒー』のスタイルからはちょっと外れているように感じるので、『グレンアラヒー』を知りたい！という方にはちょっと早いボトルかもしれません。ただ、独立前のハウススタイルはこんな感じだったのかも？　という面白さはあります。『山崎（ノンエイジ）』と「12年」の関係に近いかも？？

1 フルーティー　2 スイート　3 スモーキー　4 リッチ　5 ライト

007 グレングラント アルボラリス

シングルモルト
スコッチ

THE GLENGRANT ARBORALIS

## 「木漏れ日」の名の通りの温かみ

DATA

蒸留所：グレングラント蒸留所（スコットランド／スペイサイド）
製造会社：同上
内容量：700㎖
アルコール度数：40%
購入時価格：2,750円（税込）
2024年11月時市場価格：2,800円（税込）

安価帯ながら
コルク栓！！
！！！！！！

### コスパ抜群のシングルモルト

蒸留所の始まりは1840年。イタリア市場でとても人気のある銘柄です。年数表記のないボトルとしては「メジャーリザーブ」が存在していましたが、グレングラント蒸留所創立180周年である2020年に発表された「木漏れ日」の名を冠した新たな年数表記のないシングルモルトが「アルボラリス」です。スペックはバーボンカスクとシェリーカスクの原酒のヴァッティングです。シングルモルトながら安価でいてハイボールが美味しい！　と人気を博している注目のボトルです。

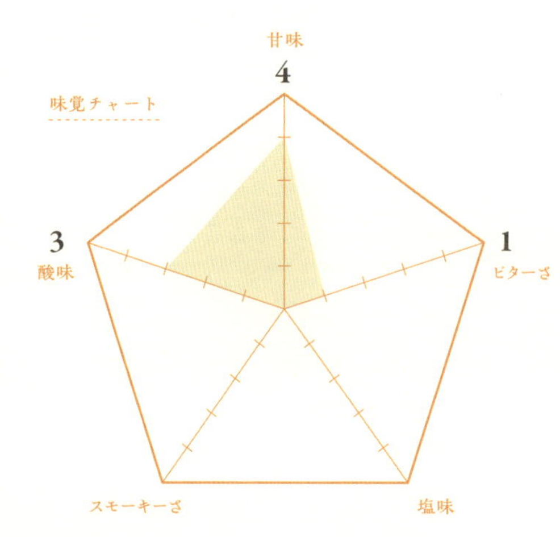

## ストレートで飲んでみる

| | |
|---|---|
| 色 | ・かなり明るめのアンバー |
| 香 | ・新しめのログハウスのような木材香<br>・湿度の高い森林浴のような空気感<br>・フレッシュな青りんご、はちみつ |
| 味 | ・はじめにレーズンが一瞬顔を出して消える<br>・それとやはり青りんご感。フレッシュ<br>・余韻には樽感が残る |

構成要素

〈果物〉青りんご　〈熟成〉木材　〈甘さ〉はちみつ　〈果物〉レーズン　〈熟成〉バニラ

## ロックで飲んでみる　おすすめ

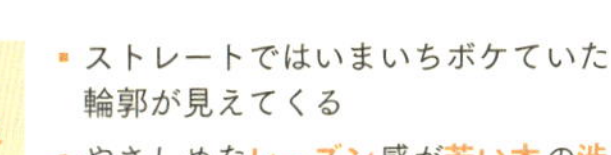

| | |
|---|---|
| 香 | ・甘い香りが開く<br>・特徴的な樽香は抑えめになる |
| 味 | ・ストレートではいまいちボケていた輪郭が見えてくる<br>・やさしめなレーズン感が若い木の渋みを包み込んでいる |

構成要素

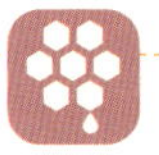

〈果物〉レーズン　〈甘さ〉はちみつ　〈果物〉青りんご　〈熟成〉木材　〈熟成〉バニラ

## ハイボールで飲んでみる　おすすめ

| | |
|---|---|
| 味 | ・結構がっつりめの樽香。樽香ハイボールといった感じ<br>・それとほんのりはちみつの甘さ<br>・味自体はライトで透き通っていて飲みやすい<br>・バーボン＆シェリー樽の要素がわかりやすく、スタンダードながら心地いい飲み口 |

構成要素

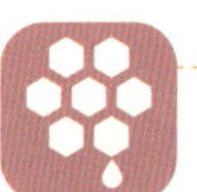

〈甘さ〉はちみつ　〈熟成〉木材　〈果物〉青りんご　〈果物〉レーズン　〈熟成〉バニラ

総評

### 「ノンエイジ」ながら総じてアルコール感を感じさせない出来

「アルボラリス」（木漏れ日）の名前に違わず、木々の間から差す温かみ、自然の呼吸感が甘み、樽香によって見事に表現されている一本。ストレートでがっつり来るやや湿気た樽香も悪くないけれど、加水によって味のピントが合うので、やや加水〜ロックあたりがおすすめかも。もちろんハイボールもおすすめ。

所感

### コスパ最高のシングルモルトとして人気

個人的にはやはり立ち込めるウッディな樽香が印象的に思えたので、それならばハイボールでもしっかりと飲めるのは納得……。少し値上がりしたものの、依然として安価で満足度の高いシングルモルトです。コンセプトがわかりやすいというところもポイント高しです。実際、確かに木漏れ日っぽい……不思議。

008

# グレンファークラス 12年

シングルモルト
スコッチ

GLENFARCLAS AGED 12 YEARS

## 軽やか＆ライトなシェリー感

DATA

蒸留所：グレンファークラス蒸留所（スコットランド／スペイサイド）
製造会社：同上
内容量：700mℓ
アルコール度数：43％
購入時価格：2,800円（税込）
2024年11月時市場価格：6,000円（税込）

創業者ジョン・グラントのイニシャルがデザインされている

### 直火炊き＋ノンピート＋100％シェリー樽

　グレンファークラス蒸留所の創業は1836年。今では珍しい家族経営の蒸留所です。大きな特徴はガスバーナーによる直火炊き蒸留、ノンピート、100％シェリー樽熟成の３つ。『グレンファークラス』は「緑の草の生い茂る谷間」という意味。グレンファークラス蒸留所はスペイサイド地方に位置しますが、スペイサイド地方自体がハイランド地方の中にあるので「ハイランド・シングルモルト・スコッチウイスキー」と名乗っています。結構おおらかな世界です。

味覚チャート

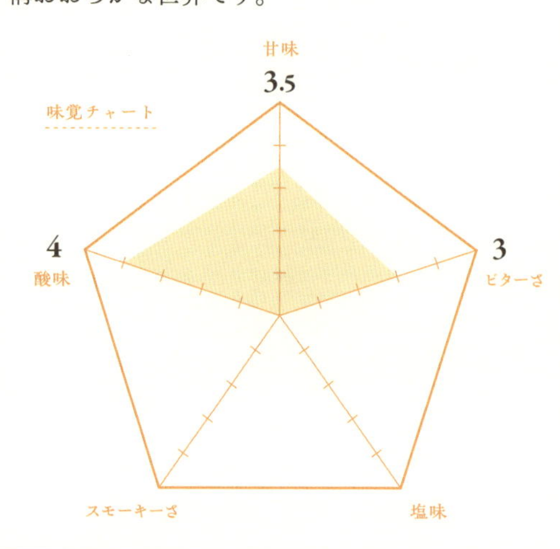

## **ストレート**で飲んでみる

**色**
- ちょうどいい琥珀色

**香**
- **フレッシュ**な**レーズン**香
- 奥からオーク樽の**木**の香りも感じ取れる

**味**
- はじめに広がってくるのは瑞々しい**レーズン**感
- 追って**洋梨**。余韻に**ビター**さが続き
  マイルドに引いていく
- ちょうどよい。押しつけがましくない
  **フレッシュ**・**フルーツ**感

構成要素

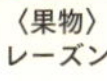

## **ロック**で飲んでみる

**香**
- **レーズン**感は少し穏やかになり**甘いモルト**感が増す

**味**
- ストレートでは賑やかさを感じたが
  氷で冷やされ静かな味わいに
- **ビター**先行で余韻のほうに**レーズン**感
- それでもまだ骨太な味わいが持続している

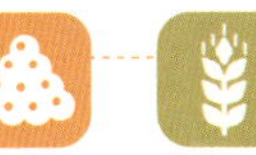
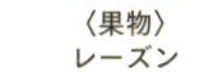
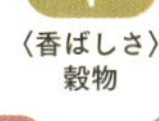

## **ハイボール**で飲んでみる

おすすめ

**味**
- おおよそロックのニュアンスのまま
  ハイボールになった感じ
- やはりはじめは**ビター**さが先行し、
  あとから**レーズン**感が余韻を占める
- 軽やかな**シェリー**感が心地いい。
  スペイサイド的魅力をヒシヒシと感じる

構成要素

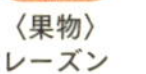

総評

### わかりやすく軽やかで華やかな**シェリー**

　どっしり**シェリー**を期待するとやや物足りない感じはあるが、この華やかさはさすがスペイサイドモルトといったところ。これより上の長熟もので重厚さが開花するであろうことが香り、味から示唆されていて非常に飲んでいてワクワクする。逆にライトな**シェリー**を探している人ならこれ以上のものはないと思う。

所感

### かつてはコスパ抜群だったものの……

『グレンリベット』や『グレンフィディック』に比肩するコスパ良しで飲みやすいシングルモルトとしては今は昔……。2021年頃は3,300円ほどで購入できた「12年」も今や6,000円超えがザラとスーパーインフレを起こしています。とはいえ、『グレンファークラス』からしか摂取できない要素があるのも事実です！

009

# グレンフィディック 12年

シングルモルト

スコッチ

Glenfiddich AGED 12 YEARS SPECIAL RESERVE

## 爽やか・なめらか・フルーティーの3本柱

DATA

蒸留所：グレンフィディック蒸留所（スコットランド／スペイサイド）
製造会社：同上
内容量：700㎖
アルコール度数：40%
購入時価格：3,200円（税込）
2024年11月時市場価格：4,500円（税込）

鹿のエンブレムが刻印されている

### シングルモルト販売のパイオニア

始まりは1886年。まだまだブレンデッドウイスキー用の原酒提供が主流だった1964年にシングルモルトとしても販売を開始したことでよく知られています。今では世界におけるシングルモルト販売数量ナンバー1を誇っているそうです。またバルヴェニー、キニンヴィ、ガーヴァン、アイルサ・ベイ蒸留所はグラント社が所有している姉妹蒸留所です。『グレンフィディック』とはゲール語で「鹿の谷」という意味。現行のラベルは2020年頃に切り替わり今に至ります。

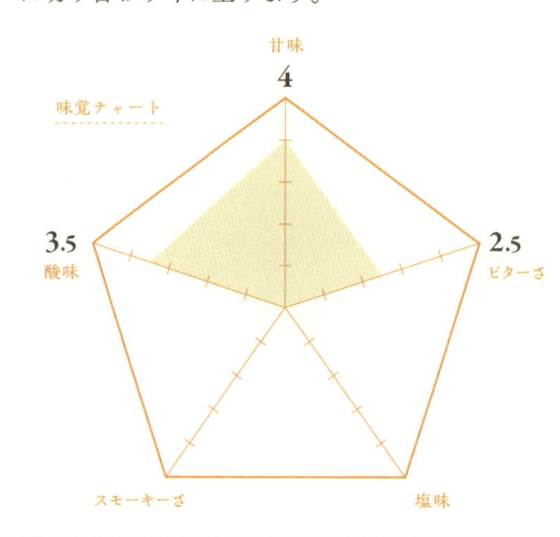

おすすめ

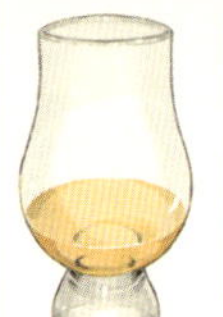

| | |
|---|---|
| 色 | ・中庸なゴールド |
| 香 | ・爽やかな**青りんご**の香り。次いで**樽**感<br>・スーっと**清涼**感のある香りが印象的<br>・ややアルコールアタックは気になる |
| 味 | ・まろやかめで**甘い**。<br>それと**フレッシュ・フルーティー**さ<br>・**樽**感は中盤から余韻にかけて<br>全体を補強するかのように出てくる<br>・**はちみつ**感もある |

〈甘さ〉
はちみつ

## ロックで飲んでみる

| | |
|---|---|
| 香 | ・やはり爽やか。それとちょっと**甘め**な香りになる |
| 味 | ・**ビター**感が強まる関係でボディが強く感じられる。<br>しっかりと<br>・それ以外は爽やかで<br>**フルーティー**な感じは変わらない |

構成要素

## ハイボールで飲んでみる

おすすめ

| | |
|---|---|
| 味 | ・結構**はちみつ**感が強まる。**甘口**<br>・**フレッシュ**さは余韻に表れ、次のひと口を促す<br>・スペイサイドのお手本感。<br>**フルーティー**・オブ・**フルーティー**<br>・ボトルの色よろしく、**緑色の果実**を思わせる<br>**フルーティー**さが弾ける！ |

総評

### さすが世界販売数量ナンバー1!!

終始**青りんご**的な**フレッシュ・フルーティー**さをまとっていて、まさに**緑**をイメージさせてくれるような香りと味わい。お上品な感じはあるものの、決して弱めの個性というわけではなく、**樽**感、**はちみつ**感といった要素で脇を固めていて加水でも崩れない。ハイボールがやはりおすすめ。ストレートも**果実**み溢れる。

所感

### 同ジャンルでは競合がひしめき合っている

同じくよくおすすめに挙がりがちな『ザ・グレンリベット 12年』と比較してみると、確かに要素要素は似ています。けれども、『グレンフィディック』はより爽やか・まろやか、『グレンリベット』はより甘くてシャープ……といった差別点を感じるので、両者のわかりやすい点をわかりやすく楽しむのが健全です。

010

# グレンマレイ
## シャルドネカスクフィニッシュ

シングルモルト
スコッチ

GLEN MORAY CHARDONNAY CASK FINISH

### フルーティーで爽やかな酸味を愉しめる6兄弟の一角

DATA

蒸留所：グレンマレイ蒸留所（スコットランド／スペイサイド）
製造会社：同上
内容量：700㎖
アルコール度数：40%
購入時価格：2,800円（税込）
2024年11月時市場価格：3,400円（税込）

かなり凝ったデザインのコルク栓

### クラシック・コレクションの6兄弟

『グレンマレイ』の始まりは1897年。創業後すぐにウイスキー市場に大不況が訪れ、1910年にウイスキーの生産を停止してしまいます。その後、グレンモーレンジィ社→モエ・ヘネシー・ルイヴィトン社→ラ・マルティニケーズ社と所有が変わりながら今に至ります。スペックはバーボン樽で平均7年熟成した「クラシック」をベースに、フランス・ブルゴーニュ地方を原産とする白ぶどうから造られるワインであるシャルドネの樽で後熟したものとなっています。

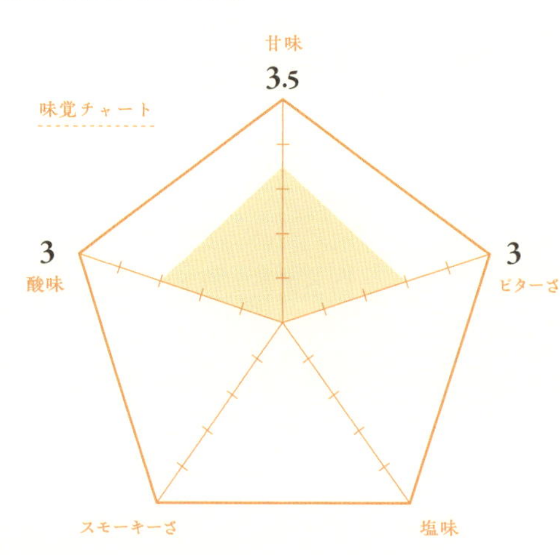

## ストレートで飲んでみる

**色**

- やや深みのあるゴールド

**香**

- スペイサイドモルトらしい爽やかな**緑の果実**感
- やや**酸味**を連想させる香りも感じられる。アルコールアタックも穏やか

**味**

- 香りに反して**樽**感が強め
- それでも華やかな**果実**香が鼻孔に抜けていく
- **青りんご**や**マスカット**、**洋梨**と爽やかで糖分の多い**果実**的な味わい

構成要素

〈果物〉青りんご

〈熟成〉木材

〈果物〉洋梨

〈果物〉ぶどう

〈果物〉マスカット

## ロックで飲んでみる

おすすめ

**香**

- 加水ですっごく開くタイプなのか、**果実**の香りがぶわっと広がる
- **花の蜜**のような**甘い**香りも出てくる

**味**

- 一気に**甘さ**、爽やかさが爆発する
- ストレートで感じた**樽**感もあるにはある
- しかしそれがあくまで脇役にとどまってくれているおかげですごく飲みやすい

構成要素

〈果物〉青りんご

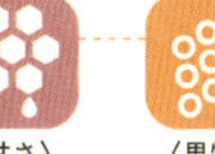
〈甘さ〉はちみつ

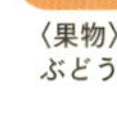
〈果物〉ぶどう

〈果物〉マスカット

〈熟成〉木材

## ハイボールで飲んでみる

おすすめ

**味**

- あぁ最高。うめーんだこれが
- **フルーティー**な味わいに加えほのかな**酸味**が心地いい
- **マスカット**然とした**果実**感が炭酸に乗って軽快さを十二分に引き出している!!

構成要素

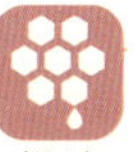
〈甘さ〉はちみつ

〈果物〉洋梨

〈果物〉青りんご

〈果物〉マスカット

総評

### 加水以降で一気に印象が変わる。本当に

ストレートでは意外とお堅めな印象を与えてくるが、加水にて驚きの広がりを見せてくれる。ハイボールはもちろんおすすめ。まさしく**スパークリングワイン**に限りなく近いハイボール。あとは珍しくロックで飲んでも美味しく飲める。**白ワイン**の良いところが出るので加水以降がおすすめ。

所感

### 年数ものの「12年」も比較的お安く買えるのでおすすめ

ちなみに、年数ものである「12年」は白ぶどうであるシュナン・ブランから造られる白ワイン樽で後熟させたもの、となっています。ぶどうの品種は違えど「12年」に近いスペックが「シャルドネカスクフィニッシュ」といえます。とはいえ、そこまで値段に差はないので「12年」から始めてみるのも大いにアリです。

011

# グレンモーレンジィ ラサンタ 12年

シングルモルト

スコッチ

GLENMORANGIE THE LASANTA AGED 12 YEARS

## ねっとりと甘いシェリーが乗っかった『グレンモーレンジィ』

DATA

蒸留所：グレンモーレンジィ蒸留所（スコットランド／ハイランド）
製造会社：同上
内容量：700㎖
アルコール度数：43%
購入時価格：量り売り
2024年11月時市場価格：6,000円（税込）

### 「樽のパイオニア」が贈るシェリーカスクフィニッシュ

『グレンモーレンジィ』のブランドについての説明は196頁の「オリジナル（12年）」に譲るとして、レギュラー品にてさまざまな樽で熟成した商品をリリースしている蒸留所。こちらはファーストフィル＋セカンドフィルのバーボン樽で10年熟成した、いわゆる「旧オリジナル（10年）」が辛口のオロロソと極甘口のペドロヒメネスという2種類のシェリー樽で2年間の後熟を経てボトリングされたものです。また、2021年には世界の名だたる品評会で受賞している、実績のあるボトルです。

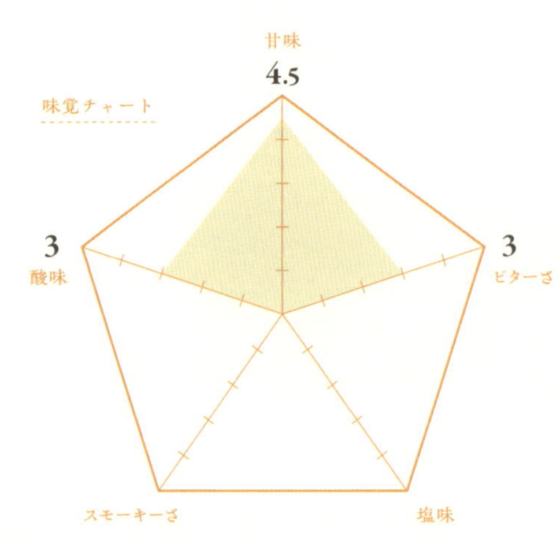

## ストレートで飲んでみる

おすすめ

**色**
- やや深みのあるゴールド

**香**
- 金属系のシェリー香、フレッシュな果実感も拾える
- 油分多めのナッツ感
- ぶどう、酸味のあるフルーツジュース

**味**
- ドライで干し草っぽいバニラのテクスチャにべったりとしたシェリーの甘さが乗っかっている
- 割と黒糖気味のシェリー、かなり甘い

構成要素

〈果物〉レーズン　〈熟成〉バニラ　〈甘さ〉黒糖　〈感覚〉金属　〈ピート〉干し草

## ロックで飲んでみる

**香**
- 酸味っぽくなる。レーズン、やや黒糖
- 奥にはフルーティーさも

**味**
- 結構ビターさが表に出てくる
- カカオの苦さ
- レーズンの甘い味わいは余韻にかけて出てくる

構成要素

〈果物〉レーズン　〈熟成〉バニラ　〈感覚〉ビター　〈甘さ〉黒糖　〈感覚〉金属　〈ピート〉干し草

## ハイボールで飲んでみる

**味**
- フルーティーかつビター
- このあたりは最後まで変わらない
- カカオチョコレートのようなチョコ感がうっすらと
- レーズンのフルーティーさもほのかに感じる
- 全体的にビターで甘い。ビタ甘

構成要素

〈果物〉レーズン　〈感覚〉ビター　〈果物〉フルーティー　〈甘さ〉黒糖　〈感覚〉金属

### 総評　上質なシェリー感をまとった『グレンモーレンジィ』

ただその「シェリーカスクの皮」はすぐに剥がれる感じがあり、飲んだときの第一波に全力を懸けているイメージ。構成としては良い感じに味わいに寄与していて、黒糖っぽいシェリー感が演出されている。おすすめはとにかく甘い、ストレートで。ネガティブ感が薄まるという面ではロックもアリかもしれない。

### 所感　「ラサンタ」に限った話ではないけれど個体差が大きいかもしれない

シェリー系特有の金属臭、これはデカすぎるとネガ要素になりますけれど、「ラサンタ 12年」については許容範囲内です。実は、一番レビューに難儀したボトルであり、所感を書くに至るまで3、4回くらい通しで飲み直しています。そういう相性問題もあります。体調とかメンタルとかがモロに感性に響いてくるのです……。

012

# ザ・グレンリベット 12年

シングルモルト

スコッチ

THE GLENLIVET 12 YEARS OF AGE

## ウイスキーを「好き」にさせてくれるザ・1本

DATA

蒸留所：グレンリベット蒸留所（スコットランド／スペイサイド）
製造会社：同上
内容量：700mℓ
アルコール度数：40%
購入時価格：3,000円（税込）
2024年11月時市場価格：4,000円（税込）

プレーンなコルク栓！！！！！！！！

### 入門用として広く推されているシングルモルト

1824年、当時のグレートブリテン王国によってスコットランドの文化を禁止されている中でスコッチを密造していた創業者のジョージ・スミスの蒸留所が初の政府公認の蒸留所として認められたのが『グレンリベット』としての始まり。ちなみに、当時その名声にあやかろうとさまざまな蒸留所が『グレンリベット』を冠した名前にしていたそうです。本物であることを証明する「THE」を付けることを政府から認められ、差別化が叶ったという経緯があり、「THE」は誇りの証しです。

味覚チャート

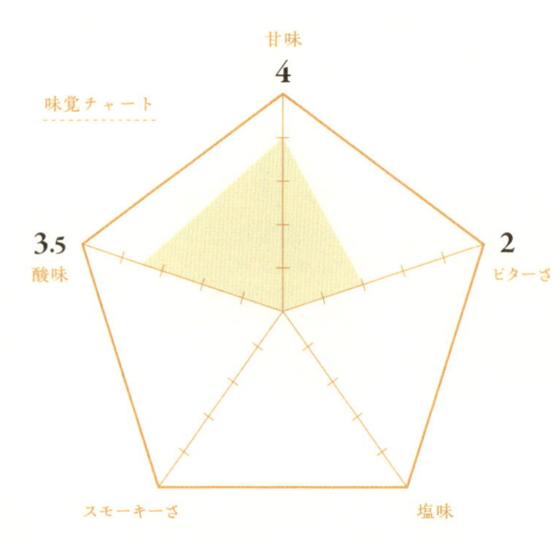

## ストレートで飲んでみる（おすすめ）

| | |
|---|---|
| 色 | ・鮮やかなゴールド |
| 香 | ・**青りんご**、**洋梨**のような**フレッシュ**な香り<br>・次いで**はちみつ**のような**甘い**香り<br>・アルコールの刺激は気になるほどでもない |
| 味 | ・まろやかな**甘み**。やはり爽やかな香りが抜けていく<br>・余韻に微かな**オーキー**さと**蜜**のような**甘み**が長く残る |

構成要素

## ロックで飲んでみる

| | |
|---|---|
| 香 | ・**はちみつ**の**甘い**香りが主体となる<br>・**甘い**香りがかなりねっとりと主張してくる<br>・奥に微かな**樽**香を感じる |
| 味 | ・やはりフレッシュさに代わり**甘さ**が主体となる<br>・余韻はやや**ビター**優勢といった感じ。これはこれでいいバランス |

構成要素

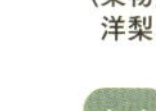

## ハイボールで飲んでみる（おすすめ）

| | |
|---|---|
| 味 | ・**青りんご**、**洋梨**のような**フレッシュ**な爽快さは炭酸でも割り負けない<br>・それらが如何なく存在感を示す。やや**甘み**に振れたハイボール<br>・**果実**の爽やかさをこれでもかと味わえる贅沢さ |

構成要素

### 総評　**青い果実**、爽やかな中にある**蜜**のような**甘さ**

ノンピートの製法にこだわった爽やかで**フルーティー**なまさしくスペイサイドの手本といえる味わいが、そこに、ある。飲み方を選ばないオールラウンダーといえるが、このウイスキーのスペックを存分に楽しむならやはりストレート。定番のハイボールもやはりおすすめ。「はじまり」のウイスキーは伊達じゃない。

### 所感　原点にして頂点といえる登竜門的なスコッチ

価格、入手性、中身、どれも手に取りやすく、シングルモルト・スコッチの入門といえばこれ！　というのが共通認識だと思います。かくいう自分も一度は苦手になったウイスキーがこれを飲むことでまた好きになれました。本当にありがとう（？）。初心者はみんなここから始めてほしい気持ちです。

013

# ザ・グレンリベット 12年（旧ボトル）

シングルモルト

スコッチ

THE GLENLIVET 12 YEARS OF AGE

## ウイスキーを「好き」にさせてくれたかつての1本

DATA

蒸留所：グレンリベット蒸留所（スコットランド／スペイサイド）
製造会社：同上
内容量：700㎖
アルコール度数：40%
購入時価格：3,500円（税込）
2024年11月時市場価格：8,500円（税込）

現行品と同じもの

### 2019年11月頃まで流通していた『リベット』

公式からのアナウンスはないものの、大きなラベルチェンジなどが起こった際は味の変化も往々にして起きるというのが通説です。もちろん新旧を比較しても同時期にボトリングされたわけではないので、旧ボトルのほうが瓶詰めから時間が経っている分マイルドになっていたりはするのかもしれませんが、昨今のウイスキーブームによる原酒の逼迫状況を考えると以前よりはそこまで贅沢に原酒を使える状況ではないのかもしれない（＝味が変わるかも？）という素人考えです。

味覚チャート

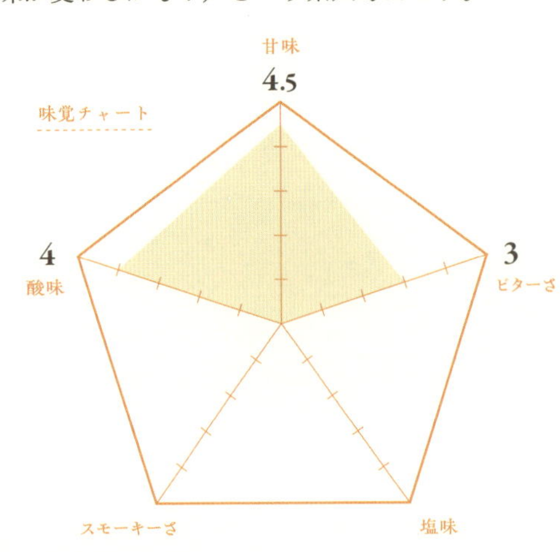

## ストレートで飲んでみる おすすめ

構成要素

〈果物〉
洋梨

**色**
- 鮮やかなゴールド

**香**
- まず最初に濃厚な**はちみつ**感
- 次いで爽やかな**緑の果実**を連想させる香り
- アルコールアタックもまったく気にならない

**味**
- 舌に乗せた瞬間から感じる**甘酸っぱさ**。微かな**レーズン**感
- 余韻にほのかな**樽**の香りが感じられ、**ビター**さで〆る
- 好きなバランス

## ロックで飲んでみる

構成要素

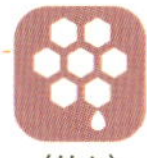

**香**
- 華やかな香りはやや閉じた
- **樽**香を伴った**はちみつ**系の**甘い**香り

**味**
- やはり**樽**感が増す
- **甘み**も健在だが**酸味**はやや後退するので深みはなくなる気がする
- 余韻は**ビター**さが占め、それが結構長く続く

## ハイボールで飲んでみる

構成要素

**味**
- **樽**感が色濃く出る
- が、爽やかさがなくなったわけではなくむしろ中盤にかけての主張に回る
- 「12年」にしてこのどっしり感は老練さを感じさせてくれる
- しっかりスコッチ・原酒から余裕さえ伝わる

総評

### しっかりとした熟成感は かつてのクラシックスタイル

華やか、爽やかさに突き抜けた現行品に対し、こちらは熟成感で勝負している。現行が「12年」というなら旧版は「15年」くらいなんじゃあないの？　というくらいの熟成の開きから来る香味の差を感じた。『リベット』「らしさ」を体感するなら断然ストレート。ただ、どう飲んでも美味しいのである……。

所感

### 終売品だけれど一度は 飲んでみてほしい

現行品には現行品の、時代による消費者の嗜好に即したブレンドがなされていているので、一概に昔のほうが良かった！　というわけでもありません。ボトルデザインについてはこちらのほうが好みではありますけれど……。基本的に現行品の掲載のみの本ですが、これだけは載せたかったのでわがままをしました。

014

# ザ・グレンリベット 18年

シングルモルト
スコッチ

THE GLENLIVET 18 YEARS OF AGE

## リッチで繊細、意外とライトな上級品

DATA

蒸留所：グレンリベット蒸留所（スコットランド／スペイサイド）
製造会社：同上
内容量：700㎖
アルコール度数：40%
購入時価格：6,500円（税込）
2024年11月時市場価格：10,000円（税込）

「12 年」らと同じデザイン

### 『ザ・グレンリベット』の長熟ライン

さらにこの上に「21年」ものである「アーカイブ」が存在するのですが、そこからグンと価格が上がる（23,000円くらい）ので、この「18年」が気軽に手に入る範囲では最高クラスの『グレンリベット』になります。樽構成は「ファーストフィルとセカンドフィルのアメリカンオークの樽とシェリーの空き樽」と公式では記載されています。ちょっと前までは実売6,000円台で購入できていたと、今考えれば非常にバグめいている時代（2022年初頭頃まで）がありました。

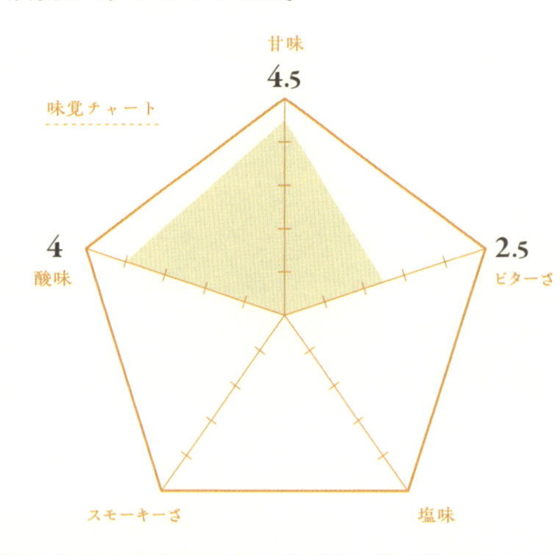

## ストレートで飲んでみる

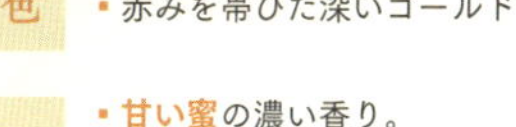

**色**
- 赤みを帯びた深いゴールド

**香**
- 甘い蜜の濃い香り。『リベット』特有の爽やかさは奥に
- 全体的に香りは落ち着きがあり熟成を感じさせる
- アルコールアタックはほぼない

**味**
- やはり甘くリッチさを感じる。余韻に樽感
- それとともにシェリーっぽいニュアンスがほのかにある、ような
- アルコール刺激は思ったよりある

構成要素

〈甘さ〉花の蜜　〈甘さ〉はちみつ

〈果物〉青りんご　〈果物〉洋梨　〈果物〉レーズン

〈熟成〉木材

## ロックで飲んでみる

**香**
- 甘い香りが増す
- ただもともとが濃い香りなので変化はさほど感じられない

**味**
- 樽感のビターさが強くなる
- 濃い甘さに勝るくらい強くなるのでパンチが効いてくる
- 飲みごたえは上昇するのでこれはこれで

構成要素

〈熟成〉木材　〈甘さ〉花の蜜

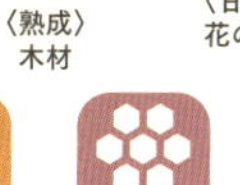

〈果物〉青りんご　〈甘さ〉はちみつ　〈果物〉洋梨

## ハイボールで飲んでみる

**味**
- 熟成を経て穏やかな次元に入っているので炭酸とはちょっと仲がよくない？
- ただシェリーっぽさがはっきり出てくるのでそういう面では別の顔が垣間見える
- 「12年」のフルーティーさとは色味が違う。緑色だけではない果実感

構成要素

〈果物〉レーズン　〈熟成〉木材　〈果物〉青りんご

〈甘さ〉はちみつ　〈果物〉洋梨

### 総評　良くも悪くも甘さが際立つ『グレンリベット』

『グレンリベット』は「12年」ですでに完成していたということを思い知らされた気がする。「18年」は本当に甘さが際立つ穏やかで豊かな一本。反面、思ったよりはライトで軽めな印象を受けた。崩れない程度に加水すればシェリー感も顔を出す。本当に全体的に穏やかで長熟のモルトだなぁ、と感じさせる。

### 所感　シェリー感を帯びた『グレンリベット』は体験の価値アリ

長熟モルトに期待する深みのあるコク……という面では少し寂しさを感じるものの、「12年」の緑のフレッシュさを通り越して穏やかになった秋を思わせる『グレンリベット』は唯一無二。『リベット』好きなら必飲です。あと、外箱が少しリッチな仕様になっており、そちらの面でもおすすめです。

015

シングルモルト

スコッチ

# ザ・グレンリベット 14年 コニャックカスク セレクション

THE GLENLIVET 14 YEARS OF AGE COGNAC CASK SELECTION

## 山盛りのフルーツ感が楽しめる新たなレギュラー品

DATA

蒸留所：グレンリベット蒸留所（スコットランド／スペイサイド）
製造会社：同上
内容量：700㎖
アルコール度数：40%
購入時価格：3,750円（税込）
2024年11月時市場価格：6,000円（税込）

「12 年」らと同じデザイン

### コニャック樽でフィニッシュをかけた『グレンリベット』

2020年12月に通販限定先行販売という触れ込みで登場し、2021年11月1日から晴れて恒常ラインナップとして全国販売されています。「14年」のシングルモルトと言えば、パっと思い浮かぶのが『クライヌリッシュ 14年』『オーバン 14年』……あとは『グレンモーレンジィ』の「キンタルバン」くらい？　樽構成としてはバーボン樽、シェリー樽で14年間熟成させた原酒のブレンドの一部を、コニャックを熟成させた樽で6カ月以上の後熟を施したもの、だそうです。

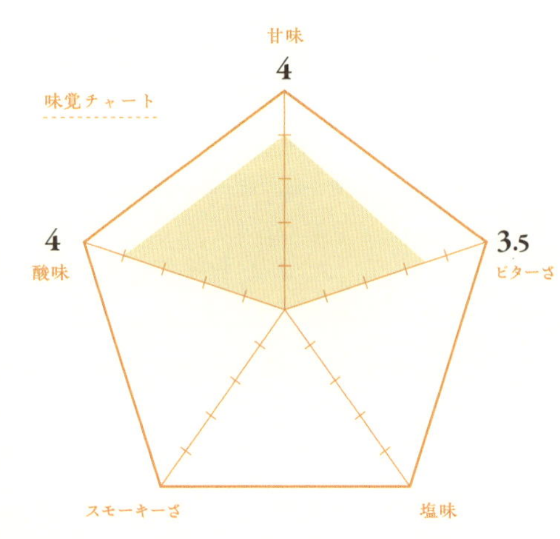

## ストレートで飲んでみる

**色**

- 薄く赤みを帯びたゴールド

**香**

- シェリーのレーズン香とは別に、ぶどうのような香りを感じる
- 香りはブランデーのそれに寄っている印象
- アルコールアタックはほとんどない

**味**

- はじめはフルーツの酸味。次いでほのかな甘み
- ほどなくしてどっしりとした樽感がやって来る
- 余韻は短めなものの、方向性はよく伝わってくる

構成要素

## ロックで飲んでみる

**香**

- 芳醇な甘い香りが強くなる。ぶどう感も増してくる。よい

**味**

- ストレートの時点で若干危惧していたけれど……
- ビターーーーーな樽感でほとんどマスクされてしまう
- 香りは良いものの、ちょっと飲みづらく感じる

構成要素

## ハイボールで飲んでみる おすすめ

**味**

- 『リベット』感が掴めなかったストレート、ロックとは打って変わって洋梨、青りんごに形容されるフレッシュなニュアンスが出てくる
- そこにぶどう感もプラスされるのでテイスティングコメントでたまに見かける「山盛りのフルーツ」という言葉が自然と浮かんでくる。美味しい

構成要素

総評

### シェリー感とぶどう感が混ざったような新鮮な体験

ハイボールが抜きんでておすすめ。『グレンリベット』らしさを感じつつ、甘酸っぱい新たなフレーバーを迎え入れ豊かさがある。ストレート、ロックではブランデー独特の、枯れたような、ほこりを被ったようなニュアンスがやはり目立つ、ような（ネガティブではなく、それがコニャックの良さでもある）。

所感

### コニャックを抜きにすれば結構スタンダードな構成

全量をコニャック樽でフィニッシュしたわけではなく、ブレンドの「一部」にそれが含まれているというパターンです。それ以外はバーボン樽＋シェリー樽のどスタンダードで14年熟成のシングルモルトなので意外とコスパがいい……？　すぐ上には「15年」が存在しますけれど、よくできた『リベット』です。

016

# シングルモルトウイスキー 桜尾

シングルモルト

ジャパニーズ

SINGLE MALT JAPANESE WHISKY SAKURAO

## 潮感とスモーキー感と和菓子感……？

DATA

蒸留所：SAKURAO DISTILLERY（日本／広島県）
製造会社：株式会社サクラオブルワリーアンドディスティラリー
内容量：700㎖
アルコール度数：43%
購入時価格：6,600円（税込）
2024年11月時市場価格：6,600円（税込）

マットなデザイン

### 瀬戸内海を臨む地で熟成されたジャパニーズウイスキー

ウイスキー蒸留所としての始まりは2017年。前身の中国醸造としての創業は1918年と100年以上の歴史を持ちます。2021年に『シングルモルト 桜尾』と『シングルモルト 戸河内』のファーストリリースがカスクストレングス仕様にて発売され、2022年6月にアルコール度数43%の通常仕様である『シングルモルト 桜尾』『シングルモルト 戸河内』が全国発売されています。『シングルモルト 桜尾』は蒸留所の敷地内、湾に面した貯蔵庫で潮風を含みながら熟成をしているのが特徴です。

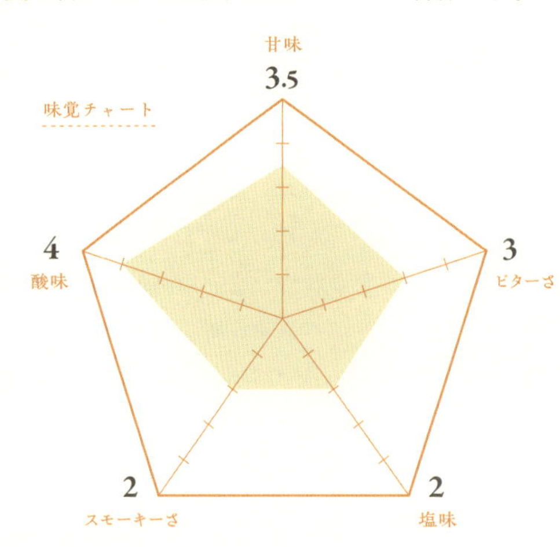

## ストレートで飲んでみる

**色**
- 明るめのゴールド

**香**
- **潮**とほんのり**ピート**の香り
- やや湿り気を感じる。あと**柑橘**系の香り
- アルコールアタックはそれなりに

**味**
- **柑橘**の感じ。追って**樽**の**ビター**感。**オレンジピール**が思い浮かぶ
- **スモーキー**な薫香もついてくる。余韻も**スモーキー**で〆る
- アルコール刺激は思ったほどない

構成要素

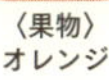
〈果物〉オレンジ

〈果物〉レモン

〈ピート〉潮

〈熟成〉木材

〈熟成〉バニラ

〈熟成〉湿った木

## ロックで飲んでみる

**香**
- 依然として**潮**感。柔らかく**甘い**香りも
- **砂糖**でコーティングした**みかん**のよう。……そう！　**和菓子**然としている

**味**
- わかりやすく**甘く**なる。飲みやすさで言えば断トツ
- 美味しい。**樽**感が効いているので中だるみせずに余韻までしっかり

構成要素

〈果物〉オレンジ

〈果物〉レモン

〈ピート〉潮

〈熟成〉木材

〈ピート〉スモーキー

〈熟成〉バニラ

## ハイボールで飲んでみる

**味**
- ほのかに香る**柑橘**とほのかな**煙**を感じるハイボール
- **海岸線**の**夕暮れ**を連想する
- 味も薄まりすぎずにしっかりと『桜尾』の良さが出し切れている
- 若干の癖はあるものの、味わい深さに寄与している感

構成要素

〈果物〉オレンジ
〈ピート〉潮
〈果物〉レモン

〈ピート〉スモーキー

〈熟成〉バニラ

総評

### 超マイルドにした『アードベッグ』っぽい

触れはじめは**潮**感、**ピート**感が受け取れるので『タリスカー』っぽく、飲み進めると**スモーキー**でありながら繊細な**柑橘**感も見て取れる『アードベッグ』っぽい……みたいな感じ。おすすめはロック。**みかんの和菓子**みたいな**甘く**、**酸っぱく**、**苦い**……みたいな絶妙なバランスが面白い。**日本**感があるの、秀逸。

所感

### 自社でグレーンも製造しオール自社製ブレンデッドも発売

意外とグレーンウイスキーを製造している蒸留所は本場スコットランドですら少なく、日本でいっても大手を含めても数えるくらいしか存在しません。自社で全部賄えるのはかなりすごいことなんです。また、同社には同名である『桜尾 ジン』も存在します。あちらも美味しいですよ。おすすめです。

# 017 シングルモルトウイスキー 宮ノ鹿

シングルモルト
ジャパニーズ

SINGLE MALT JAPANESE WHISKY MIYANOSHIKA

## 『桜尾』×『戸河内』×『宮島の鹿』

DATA

蒸留所：SAKURAO DISTILLERY（日本／広島県）
製造会社：株式会社サクラオブルワリーアンドディスティラリー
内容量：700mℓ
アルコール度数：50%
購入時価格：9,900円（税込）
2024年11月時市場価格：9,900円（税込）

『桜尾』と同じくマットなデザイン

### 広島の地が贈る、海と山の交差点

SAKURAO DISTILLERY、ビジターセンター限定販売品。その中身はシングルモルトウイスキーであるところの『桜尾』と『戸河内』のヴァッティング品です。……と、いうと一見ブレンデッドモルトに感じる気がしますが、蒸留所自体はSAKURAO DISTILLERYという単一の蒸留所なのでれっきとしたシングルモルトです。『宮ノ鹿』とは、蒸留所のある広島県廿日市市に同じく属する宮島の鹿のことでしょう。ラベルにも神社の鳥居の意匠があります。

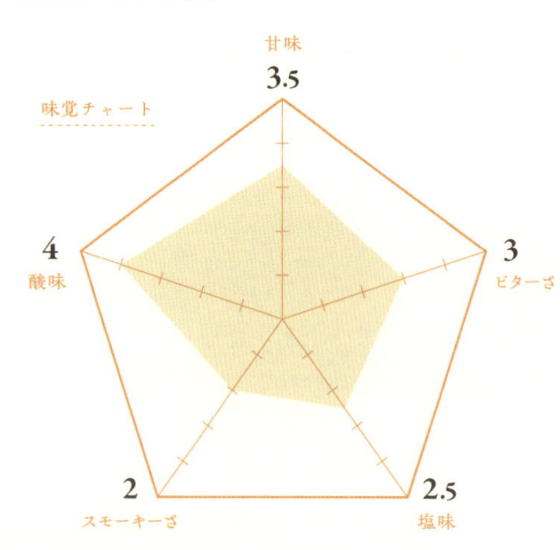

## ストレートで飲んでみる

**色**
- 明るめのゴールド

**香**
- 『桜尾』特有のくぐもった**潮**、**オレンジ**
- かつこの湿ったような穏やかな**柑橘**感
- 『桜尾』『戸河内』の両者が見えている気が、する
- 度数の高さもありアルコール刺激は当然強め

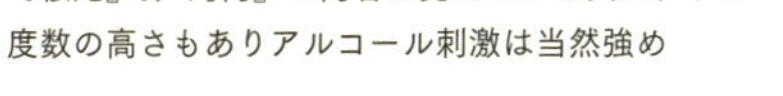

**味**
- ハイプルーフ特有の、味がジュワっと広がる感覚
- **潮**、**出汁**、**柑橘**。**樽**感も強め
- 余韻には**リーフィー**さ、さらに**柑橘**の追い打ち

構成要素

〈果物〉オレンジ

〈果物〉レモン

〈ピート〉出汁

〈ピート〉潮

〈ピート〉干し草

〈熟成〉木材

## ロックで飲んでみる

**香**
- やはり**柑橘**香。ほのかな**バニラ**感

**味**
- 加水で**甘み**が強くなる
- かなりまろやか、かつ香ばしく、**ビター**
- 飲んでいて楽しい。**甘く**香ばしく、飲みごたえがある
- 余韻は**樽**感が強く出る。美味しい

構成要素

〈果物〉オレンジ

〈果物〉レモン

〈ピート〉出汁

〈ピート〉潮

〈熟成〉木材

〈ピート〉スモーキー

## ハイボールで飲んでみる

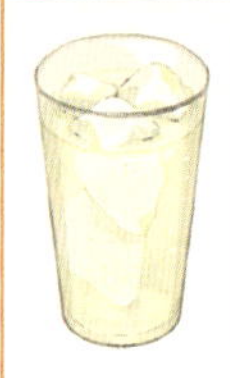

**味**
- **フルーティー**でいて**潮**
- **柑橘**でいて、ほのかに**スモーキー**
- まさしくSAKURAO DISTILLERYの欲張りセット
- 度数の高さもあり全部載せが叶っている
- 『桜尾』要素が強め？ **白砂糖**や**潮**、**柑橘**のニュアンスが大きい

構成要素

〈果物〉オレンジ

〈ピート〉潮

〈ピート〉干し草

〈熟成〉木材

〈ピート〉スモーキー

総評

### ハイプルーフのおかげで奥深いところも拾いやすい

『桜尾』『戸河内』の各シングルモルトの特色をしっかりと出し切っているヴァッティング。おすすめはロック。海・山の交わるところに**甘さ**も加わり**樽**感も載って……至福。比率的には『桜尾』のほうが多い？　結構**スモーキー**な部分もあり原酒の多彩さを感じる。ハイプルーフなのもうれしいところ。

所感

### 真の意味での蒸留所の特色を大きく映し出している

**潮風**を受けて育つ『桜尾』、**森林**の香りを吸い込んだ『戸河内』、2つの異なる環境で熟成されたウイスキーが混ざり合うのは「エモ」です。ウイスキーの本分である地域性を広く拾っていることになりますから。今後のリリースも広島の空気を感じさせるようなものを期待します（できれば通年品で……）。

018

# シングルモルト 宮城峡（ノンエイジ）

シングルモルト
ジャパニーズ

SINGLE MALT MIYAGIKYO

## 赤いりんごを想起させるやさしくもしっかりとした厚みのモルト

DATA

蒸留所：宮城峡蒸溜所（日本／宮城県）
製造会社：ニッカウヰスキー株式会社
内容量：700㎖
アルコール度数：45%
購入時価格：4,950円（税込）
2024年11月時市場価格：7,700円（税込）

ニッカの現行ラインナップ共通のプラスクリュー

### ニッカウヰスキー第二の蒸留所で造られるシングルモルト

『宮城峡』としての始まりは1969年。シングルモルトとしての初出は1989年の『シングルモルト 仙台宮城峡 12年』で、2003年に『シングルモルト 宮城峡』に刷新されるまでは『シングルモルト 仙台』というシリーズだったそうです。古典的な石炭直火蒸留を行う余市蒸溜所に対し、宮城峡蒸溜所は現代的な蒸気間接蒸留（スチーム）という対照的な方式を採っています。じっくり加熱することによって『余市』のものとは異なる個性を持った原酒を生み出すことが可能になっています。

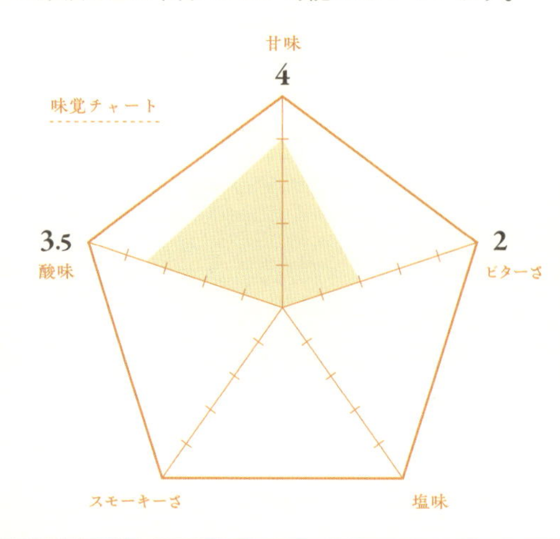

## ストレートで飲んでみる

**色**
- 明るいゴールド

**香**
- 華やかな**果実**香。やや**金属**っぽい
- 香りの中に穏やかな**甘いモルト**香
- アルコールアタックはほどほどにある

**味**
- ふわりと柔らかく**甘い**。**赤いりんご**、**洋梨**感
- **樽**感も結構大きく出てくる
- 多少アルコールがピリピリするものの気になるほどではない

構成要素

〈果物〉赤いりんご

〈果物〉洋梨

〈香ばしさ〉穀物

〈果物〉フルーティー

〈熟成〉木材

〈感覚〉金属

## ロックで飲んでみる

**香**
- **甘いモルト**香が主張してくる
- 他、少し**熟した果物**を連想させる**フルーティー**な香り

**味**
- ひたすらなめらかな**甘さ**。やはり**赤いりんご**や**洋梨**を連想させる
- **樽**香も積極的に加わって全体のバランスを取っている
- 多分これが正解の飲み方だと思う

構成要素

〈果物〉赤いりんご

〈果物〉洋梨

〈香ばしさ〉穀物

〈果物〉フルーティー

〈熟成〉木材

## ハイボールで飲んでみる

**味**
- やや**ビター**さが主張する**フルーティー**なハイボール
- やはり**赤いりんご**っぽい
- **甘さ**一辺倒ではないため**ビター**さがアクセントとなり飲みやすい

構成要素

〈果物〉赤いりんご

〈果物〉洋梨

〈熟成〉木材

〈果物〉フルーティー

〈感覚〉ビター

### 総評　**赤いりんご**が常について回る華やかなモルト

華やか、といいつつもかなり**樽**感が効いているので想像以上にボディに厚みを感じる。こういう系にありがちなライトなモルト……とは一線を画している感じ。おすすめはやはりロック。華やか・なめらかな『宮城峡』の片鱗が見える。ハイボールも大いにアリ。**ビター**さが飲みごたえを増していて美味しい。

### 所感　じっくりと向き合うと気づきが多いスルメ的魅力のウイスキー

「あっ……軽いと思っていたけど、結構重めなんだ！（失礼）」という気持ちで、良い意味で『余市』と『宮城峡』のスタンスを捉え直すきっかけになりました。『余市 10年』が復活したのもあり、『宮城峡』側の復活も切に願っています。旧ボトルは飲んだことないですけれど、こういう系は熟成で大きく化けますよ……。

019

# ブナハーブン 12年

シングルモルト
スコッチ

Bunnahabhain 12 YEARS OLD

## アイラ発・万人向け・異端児

DATA

蒸留所：ブナハーブン蒸留所（スコットランド／アイラ）
製造会社：同上
内容量：700㎖
アルコール度数：46.3%
購入時価格：4,950円（税込）
2024年11月時市場価格：5,500円（税込）

### アイラモルトの変化球

『ブナハーブン』の始まりは1881年。最大の特徴はなんといってもアイラモルトなのにもかかわらずほぼノンピートなこと。ピートレベルを示すフェノール値（ppm）は1〜2ppm。同じくノンピートで知られる『ブルックラディ』の「クラシックラディ」が3〜4ppmといわれています。『ブナハーブン』とはゲール語で「河口」という意味。実際ハチャメチャに辺鄙なところにあり、アイラ島では最北に位置する蒸留所です。樽構成はバーボン樽とシェリー樽の二重熟成とされています。

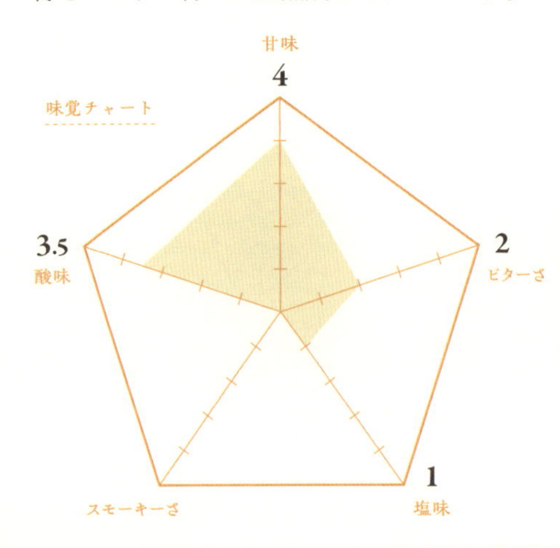

## ストレートで飲んでみる おすすめ

**色**
- 赤みを帯びたアンバー

**香**
- 花の香り。花畑のようなやさしい香り
- 奥にほのかなメープルシロップのような甘い香り

**味**
- やさしく甘い。潮感も舌先で感じる
- 全体を包むようにほんのり、ごくほんのりとピートスモークが
- エレガントな味わいで美味しい

構成要素

〈甘さ〉メープルシロップ

〈甘さ〉花の蜜

〈香ばしさ〉穀物

〈熟成〉木材

## ロックで飲んでみる

**香**
- 若干シェリーっぽさが出てくる。やはり甘い香り
- 炊き立てのご飯のような香りがする

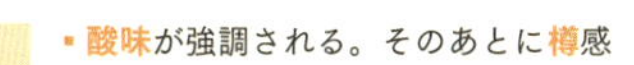

**味**
- 酸味が強調される。そのあとに樽感
- なかなかに変貌があり面白いし美味しい。余韻はビターさで抜けていく

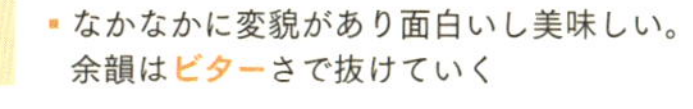

構成要素

〈甘さ〉メープルシロップ

〈甘さ〉花の蜜

〈果物〉レーズン

〈果物〉ぶどう

〈熟成〉木材

## ハイボールで飲んでみる

**味**
- かなりシェリー系の要素が強調される。酸味を伴ったほのかな甘さ
- シェリー系のフルーティーさ、メープルっぽい甘さ、純粋に要素が優秀すぎる
- 樽感の強さも感じられる。ハイバランス。素晴らしい!!

構成要素

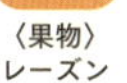
〈果物〉レーズン

〈果物〉ぶどう

〈熟成〉木材

〈甘さ〉メープルシロップ

### 総評 「アイラモルト」だからこその面白さがある

時折顔を見せる潮感と微かなピート感が絶妙で、あぁそういえばアイラモルトだった……と思いださせてくれるのが楽しい。飲み方についても万能選手。ストレートでも良し、加水しても良し、冷却しても良しなのでお好きな飲み方で。『ブナハーブン』からしか摂取できない栄養素を確かに感じる……。

### 所感 家系ラーメン屋で絶品のとんかつ定食を出しているような

アイラモルトにピート感を求めるのは至極当然な話で、アイラモルトの選択肢としては外されがちな印象ですが、スコッチとしては相当なレベルの高さを感じます。度数も高いのでしっかりとした飲みごたえもあり、おすすめです。といいつつも実はピーテッドタイプも存在します。やはり餅は餅屋です。

020

シングルモルト

ジャパニーズ

# シングルモルトウイスキー 山崎(ノンエイジ)

SINGLE MALT WHISKY THE YAMAZAKI

## 多彩な原酒を使用した多層的な日本の味わい

DATA

蒸留所：山崎蒸溜所（日本／大阪府）
製造会社：サントリーホールディングス株式会社
内容量：700㎖
アルコール度数：43％
購入時価格：4,950円（税込）
2024年11月時市場価格：7,700円（税込）

サントリー汎用の茶色のスクリュー

### 言わずと知れたジャパニーズウイスキーの代表格

山崎蒸溜所の竣工は1923年。『シングルモルト山崎』の誕生はそれから60年以上先の1984年になります。こちらの「ノンエイジ」版は2012年に発売され現在に至ります。ノンエイジとは年数表記なしを意味し、NAとも表記される俗称です。『山崎』の現行品は「NA」「12年」「18年」「25年」とありますが、「NA」からして入手がしづらいという状況が続いていて『山崎』の絶大な人気が窺えます。樽構成は『山崎』最大の特徴であるミズナラ樽、そしてワイン樽などです。

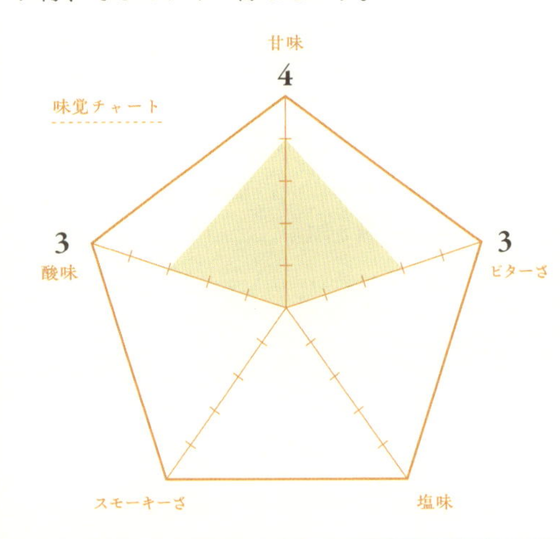

## ストレートで飲んでみる　おすすめ

**色**
- 鮮やかなゴールド

**香**
- フルーティーで酸味のある赤い果実の香り
- 追って奥からウッディな香り。
  ややアルコールの刺激がある

**味**
- 強烈にパインやマンゴーなどの
  南国果実が感じられる
- ベリー系の爽やかな酸味も感じられる
- さらに余韻にも南国果実感が残る。
  下の奥にビター感が少し残る

構成要素

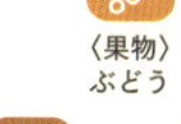

## ロックで飲んでみる

**香**
- 甘い香りが強くなり主体となる。はちみつ
- 香木的な香りがうっすらと出始める

**味**
- トロっとした甘みのすぐあとに渋みが主張してくる
- タンニンっぽい渋みも増し、長く長〜く続く
- 赤ワインの特徴がわかりやすく、
  甘いような、渋いような印象

構成要素

## ハイボールで飲んでみる

**味**
- ロックであれだけ感じた渋みは感じなくなる
- 軽快さが出るものの、ドライに振れ気味な印象
- 濃いめにつくると要素が拾いやすくていいかも
- それでも『山崎』の上品な、エレガントな
  佇まいはしっかりと感じられる

構成要素

総評

## 「ノンエイジ」でも『山崎』感はしっかりとある

「ノンエイジ」の時点で『山崎』特有の繊細なフルーティーさ、甘さの片鱗が垣間見える。「12年」にも言えることだけれど、ハイボールは『山崎』の良さが崩れるような気がしてしまうので、おすすめはフルーティーな香りを楽しめるストレート。どうしてもハイボールにするなら濃いめにつくるのがベター。

所感

## 最大の特徴こそ好みが一番分かれる点になっている

「ノンエイジ」版の最大の特徴ともいえる点はワイン樽熟成原酒を前面に打ち出しているところです。ベリー系のフルーティーさとともに少々癖のあるタンニン感が加わるので、通常の『山崎』とは毛色が違って見えるかもしれません。が！それでもしっかりと「山崎山崎」としていて雰囲気は掴めます。

021

# インバーハウス グリーンプレイド

ブレンデッド
スコッチ

INVER HOUSE GREEN PLAID

## どこか懐かしみを感じる柔らかなやさしさ

DATA

蒸留所：オールドプルトニー、アンノック、バルブレア、スペイバーンなど
製造会社：インバーハウス社
内容量：700㎖
アルコール度数：40%
購入時価格：1,000円（税込）
2024年11月時市場価格：1,500円（税込）

インバーハウス社のロゴ付きメタルスクリュー

### タータンチェックの模様が印象的

インバーハウス社の始まりは1964年。2001年にタイのInternational Beverage Holdings Limitedに買収され今に至ります。同社が所有する蒸留所はオールドプルトニー（ハイランド）、アンノック（ハイランド）、バルブレア（ハイランド）、スペイバーン（スペイサイド）、バルメナック（スペイサイド）の5つで、これらがキーモルトなのではといわれています。また、味わいについて「soft as a kiss（キスのように柔らかい）」というロマンチックな宣伝文句があるらしいです。

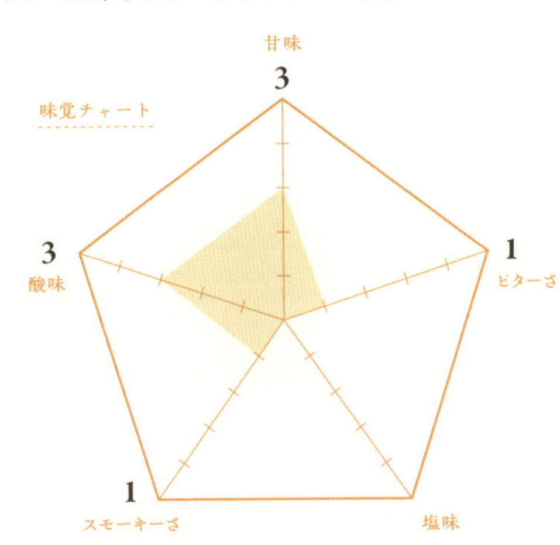

## ストレートで飲んでみる　おすすめ

**色**
- 明るいゴールド

**香**
- 甘い香りの中にやや牧草チックな香りを感じる
- 他にも独特のオレンジピール然とした香りも
- アルコール刺激はほとんどない

**味**
- 終始甘みに徹していてアルコール刺激もほぼ感じないためスルッと飲める
- 軽快、ソフトな味わい

構成要素

〈甘さ〉はちみつ

〈熟成〉バニラ

〈果物〉オレンジ

〈ピート〉干し草

## ロックで飲んでみる

**香**
- 香りは全体的に引っ込む
- やはり干し草のニュアンスが少しだけ

**味**
- ストレートと違いがあまりない
- もともとストレートでもスルスル飲めるだけあってロックで飲む意味はあまりないかも？

構成要素

〈甘さ〉はちみつ

〈熟成〉バニラ

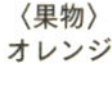
〈果物〉オレンジ

〈ピート〉干し草

## ハイボールで飲んでみる

**味**
- 決して干し草というのはネガティブなフレーバーではなく、温かみを感じる
- やさしい甘さも後押ししてくれて穏やかな春の陽気を感じる

構成要素

〈甘さ〉はちみつ

〈熟成〉バニラ

〈果物〉オレンジ

〈ピート〉干し草

### 総評　やさしさが詰まったようなブレンデッド

ウイスキー的に言うと良くも悪くも癖がない。独特の癖を期待して飲むなら別のものがよい。波風立てない穏やかな気分になりたいときはこれがとてもいい。おすすめはキスのように柔らかなストレート。ほんわかする甘さのハイボール。現代に生きる疲れた大人にはこういうウイスキーが飲みたくなるときがある……。

### 所感　と思ったらなんだかメーカー終売らしい……

だったらそんなもん紹介するなよ！って感じですけれど、店頭在庫ではまだ見かけるような、見かけないような……。懐かしさ、やさしさを与えてくれるウイスキーは不思議な存在です。コスパに優れたボトルに限って姿を消していくのは一抹の寂しさを感じますねぇ……。今あるものを愛することの大切さ……。

## 022 ザ・フェイマスグラウス ファイネスト

ブレンデッド
スコッチ

THE FAMOUS GROUSE FINEST

### 加水で伸びる秀逸なシェリー感

DATA

**蒸留所**：ザ・マッカラン、ハイランドパーク、タムデュー、グレンロセスなど
**製造会社**：マシュー・グローグ＆サン社
**内容量**：700㎖
**アルコール度数**：40％
**購入時価格**：1,500円（税込）
**2024年11月時市場価格**：2,000円（税込）

雷鳥が描かれたメタルスクリュー

### あの有名な雷鳥のウイスキーを！

始まりは1896年。『ザ・グラウスブランド』として世に売り出され、人気を博したのちに「あの有名な雷鳥のウイスキーをくれ！」と注文されていたのを逆輸入する形で1905年に『ザ・フェイマスグラウス』に名前を変更したといわれています。キーモルトは『マッカラン』や『ハイランドパーク』『タムデュー』『グレンロセス』などといわれています。モルト原酒は6年以上熟成をしたものしか使わず、ブレンドした原酒はシェリー樽にて1年の後熟を行い出来上がっています。

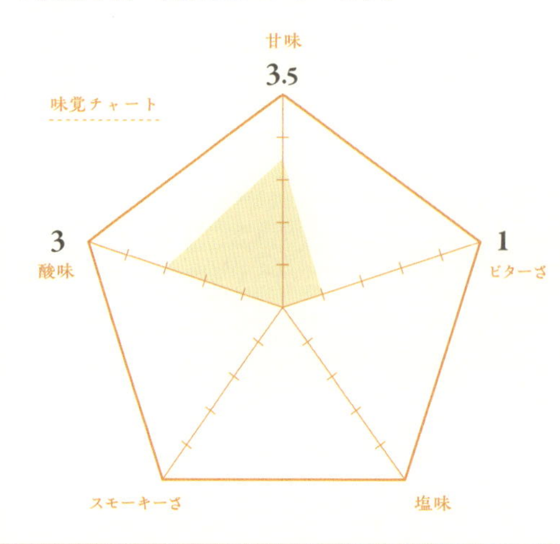

## ストレートで飲んでみる

おすすめ

**色**
- 少し深みのあるゴールド

**香**
- 濃いめでややフレッシュなレーズン香
- バニラを思わせる甘い香りも
- アルコール刺激はあまりない

**味**
- フルーティーな味わいを追って
  やや深みのある干しぶどうの香り
- 特有のサルファーな硫黄感が少しだけ
- 余韻にはほのかなビター

構成要素

〈果物〉
レーズン

〈熟成〉
バニラ

〈香ばしさ〉
穀物

〈ピート〉
硫黄

〈感覚〉
ビター

## ロックで飲んでみる

**香**
- 酸味の増したレーズン香
- 香りはやや軽くなる？

**味**
- 甘み主体に変わる。ややアルコール刺激を感じる
- 余韻のビター感はさほど変わらない
- やはり癖のあるサルファーさ

構成要素

〈果物〉
レーズン

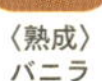
〈熟成〉
バニラ

〈香ばしさ〉
穀物

〈ピート〉
硫黄

〈感覚〉
ビター

## ハイボールで飲んでみる

おすすめ

**味**
- レーズン感が薄まらずよく伸びる
- それどころか香りすらまだ維持している
- レーズンやバニラの甘みが心地いい。すごい！
- 微妙に独特の癖はあるものの、全体的に甘く華やか！
- 伸び伸びとした味の広がりを見せ、
  コシの強さを感じる

構成要素

〈果物〉
レーズン

〈熟成〉
バニラ

〈香ばしさ〉
穀物

〈感覚〉
ビター

総評

### 伸びやかさが特徴的な リッチなブレンデッド

硫黄だとか、ゴム臭に形容される独特のシェリー感があるものの、骨太で甘いレーズン感、バニラ感に心地よさがある。加水でも薄まらずによく伸びるのが印象的で、ハイボールにしても香りの衰えをあまり感じないのは驚き。しっかりとした甘さ、フルーティーさのストレートや衰えないハイボールがおすすめ。

所感

### 2024年、雷鳥に「また」さらなる動きが……

かつてキーモルトとして使われていた『グレンタレット』がリニューアルを機に原酒提供をやめたのが記憶に新しいですが、2024年にエドリントン社からウィリアムグラント&サンズ社へとブランドの売却が発表されました。ってことは構成原酒が『グレンフィディック』とか『バルヴェニー』の雷鳥が爆誕する？

# 023 ザ・フェイマスグラウス ルビーカスク

ブレンデッド
スコッチ

## THE FAMOUS GROUSE RUBY CASK

## 加水で若返るフレッシュフルーツ感

DATA

**蒸留所**：ザ・マッカラン、ハイランドパーク、タムデュー、グレンロセスなど
**製造会社**：マシュー・グローグ＆サン社
**内容量**：700㎖
**アルコール度数**：40%
**購入時価格**：2,250円（税込）
**2024年11月時市場価格**：2,500円（税込）

雷鳥が描かれたメタルスクリュー

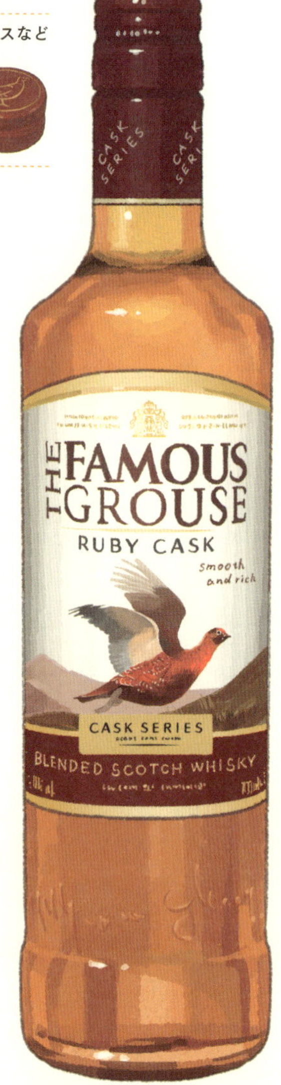


### ポートワインをまとった雷鳥

『フェイマスグラウス』をポートワイン樽で後熟したものです。**ポートワイン**とはなんぞや？　というと、ワインの醸造過程でブランデーやアルコールを添加したいわゆる「酒精強化ワイン」のことです。スペインのシェリー、ポルトガル北部ポルト港のポートワイン、ポルトガル領マデイラ島のマデイラワインが世界3大酒精強化ワインといわれています。「ルビー」というのはポートワインの種類である「ルビーポート」からの命名だと思いますが、確かにキャッチーです。

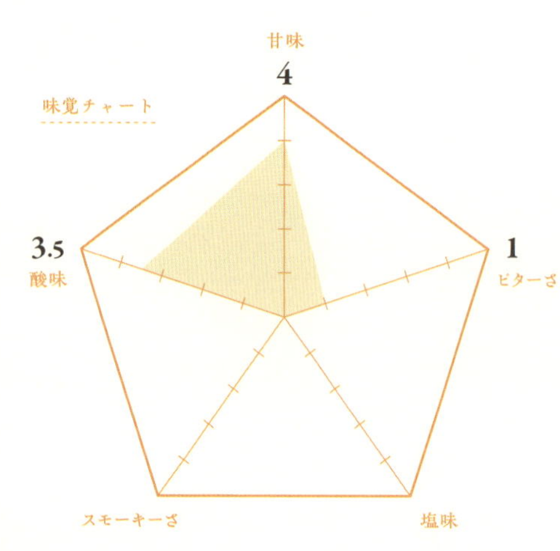

## ストレートで飲んでみる

**色**
- ややゴールド寄りの琥珀色

**香**
- 『フェイマスグラウス』特有の**フレッシュ**〜中くらいの間の**レーズン**香
- さすが。アルコールアタックもほぼない

**味**
- **赤いベリー**や**オレンジ**などの客演を迎えやや層を増した**レーズン**感
- 余韻に微かな**ビター**

構成要素

〈果物〉レーズン

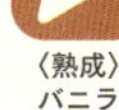
〈熟成〉バニラ

〈果物〉チェリー

〈果物〉オレンジ

〈ピート〉硫黄

## ロックで飲んでみる

**香**
- **酸っぱめ**な香りがする？
- **柑橘**系というか**フレッシュ**な**フルーツ**香

**味**
- やはり**酸味**を伴う**甘いフルーツ**感
- **レーズン**感は主張控えめでストレートよりも印象が若返った
- **ビター**さはあるが微かなもの

構成要素

〈果物〉レーズン

〈熟成〉バニラ

〈果物〉チェリー

〈果物〉オレンジ

〈香ばしさ〉穀物

〈ピート〉硫黄

## ハイボールで飲んでみる

**味**
- 多層的な**フルーツ**の香りが華やかで楽しい
- **緑〜黄色い果実**を連想させる**フレッシュ**さが全開
- さまざまな**フルーツ**がひしめきあう**フルーツケーキ**のような趣き

構成要素

〈果物〉レーズン

〈熟成〉バニラ

〈果物〉熟しかけのりんご

〈果物〉オレンジ

〈香ばしさ〉穀物

### 総評　加水すると一気に若返る「**フルーツ**・ウイスキー」

若いというのは熟成度合いの若さではなく、広がる香りから連想される**フルーツ**の印象。ストレートでは背伸びして『フェイマスグラウス』らしく振る舞っているものの、いざ加水してみれば若々しい**フレッシュフルーツ**が顔を覗かせる。非常に面白い。独自性が見えてくるハイボールがおすすめ。

### 所感　ロック〜ハイボールの豹変具合が面白い一本

ストレートでは『フェイマスグラウス』らしさがあったものの、ロック〜ハイボールになると特有の**レーズン**感から飛び出してさまざまな**フルーツ**を感じさせます。テイスティングノートの通り、まさしく**フルーツケーキ**のような味わいへと変わっていきます。こういう顔が見えるの、とてもよいですね。

024

# ザ・フェイマスグラウス ワインカスク

ブレンデッド

スコッチ

THE FAMOUS GROUSE WINE CASK

## 落ち着きを感じるフルボディな味わい

DATA

蒸留所：ザ・マッカラン、ハイランドパーク、タムデュー、グレンロセスなど
製造会社：マシュー・グローグ＆サン社
内容量：700mℓ
アルコール度数：40%
購入時価格：2,250円（税込）
2024年11月時市場価格：2,750円（税込）

いつもの雷鳥が描かれたメタルスクリュー

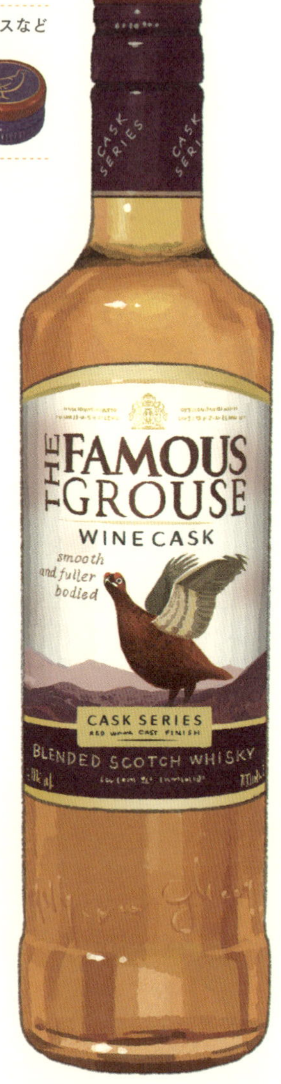


### 今度は赤ワインをまとった雷鳥

こちらはスペイン産赤ワインの樽で後熟させたもの。シリーズ的には新しめなほうで、2021年の中盤頃に日本国内でも流通しだしたと記憶しています。ワイン樽熟成は諸刃の剣というか……独特の個性が出やすく、メリットもデメリットも大きくなりやすいと個人的には思っています。ちなみにスペインは言わずと知れたシェリーの産地です。シェリー樽熟成にこだわる『フェイマスグラウス』との親和性はどれほどのものになるだろうか……と気になるところであります。

味覚チャート

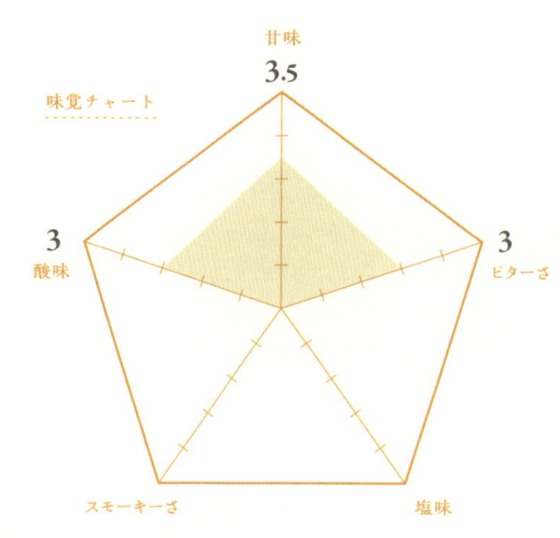

## ストレートで飲んでみる

**色**
- 赤茶けたゴールド

**香**
- **レーズン**香とともに**赤ワイン**の濃い**ぶどう**感を確かに感じる
- 『フェイマスグラウス』とは一線を画すような香りにワクワクさせてくれる

**味**
- はじめに来るのは舌にまとわりつく**タンニン**感
- 追って穏やかな**レーズン**感
- かなり**ビター**、**渋さ**に振れている

構成要素

## ロックで飲んでみる

**香**
- **レーズン**と**赤ワイン**の香りが同調して混ざる
- なんともいえない不思議な香り。**甘い**香りがやや強くなる

**味**
- ややライトな味わいになり全体的に味が薄まる
- 最初にふわりと**甘み**が訪れるがすぐに消え、**タンニン**感がほのかに残る

構成要素

## ハイボールで飲んでみる

おすすめ

**味**
- ひと口で言うと**渋甘い**感じで意外にもコクがある
- 後味サラリといった感じでかなり飲み進めやすいし、食事にも合うと思う
- こういう面は「ワインカスク」の本領か
- 複雑な**フルーティー**さが見え、「ファイネスト」とは違う魅力がある

構成要素

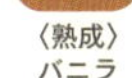
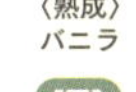

総評

### 特有の癖を感じさせない かなり飲みやすい「ワインカスク」

ストレートでの香りはかなり良く期待度が高まるものであるが、味わいでいうとハイボール一択。食事の邪魔をしない上質なハイボールと化す。もちろん濃いめにつくってゆったりと飲んでもいいと思う。**シェリー＋赤ワイン**のコク深さが存分に楽しめる。フルボディの言葉に偽りなし。

所感

### こういう派生形を飲むときの楽しみ方は……

○○カスクフィニッシュとか、年数ものの縦飲みをするときにはスタンダードからどういう変化・差分があるのかというのを探しながら飲むのが本当に面白いです。ウイスキーを飲む楽しさを再認識させてくれます。特に『フェイマスグラウス』は派生が多いので、飲むだけでなく集める楽しさも大いにありますね。

025

# ザ・フェイマスグラウス シェリーカスクフィニッシュ

ブレンデッド

スコッチ

THE FAMOUS GROUSE SHERRY CASK FINISH

## 香り甘々で味はフルーティーかつスパイシー

DATA

蒸留所：ザ・マッカラン、ハイランドパーク、タムデュー、グレンロセスなど
製造会社：マシュー・グローグ＆サン社
内容量：700mℓ
アルコール度数：40%
購入時価格：2,550円（税込）
2024年11月時市場価格：2,550円（税込）

もはや見慣れた雷鳥のメタルスクリュー

### シェリー樽で後熟しているのにシェリー樽でフィニッシュ？

元来「ファイネスト」の時点でシェリー樽にて後熟しているので、「シェリーカスクフィニッシュ」などと言われてもいまいちピンと来ない印象ですが……。公式では「シェリーで味付けしたヨーロピアンオーク樽で熟成させたスペイサイドモルトウイスキーと他のモルトウイスキーやグレーンウイスキーと組み合わせて甘さを引き立て、シェリー樽で仕上げています」と記載があるので、純粋に「ファイネスト」のグレードアップ、シェリー強化版のようなイメージでしょうか？

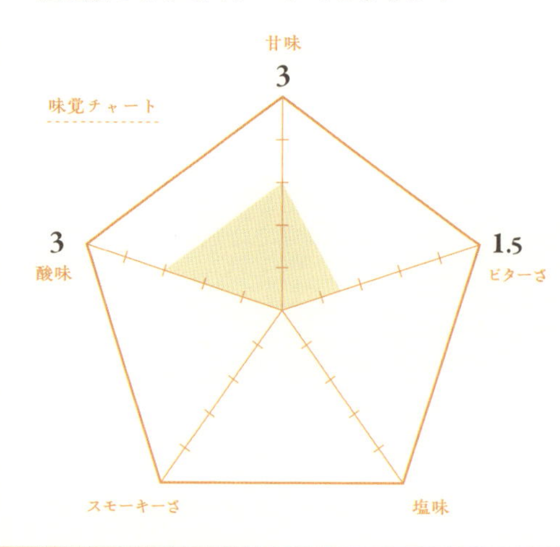


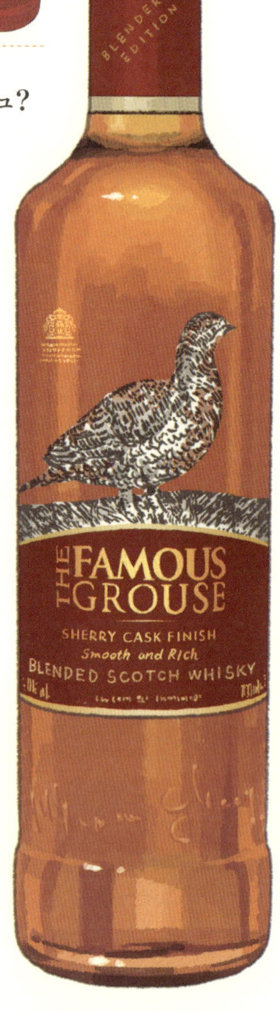

## **ストレート**で飲んでみる

**色**
- やや赤みを帯びたアンバー

**香**
- 濃厚な**ドライレーズン**の香り
- かつてラインナップにあった「メロウゴールド」を彷彿とさせる糖度の高い**レーズン**香
- アルコールアタックもなく穏やか

**味**
- 香りほどの濃厚な甘さは感じ取れない
- **フルーティー**さ、**樽**感が同時に、やがて若干の**スパイシー**さが続いていく
- そんな感じ。同シリーズの「ウィンターリザーブ」に通じる

構成要素

〈果物〉レーズン
〈果物〉チェリー

〈果物〉熟しかけのりんご
〈熟成〉スパイシー
〈熟成〉木材

## **ロック**で飲んでみる

**香**
- 雷鳥特有の**シェリー**感が出る
- わかりやすく言うと「ファイネスト」に寄る

**味**
- やはり加水で伸びてピントが合う
- 甘口ではなく**ドライ**な**フルーティー**さが目立つ
- そしてやはり**スパイス**のニュアンスが強く感じられる

構成要素

〈果物〉レーズン
〈果物〉チェリー

〈果物〉熟しかけのりんご
〈熟成〉スパイシー
〈熟成〉木材

## **ハイボール**で飲んでみる

**味**
- ロックとさほど印象は変わらない？
- 一瞬**フルーティー**なんだけどやっぱり**ドライ**な感じ
- **ドライ**であるものの、**フルーティー**さや**スパイシー**さが残っておりハイボールでもアリ

構成要素

〈果物〉レーズン
〈果物〉チェリー

〈果物〉熟しかけのりんご
〈熟成〉スパイシー
〈熟成〉木材

総評

### もしかして「ウィンターリザーブ」のリメイク？

香りの主張はすさまじく濃厚なのに、飲んでみるとそこまでの濃さ、甘さを感じずに**ドライ**でいて**スパイシー**。おすすめは今までの雷鳥通りの加水以降。ロックでもハイボールでも要素はさほど変わらなかったので、個人的にはロックあたりがちょうどいいかも。同シリーズの「ウィンターリザーブ」を想起させる……。

所感

### 改めて「ファイネスト」の完成度を実感してしまう

印象としては「ファイネスト」と「ウィンターリザーブ」の間の子といった感じ。「シェリーカスクフィニッシュ」というお題目から受ける印象よりかは**スパイシー**側に寄っているので、ヨーロピアンオーク樽の影響が強いんでしょうか……？　香りの**甘々さ**、非常にリッチなのでずっと嗅いでいたいです。

026

# サントリー オールド

ブレンデッド
ジャパニーズ

SUNTORY OLD WHISKY

## 末永く楽しめるジャパニーズウイスキー

DATA

蒸留所：山崎、白州など
製造会社：サントリーホールディングス株式会社
内容量：700㎖
アルコール度数：43%
購入時価格：1,800円（税込）
2024年11月時市場価格：2,400円（税込）

サントリーの前身である寿屋の「寿」が描かれたプラスクリュー

### 高度経済成長期を見届けた名作

誕生は1940年。しかし直後に第二次世界大戦が勃発したため、発売は10年後の1950年になりました。一時期アルコール度数が40%に下がった時期があり、なんやかんやあって43%に戻っています。これは結構大事なこだわりポイント。最大の特徴は『山崎』シェリー樽原酒を使用し、それを売りとしていることです。また、すべてが国内製造原酒を使うなど、ジャパニーズウイスキーの定義に当てはまることでも話題になりました。令和になっても「だるま」の存在感は薄まりません。

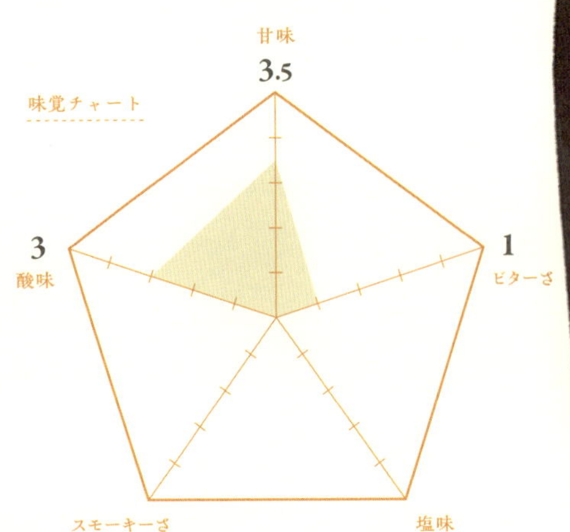

## ストレートで飲んでみる

構成要素

〈果物〉
レーズン

〈果物〉
赤いりんご

〈果物〉
あんず

〈熟成〉
木材

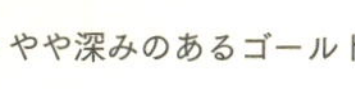
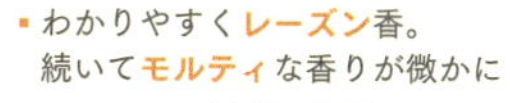

**色**
- やや深みのあるゴールド

**香**
- わかりやすく**レーズン**香。続いて**モルティ**な香りが微かに
- アルコール刺激は意外とそこまでない

**味**
- **ベリー**系、**赤い果実**の**甘さ**
- 持続力はあまりないものの『山崎』シェリー原酒の存在感がふわりと感じられる
- アルコール刺激はピリっと来る程度で大したことはない

## ロックで飲んでみる

構成要素

〈果物〉
レーズン

〈果物〉
赤いりんご

〈熟成〉
バニラ

〈香ばしさ〉
穀物

〈果物〉
あんず

〈熟成〉
木材

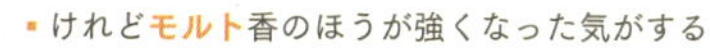

**香**
- ストレートとあまり変わらず薄まりを感じさせない
- けれど**モルト**香のほうが強くなった気がする

**味**
- **甘さ**が強くなる、**バニラ**っぽさも
- **シェリー**的な**レーズン**香は余韻で

## ハイボールで飲んでみる おすすめ

構成要素

〈果物〉
レーズン

〈熟成〉
バニラ

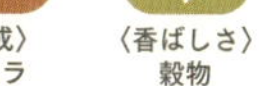
〈香ばしさ〉
穀物

〈熟成〉
木材

**味**
- ほのかな**レーズン**香。雑味が一切なく加水での広がりを邪魔しない
- 主張はしないけれども存在感はしっかりと保っていて、まさしく侘び寂びの心を感じさえする
- 加水との親和性高し

**総評**

### ここまで生き残ってきたのは伊達ではない

いい意味で印象と飲み口にギャップがあるウイスキー。この価格で『山崎』**シェリー**を楽しめ、なおかつ入手性も抜群にいい。さらにどう飲んでも飲みやすいのには脱帽。おすすめはハイボール。バブル期よろしく水割りでもいいかも。クラシックスタイルでゆっくり飲めるのである意味落ち着く。

**所感**

### どう飲んだら美味しいのか？をとことん探求したくなる

廉価帯にしてアルコール度数が43%あるのもうれしく、40%との飲みごたえの差を如実に感じます。『オールド』に限った話ではありませんけれど、このウイスキーはどういった飲み方で一番輝くのだろう？　と模索しながら一本飲んでいくのが楽しいと思います。寒い時季に飲む『オールド』も格別です。

027

# ジェムソン カスクメイツ IPA エディション

ブレンデッド
アイリッシュ

JAMESON CASKMATES IPA EDITION

## まるで本当のビールのような『ジェムソン』

DATA

蒸留所：ミドルトン蒸留所（アイルランド）
製造会社：アイリッシュ・ディスティラリー社
内容量：700㎖
アルコール度数：40%
購入時価格：1,800円（税込）
2024年11月時市場価格：4,000円（税込）

### IPA樽にて後熟された『ジェムソン』

IPAというと「インディアペールエール」を連想する方が多いと思いますが、『ジェムソン』公式サイトによるとこのボトルに関してはアイリッシュウイスキーらしく「アイリッシュペールエール」を指しているそうです。そもそも**ペールエール**とはなんぞやというと、**モルト**や**ホップ**の香りが印象的なイギリス発祥の**ビール**です。で、アイリッシュペールエールというのはぶっちゃけあまり耳にしない種類であり、おそらく「イングリッシュペールエール」寄りのものでは？　と予想します。

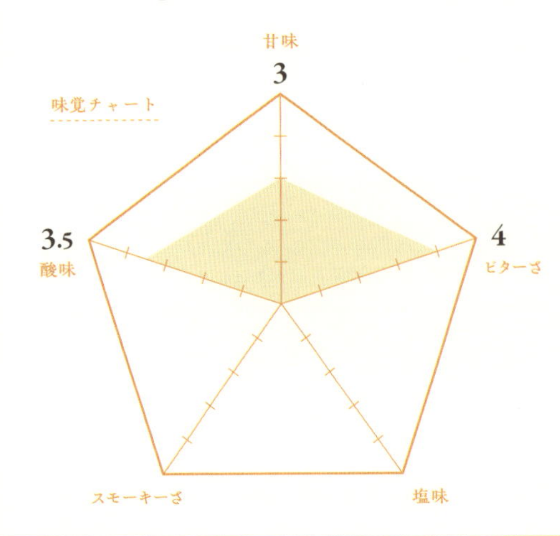

## ストレートで飲んでみる

| | |
|---|---|
| 色 | ・濃いめのゴールド |
| 香 | ・**スパイシー**な香りが漂う。ほんのり**甘いモルト**の香りも<br>・そこはかとない『ジェムソン』っぽさ |
| 味 | ・コクが強い。**ホップ**の爽やかさ。**ライム**感<br>・『ジェムソン』っぽい**モルト**の**甘さ**もある<br>・余韻には気持ちいい**苦み**が続いていく |

構成要素

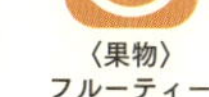
〈香ばしさ〉穀物　〈果物〉フルーティー

〈熟成〉スパイシー　〈感覚〉ビター

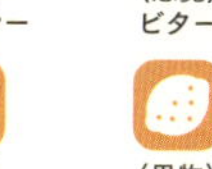
〈果物〉洋梨　〈果物〉レモン

## ロックで飲んでみる

| | |
|---|---|
| 香 | ・**甘さ**が開く。**はちみつ** |
| 味 | ・甘さが控えめになり**スパイシー**めになる<br>・そして**苦い**！　ウイスキーでありながら**ペールエール**を想起させる<br>・この飲み方は正解かも |

構成要素

〈熟成〉スパイシー　〈感覚〉ビター　〈香ばしさ〉穀物

〈果物〉フルーティー　〈果物〉洋梨　〈果物〉レモン

## ハイボールで飲んでみる

| | |
|---|---|
| 味 | ・**甘い**のか、**苦い**のか。よくわからなくなる<br>・ちょっともったいないかもしれない<br>・**苦み**走った余韻は感じる<br>・それでも『ジェムソン』らしくやさしく**甘い麦**感が広がる |

構成要素

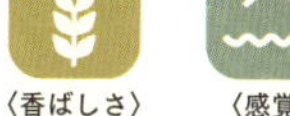

〈香ばしさ〉穀物　〈感覚〉ビター　〈果物〉フルーティー

〈熟成〉スパイシー　〈果物〉洋梨　〈果物〉レモン

### 総評　このウイスキー、最も**ビール**に近い

**ホップ**由来の爽やかな**ライム**感と**モルト**の**甘さ**、そして全体を包む**苦み**走ったコクのバランスが絶妙。本家の**ペールエール**がそうであるように、ただ**苦い**だけでなく**麦**感とコクがお供するのでウイスキーと交わったことでさらに広がりを感じる。原料が似ているのもあって**ビール**×ウイスキーの相性良し。

### 所感　本当にちょうどいい塩梅のIPAフィニッシュ

スタンダードの素直な酒質にIPAフィニッシュがよく効いていて、後熟の力が存分に発揮された一本です。個人的にはホップの効いたクッソ苦いIPAが好きなのですが、ウイスキーに落とし込めるのはこれくらいが限度かな……とも思いますので、本当にちょうどいい塩梅だと思います。

028

# スーパーニッカ

ブレンデッド

ジャパニーズ

Super NIKKA

## 本当のやさしさを知る、柔らかさの結晶

DATA

蒸留所：余市、宮城峡など
製造会社：ニッカウヰスキー株式会社
内容量：700mℓ
アルコール度数：43%
購入時価格：2,300円（税込）
2024年11月時市場価格：2,860円（税込）

ニッカのエンブレム入りのプラスクリュー

### 愛と感謝のウイスキー

『スーパーニッカ』の誕生は1962年。日本のウイスキーの父として知られる竹鶴政孝が兼ねてより夢見ていた「自他ともに認める本物のウイスキーを造る」べくして造り上げたもの。前年1961年に最愛の妻であるリタを亡くし塞ぎ込んでいた竹鶴がウイスキーへの情熱から再び立ち直り造り上げたというエピソードが語り継がれています。スペックは新樽熟成の『宮城峡』モルト、ライトピートの『余市』モルト、そしてカフェグレーンなどでまとめあげられています。

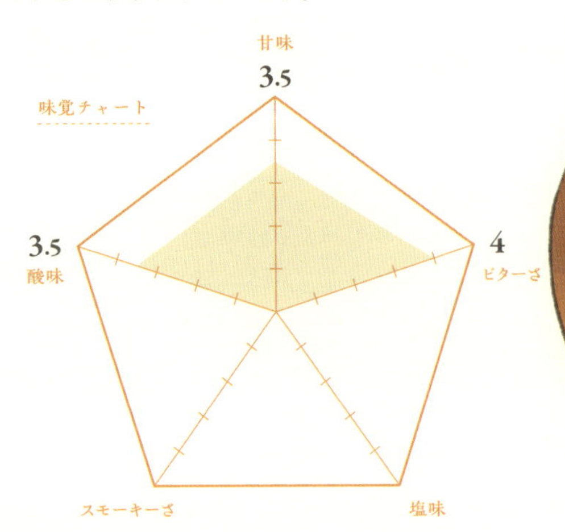

## ストレートで飲んでみる

おすすめ

| | |
|---|---|
| 色 | ・やや深いゴールド |
| 香 | ・強く華やかな青りんごの香り<br>・奥には穏やかなモルト香が控える<br>・アルコール刺激は少しだけ |
| 味 | ・香りの印象の通り、華やかに青りんごが弾け ほのかなスモーク感が支える<br>・余韻はビターで引いていく |

構成要素

〈果物〉青りんご

〈熟成〉バニラ

〈香ばしさ〉穀物

〈ピート〉スモーキー

〈感覚〉ビター

## ロックで飲んでみる

| | |
|---|---|
| 香 | ・甘やかなモルト香が開く<br>・フレッシュな青りんご感と合わさって 非常に華やかになる |
| 味 | ・味わいは全体的に酸味っぽくなる。 小豆のような香ばしさを感じる<br>・意外にもストレートよりも やんちゃな印象を受ける |

構成要素

〈果物〉青りんご

〈香ばしさ〉穀物

〈熟成〉バニラ

〈感覚〉ビター

〈香ばしさ〉小豆

〈ピート〉スモーキー

## ハイボールで飲んでみる

| | |
|---|---|
| 味 | ・加水でやんちゃになってしまうのか<br>・しかしながらソーダがやんちゃさを 乗りこなしている<br>・ソーダの酸味とやんちゃな酸味が 相乗効果を起こし、まさに フレッシュ・フルーティーになる |

構成要素

〈果物〉青りんご

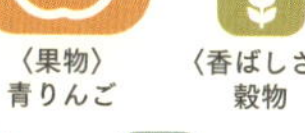

〈香ばしさ〉穀物

〈熟成〉バニラ

〈感覚〉ビター

〈ピート〉スモーキー

総評

### 品のあるストレートから 加水で豹変するさまが楽しい

『宮城峡』に主軸を置いた華やかさを感じつつも、『余市』の存在もそこはかとなく確認できるニッカらしい良いボトル。おすすめは華やかでバランスの取れたストレート。そこからロック、ハイボールにしたときの豹変ぶりを感じてみるのも面白い。こういう弾ける変貌ぶりを「やんちゃになる」と評している……。

所感

### かつては超高級品だった まさしくスーパーなウイスキー

発売当初の『スーパーニッカ』は現カガミクリスタル謹製のボトルで、すべて職人手作りの手吹きのボトルでした。手作りゆえボトルの口径にばらつきが生じるため栓すら手作りで、ボトルと栓にそれぞれ刻印された番号が一致しなければきちっと閉まらないという仕様でした(紛失したら納栓できず詰みます)。

029

# スコティッシュリーダー スプリーム

ブレンデッド

スコッチ

SCOTTISH LEADER SUPREME

## ハイボールで化ける格安シェリーカスク

DATA

蒸留所：ディーンストン蒸留所（スコットランド／ハイランド）など（推測）
製造会社：ディステル社（南アフリカ）
内容量：700㎖
アルコール度数：40%
購入時価格：1,650円（税込）
2024年11月時市場価格：1,850円（税込）

何か（雉）の鳥が描かれたメタルスクリュー

### 「至高」を冠する上位モデル

1976年に誕生し、今では世界約30カ国で販売されているらしいブレンデッドスコッチウイスキーです。生みの親はバーン・スチュワート社という会社で、アイラ島のブナハーブン蒸留所や同じくブレンデッドスコッチであるところの『ブラックボトル』もリリースしていました。2013年に南アフリカの巨大会社、ディステル社に買収され今に至ります。キーモルトは所有する蒸留所からして『ディーンストン』『トバモリー』『ブナハーブン』あたりなんじゃないかなぁ、と推測。

味覚チャート

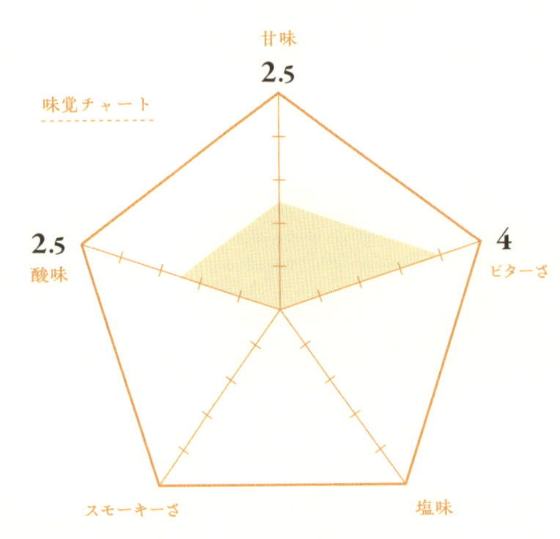

## ストレートで飲んでみる

**色**
- やや薄い琥珀色

**香**
- あっさりめの**シェリー**香
- **甘い**香り主体で全体的に乾いた印象を受ける
- アルコール刺激はほとんどない

**味**
- 味わいはいたってライト
- **フルーティー**でありながらも**樽由来の渋み**も感じられる
- **果物の渋皮**を食べているような感覚になる

構成要素

〈感覚〉樽から来る渋み

〈果物〉レーズン

〈香ばしさ〉穀物

## ロックで飲んでみる

**香**
- **はちみつ**のような**甘い**香りが開く
- それでもやはり全体的に控えめな香り立ち

**味**
- **甘み**が強くなるがそれに比例して**渋み**も強化される
- ただパンチはこちらのほうが上なので飲みごたえとしては上がる、ような

構成要素

〈感覚〉樽から来る渋み

〈甘さ〉はちみつ

〈果物〉レーズン

〈香ばしさ〉穀物

## ハイボールで飲んでみる

**味**
- ここにきて**シェリー**感が戻ってくる
- 他の要素が鳴りを潜め控えめになるので**シェリー**感の独壇場と化す
- 他に何も邪魔しない。Just **Sherry**
- ハイボールでなら!!　癖がなく**フレッシュ**で飲みやすい

構成要素

〈果物〉レーズン

〈果物〉ぶどう

〈感覚〉樽から来る渋み

〈甘さ〉はちみつ

〈香ばしさ〉穀物

総評

### **シェリー**の風味は見事に七難隠す

ストレート、ロックではとにかく**渋**、しぶ……といった感じで飲んでいたけれど、ハイボールで一気に印象が変わった。単純にすっきりとしたハイボール用としてのポテンシャルが高い。上述の通り、おすすめはハイボール。**渋み**パンチを食らいたいならロックも可。価格を考えるとハイボール専用と見てもコスパ良し。

所感

### 「スプリーム」はアジア市場限定商品だそう

日本国内では赤ラベルの「オリジナル」と金ラベルの「スプリーム」が主に流通している印象です。素朴でありながら、純粋に**シェリー**感を引き立たせているブレンドは意外にも他にない個性として捉えることができ、一度は飲んでおきたいボトルです。ちなみに「オリジナル」は飲んだことありません（正直者）。

030

# デュワーズ ジャパニーズスムース8年

ブレンデッド

スコッチ

Dewar's JAPANESE SMOOTH Aged 8 Years

## スコッチ版『サントリー ローヤル』の如く……

DATA

蒸留所：アバフェルディ、オルトモア、クライゲラキ、ロイヤルブラックラなど
製造会社：ジョン・デュワー＆サンズ社
内容量：700㎖
アルコール度数：40%
購入時価格：2,590円（税込）
2024年11月時市場価格：3,000円（税込）

シリーズで色分けされているメタルスクリュー

### ついに来た、ミズナラ樽の『デュワーズ』

「デュワーズ・ユニークカスクシリーズ」として世界各国の特徴的な樽を『デュワーズ』の熟成に使用した限定品の第４弾です。名前の通り、日本のターンとして製作された「ジャパニーズスムース」は熟成させたグレーン、モルト原酒をブレンド後、再度熟成（ダブルエイジ製法）させ、今やジャパニーズウイスキーの代名詞ともいえるミズナラの木で造られた樽で後熟したものです。ラベルに超デカデカと「和」と書いていたり、「ジャパニーズ」と名乗っていてもあくまでスコッチ。

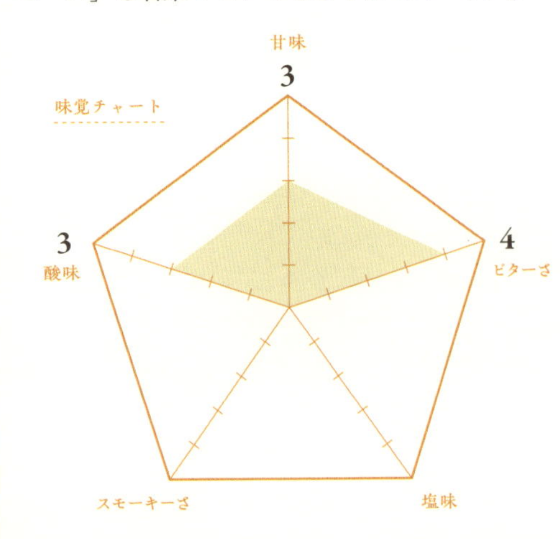

## ストレートで飲んでみる

構成要素

〈甘さ〉はちみつ

〈熟成〉ミズナラ

〈熟成〉スパイシー

〈熟成〉木材

**色**
- 中庸なゴールド

**香**
- ややスパイシー、やんちゃなほうのミズナラ樽感
- 追ってはちみつ、花の蜜のような香り

**味**
- 『デュワーズ』特有の渋甘い感じに
スパイシーでいてまろやかさが加わった感
- ミズナラ樽の特徴は……
ちょっとわからないかなぁ……

## ロックで飲んでみる

おすすめ

構成要素

〈甘さ〉はちみつ

〈甘さ〉チョコレート

〈熟成〉ミズナラ

〈熟成〉スパイシー

〈熟成〉木材

**香**
- これといって形容する香りが見当たらない
- ウイスキーの香り。
（何本レビューしてこの感想なんだ……）

**味**
- 飲みやすくはなるものの、
依然としてスパイシー感がある
- 余韻にチョコレートのような甘い香りが流れ……
- 微かにミズナラ感が漂ってくる。
この余韻は日本感ある!!

## ハイボールで飲んでみる

構成要素

〈甘さ〉はちみつ

〈熟成〉スパイシー

〈熟成〉木材

〈熟成〉バニラ

**味**
- 『デュワーズ』返りする
- はちみつのようなやさしい甘さは
あるものの、それくらい
- こう、ビターさがあれば
いつもの『デュワーズ』なんだけど……
- 『デュワーズ やさしいスムース 8年』
みたいな感じ。やさしい

総評

### まるで洋製『サントリー ローヤル』のよう

わかりづらさが先行してしまって何がミズナラで何がジャパニーズなのか……？　という感は拭えないものの、合体事故は起こしていない。ロックで飲んだときの余韻が深みのあるミズナラ感を一番感じられたので、特徴という面で見ればロックが一番、かも。『デュワーズ』らしさにちょっと食われがちな印象。

所感

### 良くも悪くも癖がない飲みやすい安定感

もはや通説と化していますけれど、熟成樽としてのミズナラは癖が強く、何度かの熟成を経てからこなれたものこそが日本っぽいオリエンタルな香りを生み出すとのこと。実際、飲みやすいところまで調整してブレンドしてあるのはすごいことだと思います。限定と言わず、樽を使い回してリリースし続けてほしい……。

031

# デュワーズ ポルトガルスムース8年

ブレンデッド

スコッチ

Dewar's PORTUGUESE SMOOTH Aged 8 Years

## チェリーの果実感が違和感なく馴染んだルビーポートカスク

DATA

蒸留所：アバフェルディ、オルトモア、クライゲラキ、ロイヤルブラックラなど
製造会社：ジョン・デュワー＆サンズ社
内容量：700㎖
アルコール度数：40％
購入時価格：2,590円（税込）
2024年11月時市場価格：3,000円（税込）

シリーズで色分けされているメタルスクリュー

### ポルトガルの宝石、ルビーポートとの融合

「デュワーズ・ユニークカスクシリーズ」として世界各国の特徴的な樽を『デュワーズ』の熟成に使用した限定品の第3弾です。今回の「ポルトガルスムース」は熟成させたグレーンモルト原酒をブレンド後、再度熟成させ、ルビーポートワイン樽で6カ月後熟したものです。ルビーポートについては52頁（『ザ・フェイマスグラウス ルビーカスク』）で解説している酒精強化ワインの一種で、その中でもポルトガル北部アルト・ドウロ地区で造られポルト港から出荷されるものがそう呼ばれます。

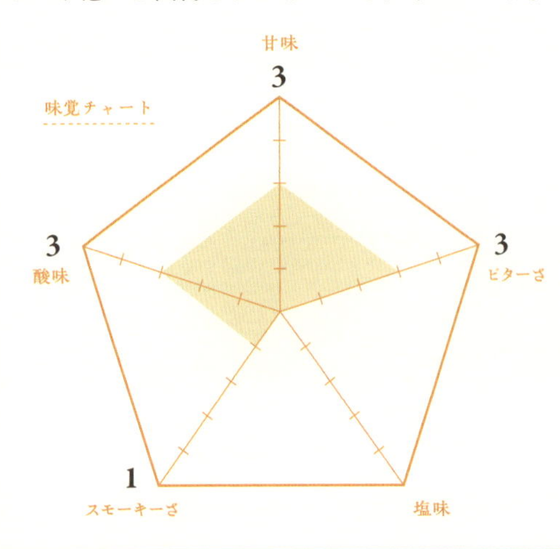

## ストレートで飲んでみる

色
- 鮮やかな赤褐色

香
- トップノートはやや弱いものの、次第にチェリー、はちみつっぽい香り
- フルーツを載せた洋菓子のよう

味
- お……お……？　お……!?　と、じわりじわりと開いてくる
- 甘みを抑えた品の良いフルーツ感。それとビター感
- ほんのりとピート由来の草っぽさも感じられる

構成要素

〈甘さ〉はちみつ

〈果物〉チェリー

## ロックで飲んでみる

香
- はちみつ感が大きく出る
- とどのつまり『デュワーズ』らしさが前面に

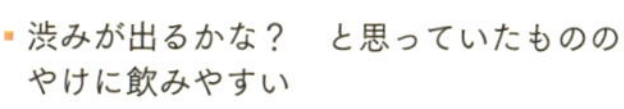

味
- 渋みが出るかな？　と思っていたもののやけに飲みやすい
- スイスイと飲める。やはりサラっとしたフルーツ感
- くどくない。ちょうどいい感じ

構成要素

## ハイボールで飲んでみる

おすすめ

味
- 『デュワーズ』っぽい。いや『デュワーズ』なんだけど……
- やたらとさっぱりとしている
- それでいてほのかにチェリーのようなフレーバーが顔を出す
- 本当にそんな感じ……

構成要素

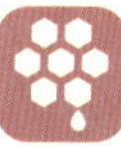

総評

### シリーズ中最も『デュワーズ』原酒に溶け込んでいるフィニッシュ

個性をぶつけて『デュワーズ』と相乗りしているでもなく、ただただ調和している……みたいな。飲みやすさでいうならロック、ハイボール。なんだけれど、ストレートで飲んだときのせめてもの主張を感じ取りたいところでもある。いろいろ飲んでみてほしい。（比較的）キワモノぞろいの中では常識人な感じ。

所感

### フィニッシュの樽だけでもかなり個性が出る

ポートカスクのポルトガルワインは『デュワーズ』原酒との馴染み具合が良く、チェリー＋はちみつといった感じで足し算的。あとに出てくる他のシリーズは掛け算だったり、個性全振りだったりと『デュワーズ』原酒とのマッチング具合を見るのが面白いです。「8年」という絶妙な熟成度も「デキる」点ですね。

032

# デュワーズ フレンチスムース 8年

ブレンデッド

スコッチ

Dewar's FRENCH SMOOTH Aged 8 Years

## りんごの蜜の甘さと爽やかさを体現した癖のない優等生

DATA

蒸留所：アバフェルディ、オルトモア、クライゲラキ、ロイヤルブラックラなど
製造会社：ジョン・デュワー＆サンズ社
内容量：700㎖
アルコール度数：40%
購入時価格：2,590円（税込）
2024年11月時市場価格：3,000円（税込）

シリーズで色分けされているメタルスクリュー

### シリーズのトリを飾る翠緑の『デュワーズ』

「イノベーションシリーズ」だの「ユニークカスクシリーズ」だの「樽シリーズ」だの呼称がバラバラなアレの第5弾です。今回の「フレンチスムース」は熟成させた原酒をブレンド後、再度熟成させ、フレンチオーク樽……ではなくアップルスピリッツであるところのカルヴァドス樽で後熟したものです。**カルヴァドス**とはなんぞや……というと**アップルワイン**を蒸留して造る**アップルブランデー**のうち、フランスのノルマンディー地方とその周辺の県で造られるものをそう呼びます。

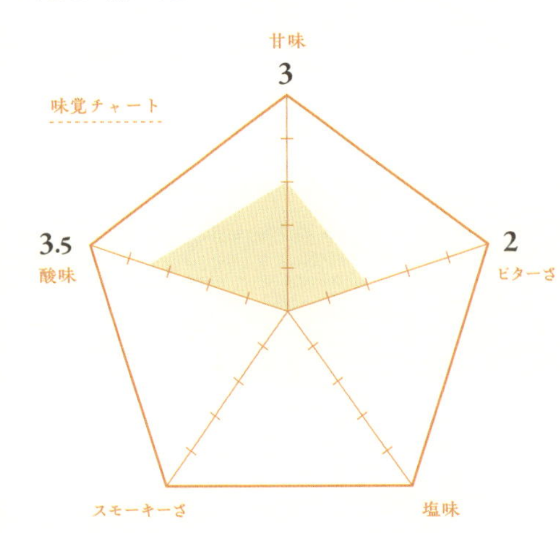

## ストレートで飲んでみる

構成要素

〈果物〉青りんご　〈甘さ〉はちみつ

〈果物〉熟しかけのりんご　〈熟成〉スパイシー

**色**
- 鮮やかな黄金色

**香**
- 爽やかな**りんご**の香り。**はちみつ**のニュアンスも拾える
- さながら**りんごのタルト**のよう
- 奇をてらわないスタンダードな構成に見える

**味**
- **スパイシー**さと**青りんご**
- **甘い**ようでやや**ドライ**。スムースといえばスムース
- アルコール刺激はそれなりに

## ロックで飲んでみる

構成要素

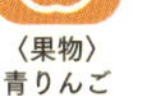
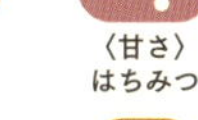

〈果物〉青りんご　〈甘さ〉はちみつ

〈果物〉熟しかけのりんご　〈熟成〉スパイシー

**香**
- 『デュワーズ』特有の強い**はちみつ**のニュアンスが出る
- **青りんご**感は爽やかさがしっかりと残っている

**味**
- アルコール刺激が薄れた分、飲みやすくはあるけれどやや淡泊
- **青りんご**の爽やかさ・**甘さ**の余韻には**渋み**が残る

## ハイボールで飲んでみる　おすすめ

構成要素

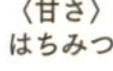

〈甘さ〉はちみつ

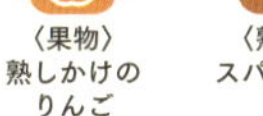

〈果物〉青りんご　〈果物〉熟しかけのりんご　〈熟成〉スパイシー

**味**
- さすが『デュワーズ』
- ハイボールの領域はしっかりと美味しい
- **りんご**感は余韻に
- 口いっぱいに含んで飲んだら**りんご**感が拾いやすい……よ？
- わかりやすいキャラクターをしているのでかなりフレンドリーで飲みやすさがある

総評

### 甘くなく**青りんご**の爽やかさ・癖のなさに振っている

スタンダード『デュワーズ』に最も近しいと言えるかも。爽やかなニュアンスを混ぜて癖なく飲めるようにした構成は万人に訴求するものを感じる。おすすめはやっぱりハイボール。ほんのり**甘く青りんご**の**フルーティー**なハイボールが楽しめる。個性で言えば没個性的。難しい立ち位置をしている……。

所感

### シリーズ最後に何を持ってくるかの大切さを感じる

イノベーションとかユニークという面でいくと真新しさからは最も遠く、異色のシリーズのトリを飾るのが結局スタンダードの『デュワーズ』に近いもの……。というのはスタンダード『デュワーズ』に誘導するためのマーケティングの妙なのでしょうか……（なわけない）（オタク特有の深読み）。

033

# バスカー（ブレンデッド）

ブレンデッド

アイリッシュ

THE BUSKER TRIPLE CASK TRIPLE SMOOTH

## サラっと・フレッシュ・フルーティー

DATA

蒸留所：ロイヤルオーク蒸留所（アイルランド）
製造会社：同上
内容量：700㎖
アルコール度数：40%
購入時価格：1,800円（税込）
2024年11月時市場価格：2,420円（税込）

メタルスクリュー

### 新進気鋭のアイリッシュウイスキー

ロイヤルオーク蒸留所の操業開始は2016年。モルトウイスキー、グレーンウイスキー、ポットスチルウイスキーの3種を製造できるハイテク蒸留所です。今回のブレンデッド版『バスカー』は、その3種の原酒をバーボン樽、シェリー樽、マルサラワイン樽の3種の樽で熟成したものをブレンドしています。**マルサラワイン**とはイタリアのシチリア島マルサラで造られる酒精強化ワインで、ポート・マデイラ・シェリーにマルサラを加えたものを世界4大酒精強化ワインとも言ったりします。

味覚チャート

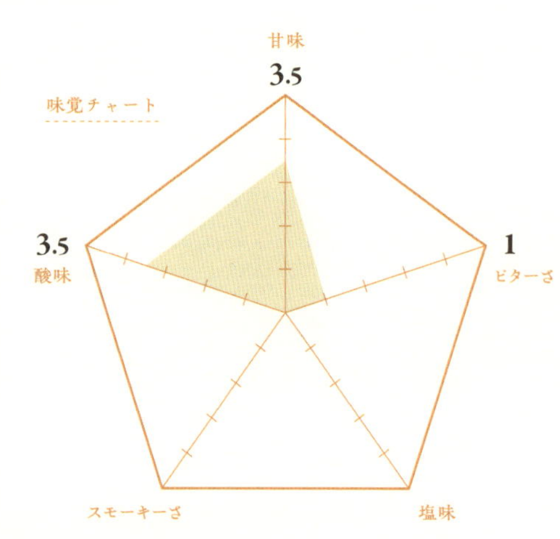

## ストレートで飲んでみる

色
- 鮮やかなゴールド

香
- ふわりとしたモルトの甘い香り
- あと独特の果実感。赤いりんごのような
- アルコールアタックはほとんどない

味
- かなり柔らかな口当たり。甘くフレッシュな印象
- レーズンっぽくもある。アルコール刺激は少しある

構成要素

〈果物〉赤いりんご

〈果物〉フルーティー

〈香ばしさ〉穀物

〈果物〉レーズン

## ロックで飲んでみる

香
- 香りに関しては閉じがちになる。あまり拾えない……

味
- アルコール刺激は和らぐ
- でもそれ以上に味も閉じてしまっている印象
- ちょっともったいないかも……？

構成要素

〈果物〉赤いりんご　〈果物〉フルーティー

〈果物〉レーズン　〈香ばしさ〉穀物

## ハイボールで飲んでみる

味
- なるほどこれはわかりやすく美味しい!!
- シェリーのレーズン感もしっかりとある
- マルサラワイン由来なのか、かなりフルーティーなニュアンスもある
- とてもフレンドリーなハイボール
- フルーツジュースのような趣きで万人に受け入れられそう！

構成要素

〈果物〉赤いりんご

〈果物〉フルーティー

〈果物〉レーズン

〈香ばしさ〉穀物

総評

### わかりやすくなめらかな甘さ フレッシュ・フルーティー

べったり張り付くような甘さでなく、くどくない甘さなのでサラっと飲める。マルサラワイン樽、シェリー樽の個性が感じ取れるのが素晴らしい。おすすめは断然ハイボール。各々の原酒の要素がわかりやすく美味しく飲める。アイリッシュのスムースさが良い方向だけに作用している感。これは強い。

所感

### 「サラっと飲める」というところが肝要

こういうところはアイリッシュらしさがあるというか……とにかくクリーンなライトさがあります。新興ながら単一蒸留所でブレンデッド、シングルモルト、シングルグレーン、シングルポットスチルをリリースできるのは非常にレベルの高さを感じます。さすがに人気の銘柄、現時点ですでに実力高しです。

034

# ブラック&ホワイト

ブレンデッド

スコッチ

Black & White

## スコッチ風味の欲張りセット

DATA

蒸留所：ダルウィニー、グレンデュラン、クライヌリッシュなど
製造会社：ジェームズ・ブキャナン社
内容量：700㎖
アルコール度数：40%
購入時価格：1,300円（税込）
2024年11月時市場価格：1,900円（税込）

メタルスクリュー

### 知る人ぞ知る名作スコッチ

始まりは1884年。当初は『ブキャナンズ・ブレンド』という名で世に出されていました。黒地のボトルに白ラベルということで『ブラック&ホワイト』という愛称で呼ばれ、公式が逆輸入し正式名称となったという経緯があります（有名な雷鳥もそんな感じのエピソードでした）。世界中にスコッチを広めた5大銘柄のひとつに数えられており『ジョニーウォーカー』『ホワイトホース』『デュワーズ』『ヘイグ』そして『ブラック&ホワイト』を指してビッグファイブと呼ばれているそうです。

味覚チャート

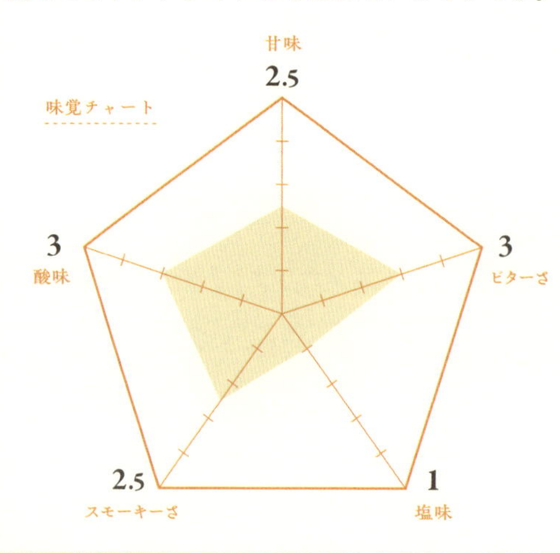

## ストレートで飲んでみる

| | |
|---|---|
| 色 | ・深めのゴールド |
| 香 | ・なんだか、独特の、乾いたような香り……<br>**ウエハース**っぽい？<br>・**柑橘**系の香りも感じる。アルコール刺激は少しだけ |
| 味 | ・**果実**的な**甘さ**の中にほんのりと**ピート**感<br>・ストレートでもバランスが取れていて<br>とても飲みやすい |

構成要素

〈香ばしさ〉
穀物

〈香ばしさ〉
トースト

〈果物〉
レモン

〈ピート〉
干し草

## ロックで飲んでみる

| | |
|---|---|
| 香 | ・なんだか、**味噌汁**みたいな香りがする<br>・じきに**モルト**の**甘い**香りが漂う。<br>**わかめの入った味噌汁**感 |
| 味 | ・スコッチライクな味わいになる。<br>**モルティ**な**甘さ**、ほのかに**ピート**<br>・余韻は**ビター**。わかりやすくスコッチを<br>している（スコッチである） |

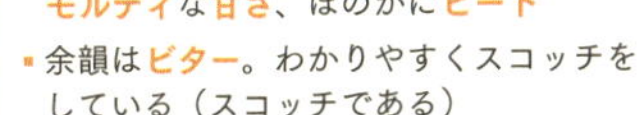

構成要素

〈香ばしさ〉
穀物

〈香ばしさ〉
トースト

〈ピート〉
出汁

〈果物〉
レモン

〈ピート〉
干し草

## ハイボールで飲んでみる

| | |
|---|---|
| 味 | ・**ピート**、**スモーク**が主体となる<br>・なるほどスコッチ好きに訴求してる、コレは<br>・十分すぎる完成度<br>・方向性を見失わない。<br>最後までスコッチをしている<br>・ほのかな**柑橘**感が絶妙で<br>癖になる味わいを形作っている |

構成要素

〈香ばしさ〉
穀物

〈ピート〉
干し草

〈ピート〉
スモーキー

〈果物〉
レモン

総評

### ぶっちゃけどう飲んでも スコッチの個性を示してくれる

スコッチの抑えるべきポイントというか、これぞスコッチといえる**ピート**や**スモーク**、**出汁**っぽさだったり軽快な**柑橘**感、**モルティ**感など幅広く網羅しているボトルなので、まさしくスコッチ風味の欲張りセットといえる。おすすめはロック。味が薄いということもなく、ストレートでもきちんと飲めるのが好印象。

所感

### だからといってガチ初心者に おすすめするのは酷かもしれない

やはり**ピート**感というのを初っ端からぶつけてしまっては、ウイスキーに苦手意識を植えつけてしまいかねませんので……。いくらかウイスキーを飲んで**ピート**慣れをしたあとに帰ってくる分にはとてもフレンドリーなボトルです。高評価の理由がとってもわかります。しかも安い、大正義です。

035

# ブラックニッカ リッチブレンド

ブレンデッド

ジャパニーズ

BLACK NIKKA Rich Blend

## 芯がブレない爽やかさ・華やかさ

DATA

蒸留所：余市、宮城峡など
製造会社：ニッカウヰスキー株式会社
内容量：700㎖
アルコール度数：40％
購入時価格：1,300円（税込）
2024年11月時市場価格：1,300円（税込）

メタルスクリュー

### 原酒構成からしてリッチさが漂うウイスキー

初登場は2013年3月26日。2002年の『ブラックニッカ 8年』（終売）の発売から音沙汰がなかった「ブラックニッカシリーズ」11年ぶりの新商品として誕生しました。コンセプトとしてはふわりと甘く香る、すなわちリッチなデイリーウイスキーとして造られています。リッチな**甘い**香りを構成する3要素として「フルーティーな『宮城峡』モルト」「穀物のようなカフェグレーン」「レーズンのようなシェリー樽モルト」を挙げていて、シェリー樽モルトは5〜8年熟成のものらしいです。

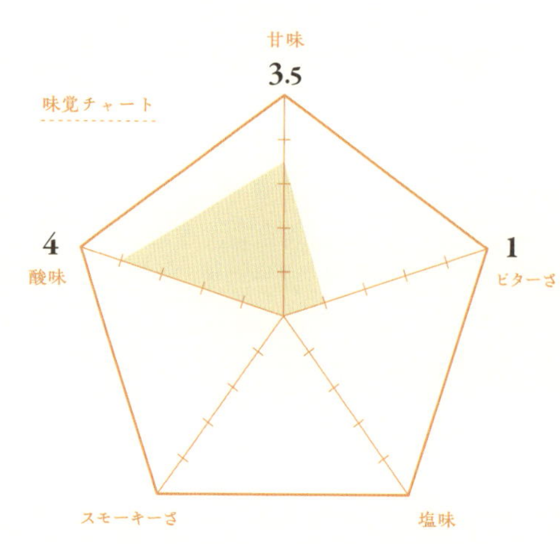

## ストレートで飲んでみる

**色**
- 鮮やかなゴールド

**香**
- 若干アルコール臭がするものの、全体的に華やか
- うっすらと青りんごの香り。レーズン香もある
- バニラっぽさも感じられる

**味**
- まぁまぁのアルコール刺激
- 酸味のある果実感。樽感も余韻に出る
- 飲めないこともない、くらいかなぁ？

構成要素

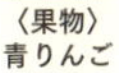
〈果物〉青りんご

〈熟成〉バニラ

〈果物〉レーズン

〈熟成〉木材

## ロックで飲んでみる

**香**
- モルトっぽさが出てくる
- レーズン感と相まって香りの層が増す

**味**
- アルコール刺激が抑えられて
全体像が捉えやすくなる
- 要素的にはストレートと同じ。
少し余韻のビターさが増す

構成要素

〈果物〉青りんご

〈熟成〉バニラ

〈果物〉レーズン

〈香ばしさ〉穀物

〈熟成〉木材

## ハイボールで飲んでみる おすすめ

**味**
- う〜んリッチだ
- 要素的にはストレートから一貫して同じではある
- それでもソーダで崩れずに
はっきりと要素を残している
- さっぱり爽やかかつ華やかなハイボール。
美味しい！
- レーズンとりんごのフルーティーさ、
甘やかなバニラ感……良き

構成要素

〈果物〉青りんご

〈果物〉レーズン

〈熟成〉バニラ

〈香ばしさ〉穀物

〈熟成〉木材

### 総評 リッチの名前に偽りなし。爽やか・華やかなウイスキー

飲み方によっていろいろな側面が見える……といった器用さはないものの、終始一貫した主張を見せてくれるところが印象的。華やか担当でお淑やかに見えるけれども主張に関しては頑固一徹。そんな感じ。おすすめはハイボール。公式の推しであるロックでもいいと思った。ある意味ニッカらしい味といえる。

### 所感 公式が示してくれるみちしるべ（川柳）

ニッカのウイスキーは「こういうところが売りなんです！」という銘柄へのセールスに対して「あっほんと！　わかる〜!!」とアンサーが出しやすいところがすごく好きです。メーカーが示す定義を消費者が捉えやすいというのはユーザーフレンドリーだと思いません？　ウイスキーを捉えやすくなる道標、良いです。

036

# ブラックボトル 10年

ブレンデッド
スコッチ

BLACK BOTTLE AGED 10 YEARS

## 過不足のない複雑で巧みなブレンデッド

DATA

**蒸留所**：ディーンストン、トバモリー、レダイグ、ブナハーブン
**製造会社**：ゴードン・グラハム＆カンパニー社
**内容量**：700㎖
**アルコール度数**：40%
**購入時価格**：3,300円（税込）
**2024年11月時市場価格**：4,400円（税込）

短剣？ を握る手が描かれたスクリューキャップ

### 漆黒の美酒

『ブラックボトル』自体の初出は1879年と歴史があり、当時のアイラ島全蒸留所（7カ所）のモルトを使用しているという触れ込みで人気を博して「いた」ボトルです。一方、今回の「10年」の初出は2020年と比較的最近です。アイラ島７カ所のモルトを使用していると言いましたが、途中からキーモルトは親会社のディステル社が所有する『ディーンストン』『トバモリー』『レダイグ』『ブナハーブン』へと変更されているそうです。モルト比率は『ブナハーブン』が95%といわれています。

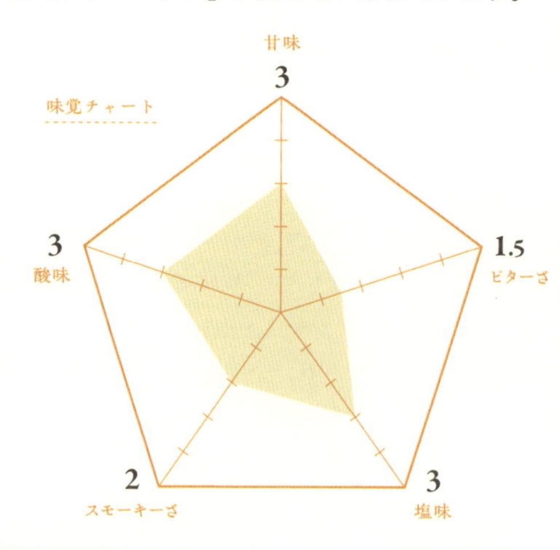

## ストレートで飲んでみる　おすすめ

構成要素

〈熟成〉バニラ

〈甘さ〉はちみつ

〈ピート〉スモーキー

〈ピート〉潮

**色**
- 深みのあるアンバーとゴールドの中間点

**香**
- スモーク感が感じられる。がっつりではない
- ほのかにしっとりとした潮気、それと甘めなバニラ香

**味**
- 非常になめらか。するりと舌を通り抜けていく
- 余韻に程よい潮気とスモークさを残す。クールだね

## ロックで飲んでみる

構成要素

〈甘さ〉はちみつ

〈熟成〉バニラ

〈ピート〉スモーキー

〈ピート〉潮

**香**
- 煙の中にはちみつが見えてくる
- いや、結構はちみつが出てくる

**味**
- 甘みが大きくなる。スモークさは……やはり余韻に
- アイランズモルトであるところのハイランドパークを感じさせるバランス感

## ハイボールで飲んでみる　おすすめ

構成要素

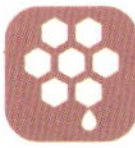
〈甘さ〉はちみつ

〈熟成〉バニラ

〈果物〉フルーティー

〈ピート〉潮

**味**
- なかなかに軽快……クリーミーな印象
- すっきりフルーティーで飲みやすい
- スモーク感は……どっかいっちゃったねぇ！
- それでもしっかりと『ブナハーブン』している感じ。フルーティーではちみつ感が心地いい
- 「10年」という熟成度合いがよくわかる、落ち着きのある静かなウイスキー

### 総評　さりげなく気の利いた手さばきが見えるようなボトル

『ブナハーブン』含有量95%に違わず、やや潮、ややスモーキー、そしてフローラルでいてはちみつという特徴がよく表れている……と思う。おすすめは要素がしっかり拾えるストレート。もしくはクリーミーかつ熟成感を味わえるハイボール。ほのかな潮感とはちみつ感が「デキる」ウイスキー感を演出している。

### 所感　いぶし銀的な役割を持つウイスキーの良さ

『ブナハーブン』がまさしくそれで、他のアイラモルトのような強烈な個性はないものの、どこに置いても問題を起こさず仕事ができる、そんな信頼を置けるようなウイスキーは素晴らしいです。『ブラックボトル』もその延長線上にいます。ウイスキー界においてもそういう人材……じゃなくて酒材は不可欠な存在です。

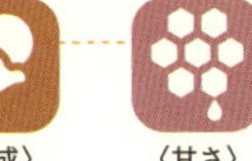

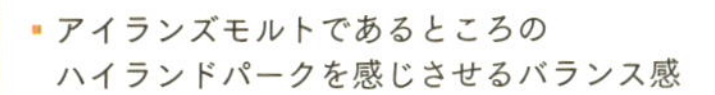

037

# ホワイト&マッカイ トリプルマチュアード

ブレンデッド
スコッチ

WHYTE & MACKAY TRIPLE MATURED

## 飲み方を選ばないオールラウンダー

DATA

蒸留所：ダルモア、フェッターケイアン、トミントールなど
製造会社：ホワイト&マッカイ社
内容量：700mℓ
アルコール度数：40%
購入時価格：1,100円（税込）
2024年11月時市場価格：1,400円（税込）

スクリューキャップ

### 「偉大なる鼻」が手掛け続けている名作ブレンデッド

ホワイト&マッカイ社の創業は1882年。今ではさまざまなメーカーが採用している「ダブルマリッジ製法」を最初に始めたのがこの『ホワイト&マッカイ』といわれています。ダブルマリッジとは、読んで字の如くモルト原酒同士をヴァッティング後に樽で後熟→その原酒とグレーン原酒をブレンドしてさらに樽で後熟……という工程のことです。同社には50年以上マスターブレンダーを務める「偉大なる鼻」の異名を持つリチャード・パターソンが現在でもブレンドを続けています。

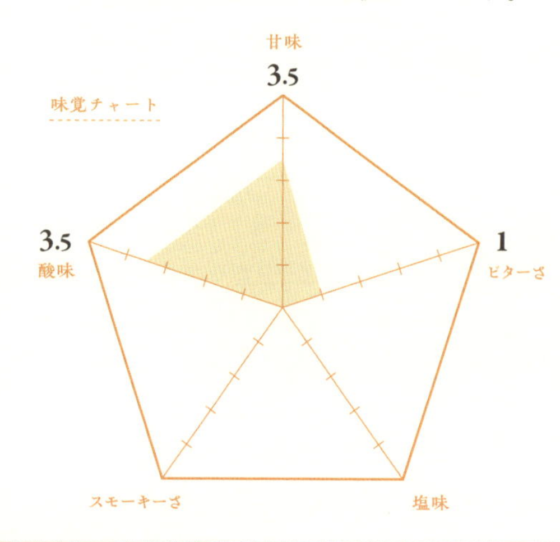

## ストレートで飲んでみる

| | |
|---|---|
| 色 | ・シェリー樽熟成らしい、深い琥珀色 |
| 香 | ・誰でもわかるほどの嫌味のない濃厚なレーズン香<br>・アルコール刺激は穏やか |
| 味 | ・まろやかで甘みをまとった飲み口<br>・飲み終わりに鼻腔を抜けていくほのかな樽感 |

構成要素

〈果物〉レーズン
〈果物〉ぶどう

〈熟成〉バニラ
〈感覚〉樽から来る渋み
〈熟成〉木材

## ロックで飲んでみる

おすすめ

| | |
|---|---|
| 香 | ・アルコール刺激が抑えられてもなお感じる甘いレーズン香<br>・やや樽っぽい香りも出始める |
| 味 | ・より甘さ、樽の風味が感じられる<br>・余韻はややビター。不快ではない |

構成要素

〈果物〉レーズン
〈果物〉ぶどう
〈熟成〉バニラ
〈感覚〉樽から来る渋み
〈感覚〉ビター
〈熟成〉木材

## ハイボールで飲んでみる

| | |
|---|---|
| 味 | ・ここまで薄まってもなお存在感を残すレーズン香<br>・一貫してスムースな甘みを感じさせてくれる<br>・アルコールを感じさせずガバガバ飲んでしまう……<br>・シンプル・イズ・ベストという感じでシンプルながら奥深い不思議な味わい |

構成要素

〈果物〉レーズン
〈果物〉ぶどう
〈熟成〉バニラ
〈熟成〉木材

### 総評　癖のないシェリー感で飲み方を選ばない

フルにスペックを発揮したと思ったのはロックで、甘み、ビターさがハイバランスで同居している。ちなみに、マスターブレンダーのリチャード・パターソンは水割りをおすすめしているらしい……。ダブルマリッジしているだけあって、フルーティーなレーズン感がこれでもかと味わえる優秀なボトル。

### 所感　この完成度でこんなに安くていいの？

特にネガティブな癖もなく、オールラウンドに魅力を見せてくれるので初心者入門にも適するうえ、シェリー感の体験にもちょうど良い感じです。一時期よりかは値上がりしましたけれど、他の銘柄も値上がりしていますので相対的にまだまだお得です。ちょっと前まで「13年」ものが売っていたのが懐かしい……。

038

# 岩井 トラディション ワインカスクフィニッシュ

ブレンデッド

ジャパニーズ

IWAI TRADITION Wine Cask Finish

## 深みの増した正統進化版『岩井 トラディション』

DATA

蒸留所：マルス駒ヶ岳蒸溜所（日本／長野県）など
製造会社：本坊酒造株式会社
内容量：750mℓ
アルコール度数：40%
購入時価格：2,750円（税込）
2024年11月時市場価格：3,080円（税込）

スクリューキャップ

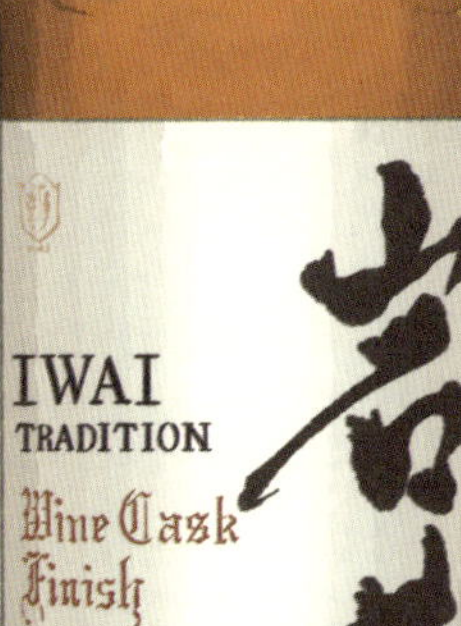

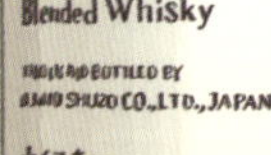

### 『岩井』の限定品

素体の『岩井 トラディション』については230頁で紹介します。初出は2013年6月頃。IWSC 2013にて「IWAI Tradition Wine Cask Finish 5 YO」が銀賞を受賞しているので少なくともその年にはすでに発売されていると推測されます。現在では、年2回のペースで販売店限定・数量限定という形式で販売されています。ノーマルの『岩井 トラディション』を本坊酒造が所有するワイナリーの赤ワインに使用した空き樽で1年以上追加熟成（フィニッシュ）したものです。つまり、自給自足です。

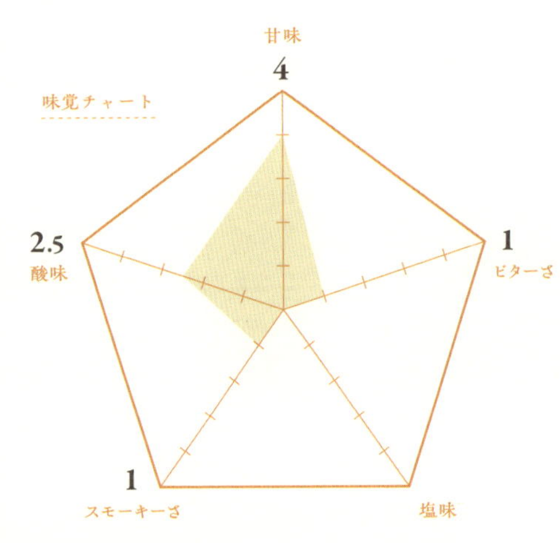

## ストレートで飲んでみる　おすすめ

**色**
- かなり赤みの強いアンバー

**香**
- 『岩井』特有のしっかりとした**樽**香
- 確かに**赤ワイン**然とした香りが確かにプラスされている、ような
- **シェリー**っぽさも感じられるやさしくて**甘い果実**香

**味**
- **甘口**であり、余韻に**樽**感、**タンニン**感が出る
- 舌の両端の奥をきゅっと引き締めるような
- メリハリがあって美味しい！

構成要素

## ロックで飲んでみる

**香**
- **黒糖**のような濃い**甘い**香りが目立ってくる

**味**
- 予想通りだけど、**渋み**が増す
- ただ、**果実**感は失われておらず ダラダラ飲むにはちょうど良く感じる

構成要素

## ハイボールで飲んでみる

**味**
- **ドライ**、かつ上品さを感じるハイボール
- 強めの**樽**感も飲みごたえにプラス要素を与えている
- で、やはりノスタルジックな気持ちにさせる。**古木**香ってこのこと……？
- やっぱりちょっと**シェリー**っぽくもある。贅沢

構成要素

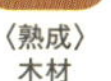

**総評**

### しみじみと美味しい技ありな「ワインカスク」

ノーマルの時点ですでに完成度は高いものの、ワイン樽での後熟でさらに深みが増している。「しみじみと感じる美味しさ」という点ではワインカスクを経てさらに伸びている部分だと思う。おすすめはストレート。**ワイン**感やら**シェリー**感やらを存分に楽しめる。ハイボールでの香りも**日本**感がありとてもよい。

**所感**

### 季節限定品ゆえ入手難度がやや高め

どこででも買える……というわけではないのでややレアな部類に入りますが、入手難度に見合った美味しさ。ノーマル版の『岩井』も相当な完成度ですが、さらに正統進化を遂げたような味わいですのでぜひ一度はお試しを。値段の面でもそんなに高くないです（オタク特有の感覚麻痺）。

039

# バスカー（シングルポットスチル）

シングルポットスチル
アイリッシュ

THE BUSKER SINGLE POT STILL

## レーズン、あんず、穀物がフラットに香る仲介役

DATA

蒸留所：ロイヤルオーク蒸留所（アイルランド）
製造会社：同上
内容量：700mℓ
アルコール度数：44.3%
購入時価格：3,080円（税込）
2024年11月時市場価格：3,600円（税込）

スクリューキャップ（新ボトルはコルク栓）

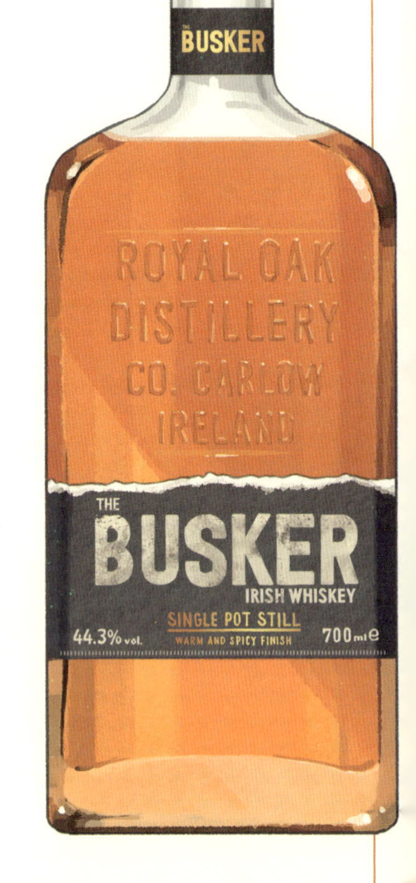


### 『バスカー』の黒いやつ

ポットスチルウイスキーとは「大麦麦芽（モルト）30%以上＋未発芽の大麦30%以上、その他穀物を原料」とし「単式蒸留器（ポットスチル）にて蒸留して造られた」アイルランド独自のウイスキーのことです。大麦麦芽のみのモルトウイスキーと比較して**穀物**由来の風味が強く出たり、**オイリー**な口当たりとなるのが特徴です。樽構成はシングルモルトと同じくバーボン樽、シェリー樽原酒のヴァッティングのスタンダードな構成です。公式のおすすめは「ストレート」「ロック」です。

味覚チャート

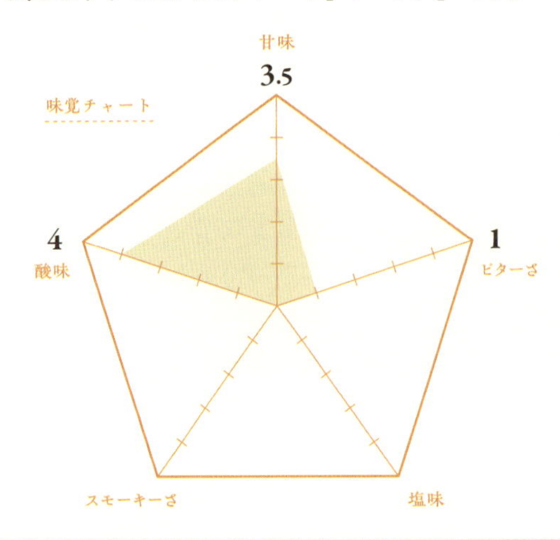

## ストレートで飲んでみる

**色**
- ちょっとだけ濃いアンバー

**香**
- シングルモルトより**酸い**香り。**あんず**と**レーズン**感
- また、**グレーン**っぽい**穀物**さも感じる

**味**
- まろやかめな感じ。特に目立った嫌味もなく、平坦
- やさしいけれど個性には乏しいかな……

構成要素

〈果物〉あんず

〈果物〉レーズン

〈香ばしさ〉穀物

## ロックで飲んでみる

**香**
- シングルモルトでも感じた例の**チョコレート**感が出る
- **酸い**感じがあるので**いちごチョコ**感
- ただ**ミルクチョコ**感のほうが大きいので『**アポロチョコ**』といった感じ？

**味**
- 味は強まるも、何かが突出するでもなくやはり平坦
- 飲みごたえは純粋に増すのでストレートをグレードアップした感じ

構成要素

〈果物〉あんず

〈果物〉レーズン

〈香ばしさ〉穀物

〈甘さ〉チョコレート

〈果物〉いちご

## ハイボールで飲んでみる

**味**
- まるで「もとからそうでしたが、何か？」みたいな感じで溶け込んでいる
- **酸い**感じが一層際立ち、飲み方としてはこれが正解かもしれない
- まろやかに**甘い**
- **甘め**の**フルーティー**さと香ばしさ

構成要素

〈果物〉あんず

〈果物〉レーズン

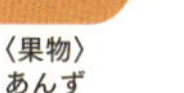

〈香ばしさ〉穀物

〈甘さ〉チョコレート

〈果物〉いちご

### 総評 グレーンなようでもあり モルトのようでもあり

**酸味**が特徴的で、**甘くない梅酒**……みたいな印象。味自体は何が突き出ているでもなく、押しが強いでもなく平坦なものの、加水以降ではしっかりとわかりやすい味わいが出てくる。おすすめは**酸味**が際立ってくるハイボール。もしくはロック。やはり水と馴染みやすいのか、そこから本領発揮していく。

### 所感 本書では唯一の ポットスチルウイスキー

こと『バスカー』においては「モルトウイスキー⇔ポットスチルウイスキー⇔グレーンウイスキー」……みたいな感じでポットスチルウイスキーこそが橋渡し的な役割を担っているような印象を受けました。単体販売していただけるのはうれしいです。やはりみんな珍しく思うのか、これが人気な印象です。

# 040 ウォーターブルーフ

ブレンデッドモルト
スコッチ

WATER PROOF

## 名前とは裏腹に水を弾かずきれいに馴染むブレンデッドモルト

DATA

蒸留所：グレンモーレンジィ、グレントファース、バルブレアなど
製造会社：マクダフ・インターナショナル社
内容量：700㎖
アルコール度数：45.8％
購入時価格：3,300円（税込）
2024年11月時市場価格：4,200円（税込）

コルク栓。積み木のような質感のトップ。とにかく独特

### このウイスキー、何もかもが特徴的

スペイサイド、ハイランド地方の７つの蒸留所のモルトのみを使用しヴァッティングしたブレンデッドモルトウイスキー。使用モルトは名言されている分では『グレンモーレンジィ14年』（ハイランド）、『グレントファース 9年』（スペイサイド）、『バルブレア』（ハイランド）と年数を指定して使用している独特ぶり。また、『ウォーターブルーフ』と言えば撥水という意味で衣服とかに使われる言葉ですが、ラベルにもその意匠が見て取れ実際表面が水滴のようにボコボコとしています。

味覚チャート

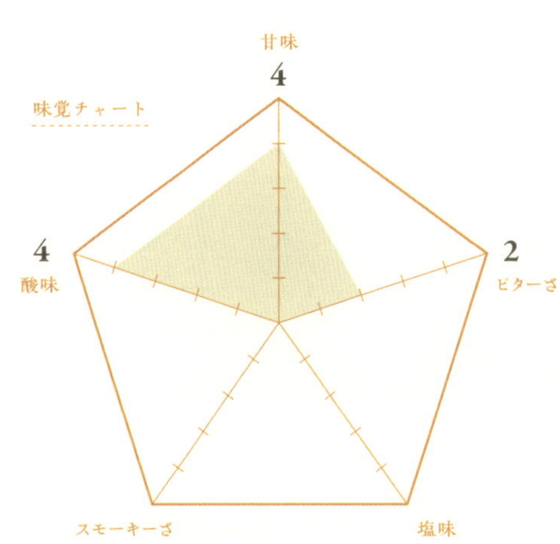

## ストレートで飲んでみる

構成要素

**色**
- やや赤みを帯びたゴールド

**香**
- 強烈な**レーズン**感。**甘い**ような**酸い**ような……
- **ゴム**的な**シェリー**香も感じる
- 度数の割にアルコールアタックは控えめ

**味**
- **フレッシュ**めな**レーズン**感が全体を支配している
- とはいえ香りほどの味の広がりはあまりない
- 余韻に微かな**樽**香が残る

## ロックで飲んでみる

構成要素

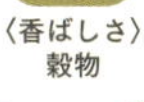

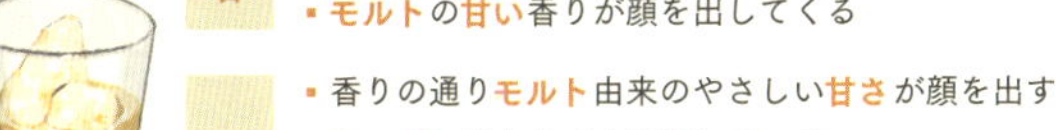

**香**
- 相変わらず**レーズン**の**酸い**香りが広がる
- **モルト**の**甘い**香りが顔を出してくる

**味**
- 香りの通り**モルト**由来のやさしい**甘さ**が顔を出す
- **レーズン**感とうまく調和している
- 余韻の**ビター**さもいい具合になり
バランスが良い。いける

## ハイボールで飲んでみる

構成要素

**味**
- やや高度数ゆえか、恐ろしく伸びが良い
- **レーズン**の主張もちょうどよく
ほのかな**ビター**さで〆るので次々飲めそう
- ブレンデッドモルトらしく個性のぶつかり合い。
濃い味が楽しいところ

### 総評　加水して花開く**フレッシュ**感・**レーズン**感は随一

ストレートではあまり全容が見えないが、加水することでいろいろ花開く。なんだか水を弾く名前と相反しているような気がするけれど、水があってこその撥水なので……。おすすめは良さが存分に引き出せるロック、もしくはハイボール。強めの**モルト**感と**レーズン**感が馴染み、調和がきちんと取れている。

### 所感　アルコール度数45.8%と言えば……

やっぱり『タリスカー』を連想しますけれど、含まれていないですよね。それはそうと、ブレンデッドモルトって若干ニッチなジャンルではありますが、個性のぶつかり合いと調和がよく考えられていて飲んでいて面白いです。実際、造るのが難しいからあまり種類がないのでしょうか？

041

# オールドパース オリジナル

ブレンデッドモルト

スコッチ

OLD PERTH THE ORIGINAL

## 力強いコシの100%シェリーブレンデッドモルト

DATA

蒸留所：非公開
製造会社：モリソン・スコッチ・ウイスキー・ディスティラーズ社
内容量：700㎖
アルコール度数：46%
購入時価格：3,600円（税込）
2024年11月時市場価格：4,800円（税込）

コルク栓。トップには金属製のエンブレムが

### 名作スコッチのメッカ・パースの町を冠したボトル

インディペンデント・ボトラーであるモリソン・スコッチ・ウイスキー・ディスティラーズ社がリリースするブレンデッドモルトスコッチ。インディペンデント・ボトラーとは、単純にボトラーズとも呼ばれる独立瓶詰業者のことです。蒸留所から原酒と樽を買い付け、独自に熟成・瓶詰・ラベリングをして販売しています。蒸留所からのリリースはオフィシャルと呼びます。シェリー樽熟成のモルト原酒のみを使用していること以外は一切不明と、なんともミステリアスなボトルです。

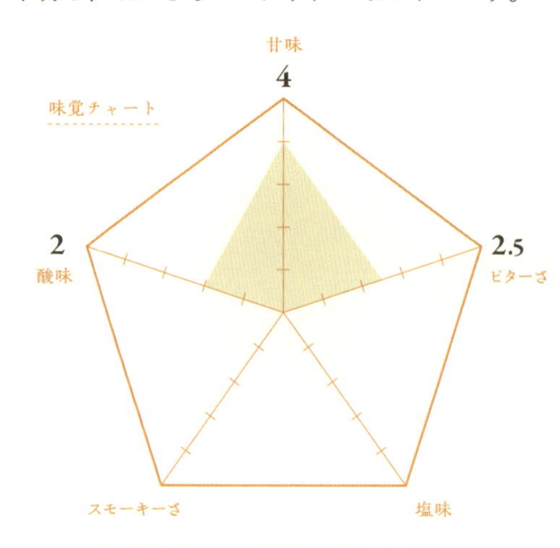

## ストレートで飲んでみる

構成要素

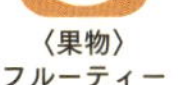

〈果物〉レーズン
〈果物〉フルーティー
〈香ばしさ〉穀物
〈感覚〉ビター

**色**
- ややゴールドな琥珀色

**香**
- 強烈な**シェリー**の**甘い**香り
- その**レーズン**香はドライフルーツというよりは**フレッシュ**さを感じる
- 奥には**モルト**の**甘い**香りが漂う
- 度数46％だけどまったく角が立っていない

**味**
- 香りの強烈さとは裏腹にややまったりとした口当たりでやさしい**甘み**が広がる
- 余韻には**樽由来のビター**さが顔を出す

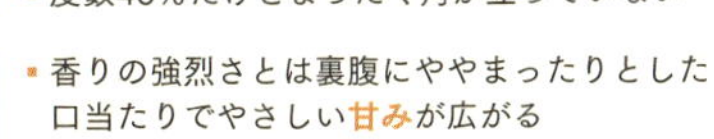

## ロックで飲んでみる

構成要素

〈果物〉レーズン
〈果物〉フルーティー
〈香ばしさ〉穀物
〈甘さ〉メープルシロップ
〈感覚〉ビター

**香**
- シェリー香はやや後退して**モルト**の香りとのバランスが良くなる
- **メープルシロップ**のような香りも感じるようになってきた

**味**
- 冷却されたことによって粘性が増し舌に絡みつく**フルーティー**な**甘み**と**苦み**
- **ビター**感はそこまで変化はないが余韻には長く残る。悪くない

## ハイボールで飲んでみる（おすすめ）

構成要素

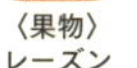

〈果物〉レーズン
〈果物〉フルーティー
〈感覚〉ビター
〈甘さ〉メープルシロップ

**香**
- 注いだ瞬間からわかる。割り負けていないと

**味**
- **シェリー**香と**ビター**さのバランスに拍車がかかり絶妙に良くなる
- 変に引き伸ばされた感もないので好意的なフレーバーばかりが顔を出し非常に心地いい

総評

### ブレンデッドモルトなのに程よいバランス

香りでドカっと**甘そう**な香りが主張してきて、味も相応に**甘い**けれど程よい**ビター**さも備えているので飲み疲れしないのがブレンドの妙と感じられるポイント。モルト原酒のみなものの、かなり伸びやかになるのでハイボールがぜひともおすすめ。**シェリー**系のネガティブ要素がなく、相当にフレンドリーなボトル。

所感

### ボトラーズのブレンデッドモルト自体結構珍しい

ボトラーズがというより、銘柄によって蒸留所を非公開にしてたりしてなかったりします。『オールドパース』の他の銘柄では『グレンファークラス』の原酒の使用が明言されているので、もしかしたらこちらにも使われているかもしれませんねぇ。ちなみに、「カスクストレングス」や「12年」ものも存在しています。

042

# ザ・ネイキッドモルト

ブレンデッドモルト

スコッチ

The Naked Malt

## シェリー系ウイスキー入門の決定版

DATA

蒸留所：マッカラン、ハイランドパーク、グレンロセスなど
製造会社：マシュー・グローグ&サン社
内容量：700㎖
アルコール度数：40%
購入時価格：3,600円（税込）
2024年11月時市場価格：3,600円（税込）

『フェイマスグラウス』シリーズにしては珍しいコルク栓

### あの『ネイキッドグラウス』の後継品

始まりは2013年。当初は『フェイマスグラウス』シリーズに名を連ねるブレンデッドウイスキーとして誕生しました。2017年にはモルト原酒のみのブレンデッドモルトとして生まれ変わり、2021年に現在の『ザ・ネイキッドモルト』と名を改め今に至ります。大きな変化としては『フェイマスグラウス』を支えたグレンタレット蒸留所が、キーモルトから外れています。他、ファーストフィルのオロロソシェリー樽で追熟したモルト原酒を使用しているのは変わりありません。

味覚チャート

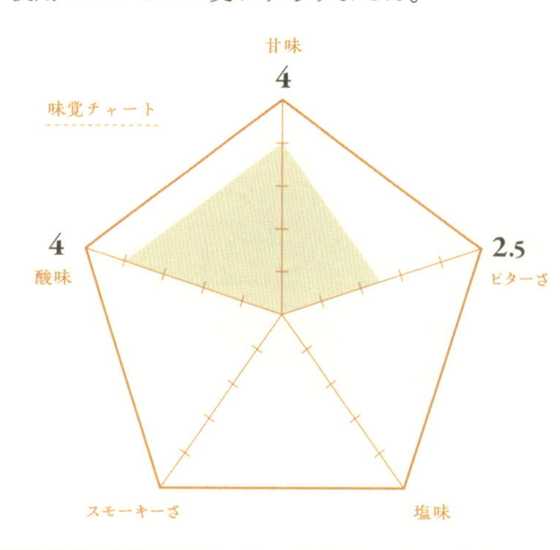

## ストレートで飲んでみる

おすすめ

**色**
- 赤褐色寄りのゴールド

**香**
- とにかく濃厚でお上品な**シェリー**香
- アルコールアタックもなく
  癖の類いが一切感じられない
- **甘い**香り、**果実**的な香り、
  どれを取ってもケチがつかない

**味**
- **レーズン**、**果実**っぽい**甘み**。**フレッシュ**寄り
- **樽**感もそこそこあるのでボディの弱さは感じない。良き
- アルコール刺激はそれほどない。飲みやすい

構成要素

〈果物〉レーズン
〈果物〉ぶどう

〈果物〉フルーティー

〈感覚〉ビター

〈熟成〉木材

## ロックで飲んでみる

**香**
- ちょっと**甘い**香りが強くなる
- **酸っぱい**香りもあり**果実**感が増す

**味**
- **甘い**ものの結構**ビター**感が大きくなる
- ゆっくりチビチビ飲む分にはいいかもしれない
- バランス的にはこれくらいでもよいかもしれない

構成要素

〈果物〉レーズン

〈果物〉ぶどう

〈果物〉フルーティー

〈感覚〉ビター

〈熟成〉木材

## ハイボールで飲んでみる

**味**
- **甘酸っぱい**ハイボール。特に**酸味**が顕著
- なかなかに**フレッシュ**な印象を受ける
- 取っかかりがないのでスルスル飲める
- ブレンデッドモルトだけあって、薄まりはさほど
  感じずにしっかりとした味わいを維持している！

構成要素

〈果物〉レーズン

〈果物〉フルーティー

〈果物〉ぶどう

〈感覚〉ビター

〈熟成〉木材

総評

### 『ネイキッドグラウス』を抜きにして考えるとこれはこれでアリ

良いところを目立たせ、万人に向けたカジュアルな「ザ・シェリー」が『ネイキッドモルト』……みたいな感じ。おすすめはド直球にエレガントなストレート。一転**フレッシュ**に変貌するハイボールも良き。『ネイキッドグラウス』は『グレンタレット』の少々癖ありなところがあったのでこちらは入りやすい。

所感

### シェリー系、意外とこういう路線のものがない

結構カジュアルな構成に生まれ変わっているので、これはこれで好きです。**シェリー**系の魅力を感じつつ、ネガティブ要素はあまり受けずに美味しく飲める……まさしく理想形な気がします。個人的には**シェリー**系ウイスキー入門の筆頭に挙げても絶対に石を投げられない自信があります。

043

# ジョニーウォーカー グリーンラベル 15年

ブレンデッドモルト

スコッチ

JOHNNIE WALKER GREEN LABEL AGED 15 YEARS

## 避けては通れない傑作ブレンデッドモルト

DATA

**蒸留所**：タリスカー、カリラ、クラガンモア、リンクウッド
**製造会社**：ジョン・ウォーカー＆サンズ社
**内容量**：700mℓ
**アルコール度数**：43%
**購入時価格**：3,800円（税込）
**2024年11月時市場価格**：5,800円（税込）

ここら辺のラインからコルク栓になる

### レギュラーラインナップで唯一のブレンデッドモルト

初出は1997年と現在のレギュラーラインナップの中では2番目に若いです。当初は『ジョニーウォーカー ピュアモルト 15年』という名称で、松葉色みたいな色のラベルでした。2004年に現在の『ジョニーウォーカー グリーンラベル 15年』に改称し世界中で販売されるようになったようです。最大の特徴はモルト原酒のみのブレンデッドモルト、さらに「15年」と年数表記のある点です。「15年」と言えば結構値の張るラインですが、謎（？）の技術によりお得価格を実現し続けています。

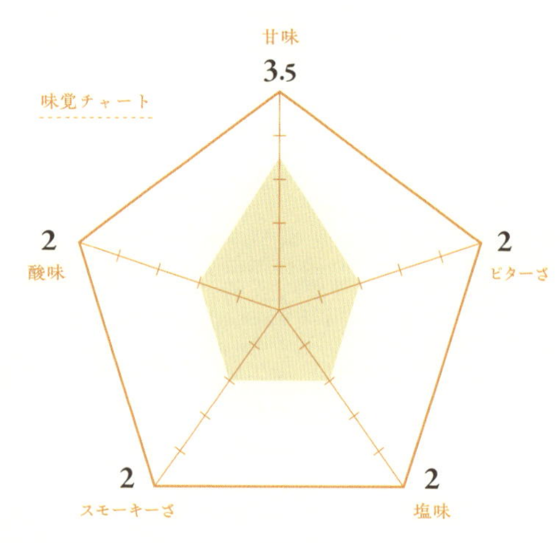

## ストレートで飲んでみる

| | |
|---|---|
| 色 | ・明るめのアンバー |
| 香 | ・意外にも**大人しい**。**モルト**の**甘い**香りが主体<br>・『タリスカー』も『カリラ』も奥底に<br>ほのかに感じ取れる程度に鳴りを潜めている |
| 味 | ・かなりやさしい**甘み**<br>・随所に**草**っぽい**ピート**感はあるものの<br>本当に気にならないレベルにとどまっている<br>・ブレンドの妙。余韻もかなり長く続く<br>・フィニッシュで**樽**感を感じる |

構成要素

〈甘さ〉はちみつ

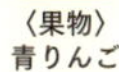
〈果物〉青りんご

〈香ばしさ〉穀物

〈熟成〉木材

〈ピート〉干し草

## ロックで飲んでみる

| | |
|---|---|
| 香 | ・『タリスカー』『カリラ』が出てくる。<br>「待ってました」と言わんばかりに<br>・いい感じの**潮**感、**ピート**感、そして**甘い**香り |
| 味 | ・やはり**ピート**要素が開く<br>・なんだこの、**うまみ**がすごい<br>・Japanese taste is called “**UMAMI**”（は？） |

構成要素

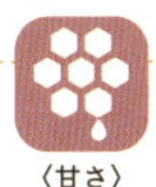
〈甘さ〉はちみつ

〈果物〉青りんご

〈香ばしさ〉穀物

〈熟成〉木材

〈ピート〉潮

〈ピート〉出汁

〈ピート〉干し草

〈ピート〉磯

## ハイボールで飲んでみる

| | |
|---|---|
| 味 | ・美味しすぎ。神、なんだ、これは<br>・主張しすぎない程度の**ピート**に余韻に<br>ようやく出てくる**はちみつ**感<br>・**青りんご**の爽やかさに、下支えに回った<br>**スモーキー**や**出汁**感。強い |

構成要素

〈甘さ〉はちみつ

〈果物〉青りんご

〈香ばしさ〉穀物

〈ピート〉潮

〈ピート〉出汁

〈熟成〉木材

〈ピート〉干し草

〈ピート〉磯

総評

### こりゃコンペで強いわけだわと、説得力がものすごい

どう飲んでも美味しい。ストレートの**大人しく**もやさしい感じは『リンクウッド』や『クラガンモア』のスペイサイド組が大きく出ているのだと思う。加水以降は『タリスカー』と『カリラ』のテンションが上がってくるので、その筋が好きな人にはたまらなくなる、感じ。いつまでもそこにいてほしいボトル。

所感

### 通ずるものはあるけれどジェネリック『白州』とは違う……

ただ、**草**っぽい**ピート**感は『白州』の**森林**感に通じるところはありますので、そこら辺の要素を摘まんでみるとなんとな〜く『白州』を挙げてみたくなる気持ちはわかります。あちらが森林感なら、こちらは**海岸から草原にかけての広大な大地**感、みたいな感じです。別ベクトルのスケールのデカさを感じますねぇ。

044

# ニッカ セッション

ブレンデッドモルト

ジャパニーズ

NIKKA session

## 3種の原酒が躍動する、まさしく三重奏

DATA

蒸留所：余市、宮城峡、ベンネヴィスなど
製造会社：ニッカウヰスキー株式会社
内容量：700㎖
アルコール度数：43%
購入時価格：4,180円（税込）
2024年11月時市場価格：4,620円（税込）

青い仕様のニッカ特有のプラスクリュー

### 日本とスコットランドの共演

2020年9月29日に発売されたブレンデッドモルト。日本洋酒酒造組合が定めるジャパニーズウイスキーの定義に対応する形で『竹鶴』がジャパニーズウイスキーにリニューアルし、旧『竹鶴』のポジションに収まるべく誕生しました。ニッカのブレンデッドモルトは『竹鶴』を見ての通り、経験や技術は折り紙付きです。こちらはジャパニーズウイスキーではないものの、『ベンネヴィス』（を含むスコットランド）の原酒を使用していると公表しているため、逆に公明正大な感じです。

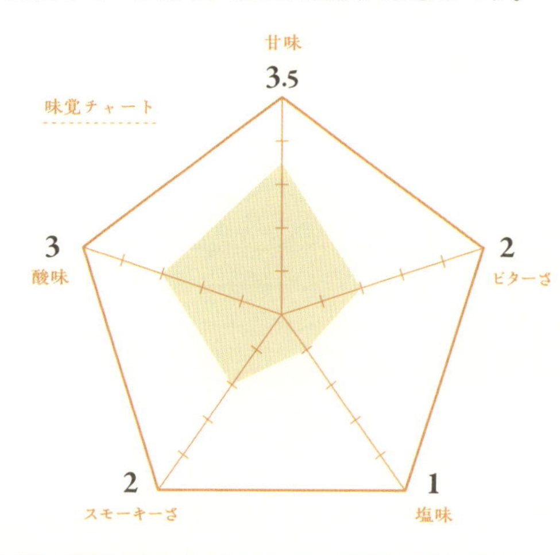

## ストレートで飲んでみる おすすめ

| | |
|---|---|
| 色 | ・薄めのゴールド |
| 香 | ・ややスモーキー、次いで華やかなモルト香<br>・奥からフルーティーな香り。<br>アルコール刺激はほぼない |
| 味 | ・やはり序盤にスモーキーさ、<br>次に柔らかな甘みを感じる<br>・余韻に爽やかなフルーティーさ、<br>最後に再びスモーキーさが抜けていく |

構成要素

## ロックで飲んでみる おすすめ

| | |
|---|---|
| 香 | ・ややピーティな香りが主張し、<br>追ってモルティな甘い香り |
| 味 | ・甘さが前に出てくる。<br>力強いピート感も感じ取れる<br>・余韻はかなり長くなり、さながら<br>「ディミヌエンド」（音楽記号）のように<br>伸びやかに消えていく |

構成要素

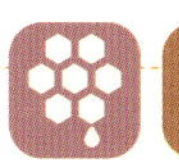

## ハイボールで飲んでみる おすすめ

| | |
|---|---|
| 味 | ・ピート感の腰が折れずよく伸びる<br>・奥のフルーティーさ、モルティさも<br>消えていない。まさしく『セッション』<br>・ハイボールにしても驚くほど余韻が長く、<br>ひと口ごとのコスパがいい（？） |

構成要素

総評

### 加水以降の余韻の伸び方は驚愕もの

演奏を聞き終わったあとの頭の中の残響のごとく深く力強い風味を残していく。メーカー推奨の「セッション・ソーダ」はもちろん、ストレートでは華やか、フルーティー、スモーキーと香味の三重奏を楽しめるのでこれもおすすめ。どう飲んでも美味しい。ブレンデッドモルトの良さが十二分に出ている。

所感

### 個人的に実は相当な推しウイスキー

2024年4月付で『余市』『宮城峡』が4,950円→7,700円に値上がりしたのに対し、『セッション』は改訂後4,620円。今まででもお得を感じていたのにむしろさらにお得になった気がします。まだバレていませんが、これ、モルト原酒だけなんですよ？？？？　終売になったら悲しいのでほどほどにバレてほしい……。

COLUMN

1

## 古酒のすゝめ

ウイスキーは、適切な保管をしていれば基本的に消費期限はないといわれています。つまり理論上では50年前のものでも問題なく飲める（はず）ということです。「古酒（オールドボトル）」の定義は人によってそれぞれですが、大体20年以上前だとか、1989年の酒税法における級別制度廃止以前のものだとか……が古酒として語られます。当然のことながら一般的な酒屋では販売しておらず、オークションサイトや古物商店などで買うことができます。

古酒が造られた当時はウイスキーに対する世間の注目度や、使用できる原酒の量が現在とは大きく異なっており、比較し当時を推し量ることも楽しみのひとつとなっています。

さて、前置きが長くなりましたが、個人的に好きな古酒は現代でも存在する『サントリー ローヤル』です。このボトルは1960年が初出で、時代によってラベルデザインがちょこちょこと変わっていることが大きな特徴です。例えば、1995～2008年までは「12年」ものが流通していて、その間に4度もラベルチェンジをしていたり、一見同じラベルに見えるもののロゴデザインに相違があったり……「これはいつの時代の流通品なんだろう……？」と、考えを巡らせるのも個人的なひとつの楽しみとなっています。

肝心の現代の流通価格ですが、以前は当時定価あたりで買えていたものが、最近は目当てにする人が多くなったのか高くなっている印象です。

それと、冒頭で述べたように保管環境に左右されるのでいわゆる「地雷ボトル」もそこそこ存在します。外観ですぐわかるものとして、極端な液面低下（外気と触れている＝劣化が激しい）、ラベルに焼けがある（直射日光を受けている＝劣化が激しい）ボトルは極力避けたほうが吉だと思います。個人的所感としては、当時高級品だった輸入もののスコッチなどは棚などの暗所にて大切に保管されていて状態が良いものが多い印象があります。実際、それでも地雷に当たることはあります。仕方ありません……。

数十年経っても飲める、時代を超えた贈り物

# 2

# スイート

**甘やか**な個性を持つウイスキーたちもいます。**バニラ**や**メープルシロップ**、**ドライレーズン**、はては**チョコレート**を思わせる香味は、世の愛好家を魅了してやみません。

045

# エドラダワー 10年

シングルモルト
スコッチ

EDRADOUR Aged 10 Years

## まろやか・爽やか・甘酸っぱい木苺の如し

DATA

蒸留所：エドラダワー蒸留所（スコットランド／ハイランド）
製造会社：同上
内容量：700mℓ
アルコール度数：40％
購入時価格：4,400円（税込）
2024年11月時市場価格：6,500円（税込）

「ハイランドの小さな宝石」と書かれたコルク栓

### 少数精鋭の蒸留所が贈る貴重なモルト

『エドラダワー』の始まりは1825年。現在はボトラーズであるシグナトリー社が蒸留所を所有しています。エドラダワー蒸留所はスコットランドで最小の蒸留所といわれ、生産部門のスタッフも3人で回しているので少数生産です。『エドラダワー10年』はいわゆる「クラシックレンジ」に属し、他には「カスクストレングス」「ワインマチュアード」「バレッヒェンヘビリーピーテッド」などと区分けがなされています。スペックはオロロソシェリー樽＋バーボン樽のスタンダードな構成です。

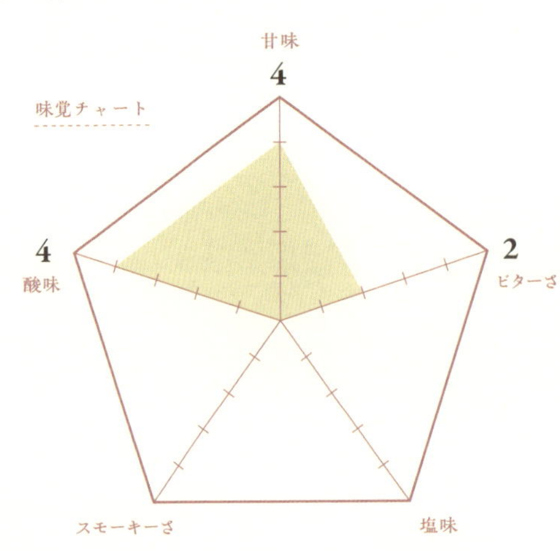

## ストレートで飲んでみる

**色**
- 濃い赤褐色

**香**
- 強めのアルコール刺激に**レーズン**、**バター**
- スワリングを続けると爽やかな**シトラス**の香りもする

**味**
- やはり**レーズン**、**柑橘**系の爽やかな香りが抜けていく
- **樽から来る渋み**が下支えしている。アルコール刺激はそれなりにある

構成要素

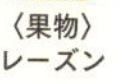

〈果物〉レーズン

〈熟成〉バニラ

〈果物〉レモン

〈感覚〉樽から来る渋み

## ロックで飲んでみる

**香**
- **フレッシュ**な**レーズン**、**洋菓子**のような**甘い**香り
- アルコールアタックも抑えられ嗅ぎやすい
- やはり奥に爽やかな**果実**香がある

**味**
- アルコール刺激がなくなり格段に飲みやすくなる
- **甘酸っぱさ**が強調される
- 余韻には**木苺**を連想させるような凝縮された**酸っぱさ**がふわっと訪れる

構成要素

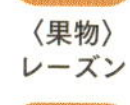

〈果物〉レーズン

〈熟成〉バニラ

〈香ばしさ〉トースト

〈果物〉いちご

〈果物〉レモン

〈感覚〉樽から来る渋み

## ハイボールで飲んでみる

おすすめ

**味**
- 前評判に引きずられているのか、確かに**クリーミー**さを感じる
- 味が連続的につながっていくさまが**クリーミー**という表現なのだろうか？
- **レーズン**主体のまろやかで濃い口のハイボールと化す

構成要素

〈果物〉レーズン

〈熟成〉バニラ

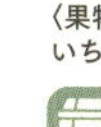

〈果物〉いちご

〈香ばしさ〉トースト

〈果物〉レモン

〈感覚〉樽から来る渋み

総評

### 加水すると全体像がわかりやすくなる

**シェリー**系にありがちな、一瞬「ん？」と思わせるようなネガティブなフレーバーも一切感じられないので隙がない。色から連想される通り、ハイボールが濃厚な仕上がりになって美味しい。上記の通り、掴みどころが見えてくるロック、ハイボールがおすすめ。意外と**フレッシュ**な感じの仕上がりでまた良き。

所感

### コテコテの**シェリー**ではないのがむしろ好印象

比較的爽やかさも持ち合わせているタイプの**シェリー**感なので、飲み疲れしないというか場面を選ばず飲めそうな感じです。以前はそこそこ安く購入できたのですけれど、「10年」ものにしては少々ハイクラスな価格帯になってしまわれました……。それでも冬になると飲みたくなるそんなシングルモルトです。

# 046 カバラン クラシック

シングルモルト

タイワニーズ（台湾）

KAVALAN CLASSIC

## 噂に違わぬ南国感……

DATA

蒸留所：カバラン蒸留所（台湾）
製造会社：同上
内容量：700㎖
アルコール度数：40％
購入時価格：50㎖ボトルのため参考外
2024年11月時市場価格：9,950円（税込）

カバラン蒸留所を所有する金車グループのロゴが

### 世界でどでかい頭角を現した台湾のシングルモルト

カバラン蒸留所の始まりは2006年、初出荷は2008年です。台湾北東部、宜蘭（ぎらん）県で製造されています。世界的な品評会で数々の賞を受賞しており新興ながらも大変実力のあるブランドです。その特徴は台湾の亜熱帯気候。通常スコットランドのような冷涼な気候がウイスキーの熟成には望ましいといわれているのに対し、亜熱帯気候では熟成が早く進むため、少ない年月で大きな熟成感を生み出すことができる、というものです。スペックはバーボン、シェリー樽などのヴァッティング。

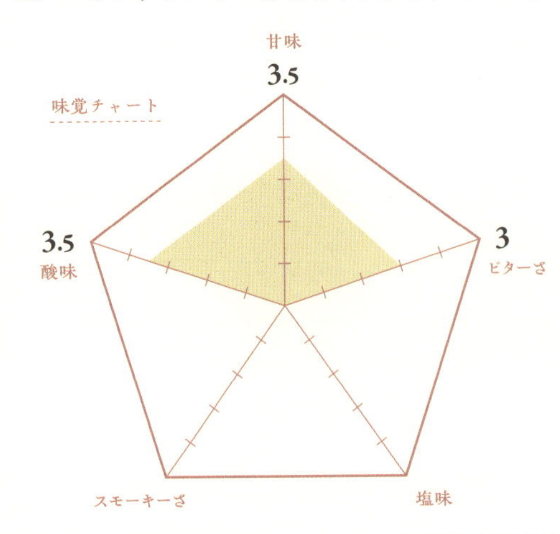

50㎖ボトル

## ストレートで飲んでみる

構成要素

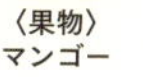

| | |
|---|---|
| 色 | ■鮮やかなゴールド |
| 香 | ■微かな甘い香り。基本的にはアルコール感 |
| 味 | ■ほのかなモルトの甘み、フルーティーな酸味も感じる<br>■パッションフルーツのよう<br>■ほどなくしてやさしい樽感が訪れ、余韻に長く残る |

## ロックで飲んでみる

構成要素

| | |
|---|---|
| 香 | ■ロックにしてもそんなに香りは開かない。特に言うことがない |
| 味 | ■樽感が強くなる<br>■甘みを押しのけてどっしりと座っているような感じで豹変を感じる |

## ハイボールで飲んでみる

おすすめ

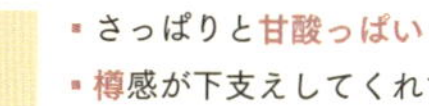

構成要素

| | |
|---|---|
| 味 | ■さっぱりと甘酸っぱい<br>■樽感が下支えしてくれているおかげで薄っぺらくなく厚みがある<br>■これは美味しい！<br>■南国フルーツ的なニュアンスがこれでもかと感じられる<br>■サラっとした人工的シロップのような甘さ |

総評

### ストレート、ロックの感じはイメージと違うけれど

ハイボールはイメージを払拭してくれて絶品。よく形容される南国フルーツのような甘酸っぱさが全面に広がり美味しい。おすすめはもちろんハイボール。ロックはちょっときついかも。ストレートはライトでふんわりとした飲み口。好みがわかれる。バーボン樽の良いところが見えやすい、スタンダードらしいボトル。

所感

### エントリーモデルがコレかと思いきや

さらにお安く5,000円の「ディスティラリーセレクト」というものが存在します。試すならここからですかねぇ……？　また、上を見ても果てしないほどにピンキリな銘柄であり、上位の「ソリストシリーズ」は毎年のように品評会で受賞をしているという精鋭たちです（なかなか手が出ない値段ですけれど……）。

# 047 グレンアラヒー 12年

シングルモルト
スコッチ

THE GLENALLACHIE AGED 12 YEARS

## スペイサイドらしからぬ、ずっしり・どっしり濃厚メープル

DATA

蒸留所：グレンアラヒー蒸留所（スコットランド／スペイサイド）
製造会社：同上
内容量：700㎖
アルコール度数：46％
購入時価格：5,000円（税込）
2024年11月時市場価格：8,180円（税込）

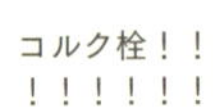

### ここ数年で大躍進を遂げたシングルモルト

蒸留所の設立は1967年。創業からずっとブレンデッドウイスキー用としての原酒を造り続けていましたが、2017年にペルノ・リカール社から独立しシングルモルトとしての販売を開始しました。蒸留所を買い取ったのはベンリアック蒸留所の元オーナー、ウイスキーのカリスマプロデューサーと呼ばれるビリー・ウォーカー。スペックはペドロヒメネスとオロロソシェリー樽をメインに、ヴァージンオーク樽、赤ワイン樽の原酒をヴァッティングしているそうです。

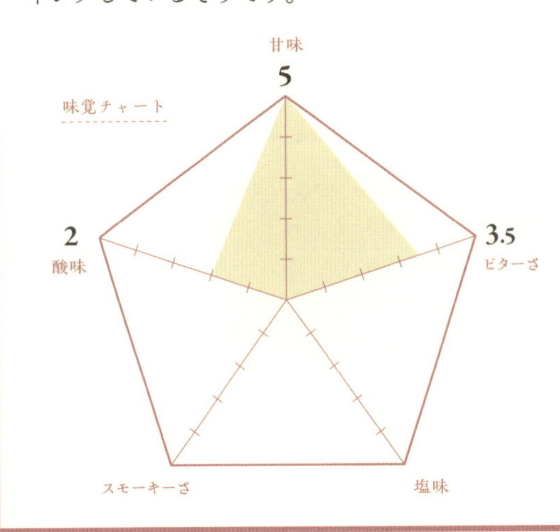

## ストレートで飲んでみる　おすすめ

**色**
- 深く赤茶けた色

**香**
- どっしりとした濃いバニラ香、レーズンも色濃く感じる
- メープルシロップ。とにかく濃厚。アルコール刺激はほぼない

**味**
- 舌にまとわりつくメープル感。梅酒っぽい酸味感もある
- 余韻に樽の香ばしさ、ビターさが来て絶妙にバランスがいい

構成要素

〈甘さ〉
黒蜜

## ロックで飲んでみる

**香**
- メープル感が強まる。ドカっと被さってくる、甘さの掛布団
- ネガティブフレーバーのないバーボンのエステリーさを感じる

**味**
- 甘いは甘いもののストレートで感じた完璧なバランス感はぼやける
- 余韻のビターさは健在

構成要素

## ハイボールで飲んでみる

**味**
- 主張しすぎない甘さ。スペイサイドらしくなる
- 余韻を占めるビターさが最高のハイボールにしてくれる
- 次々飲めちゃう危険なハイボール
- 爽やかなフレッシュさの中にあるメープルや黒蜜を思わせる甘さがたまらない

構成要素

総評

### 「12年」ものとしては珠玉の完成度

なんせ同銘柄の「18年」ものより色の濃い「12年」ですから……。ハイボールのハイバランス感もいいが、やはり香味の洪水ともいえるストレートを強くおすすめしたい。**バニラ**、**メープルシロップ**、**レーズン**、**ウッディ**さが次々と押し寄せる最高の一杯。ハイボールになるとスペイサイドらしい爽やかさに振れる。

所感

### 5,000円台でシェリー系が群雄割拠していた頃……

飲んだ当初は5,000円ほどで売っていたのですけれど、今や8,000円台とおいそれと手を出しづらくなっちゃいました。それにしてもこの完成度のせいで「オレは昔から気づいてて好きだったぜ」などという後方腕組み彼氏ヅラオタクが発生していたのも懐かしいです（歴史の観測者ヅラ懐古オタク）。

048

# グレンドロナック 12年

シングルモルト

スコッチ

The GLENDRONACH "ORIGINAL" AGED 12 YEARS

## 王道・伝統のオールシェリー

DATA

蒸留所：グレンドロナック蒸留所（スコットランド／ハイランド）
製造会社：同上
内容量：700ml
アルコール度数：43%
購入時価格：5,000円（税込）
2024年11月時市場価格：6,500円（税込）

シメジみたいな色合いのコルク栓！！！！！！！！

### シェリー系を知るなら一度は通っておきたい銘柄

始まりは1826年。1996年から2002年5月の間は蒸留所を閉鎖していたこともあります。「シェリー系スコッチシングルモルトといえば？」という質問をしたら『マッカラン』『グレンファークラス』と並んで挙がるであろう『グレンドロナック』。「12年」は甘口のペドロヒメネス、辛口のオロロソの2つのシェリー酒に使用された樽で熟成された原酒をヴァッティングしています。つまりオールシェリー。また、2022年頃からノンチルフィルタード（冷却濾過）表記がなくなっているそうです。

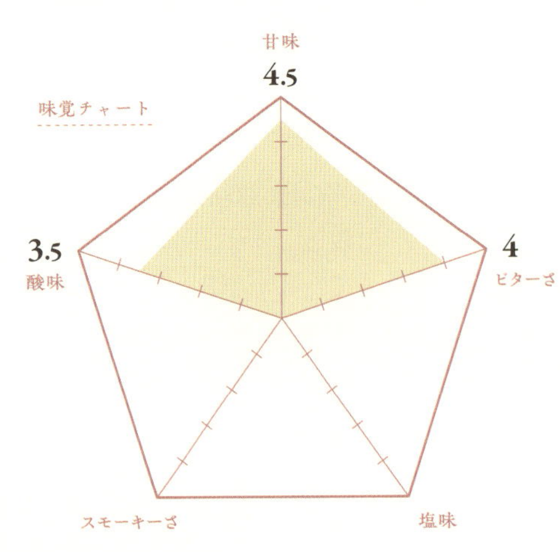

## ストレートで飲んでみる　おすすめ

**色**
- やや深い琥珀色

**香**
- ドライレーズン、樽の香り。アルコール刺激はほとんどない
- 奥には爽やかな果実の香り

**味**
- 甘くてスパイシー
- ビターチョコのような甘さとレーズンの甘さ
- シェリー系特有のネガティブフレーバーがまったくなく、やさしい甘みで満ちている
- アルコール刺激はほのかにピリっと

構成要素

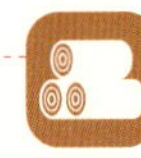

## ロックで飲んでみる

**香**
- レーズンの甘い香りは後退してモルト香、樽の香りがメインになる
- ストレートとは一転した二面性が面白い

**味**
- モルトの甘みが主張しコクのある味わいに
- 意外と余韻のキレがいい
- レーズンをほのかにまとう洗練された味わい

構成要素

〈甘さ〉
ビターチョコ

## ハイボールで飲んでみる

**味**
- そこそこ伸びるといった感じ
- ほのかにシェリー香るハイボール
- レーズン系の甘みを残しながらもすっきり・さっぱりとした潔い味わい
- シェリー系の特徴を残しつつも品のあるリッチさに昇華させている……

構成要素

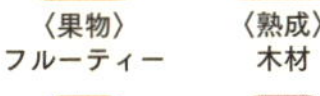

総評

### ネガティブ要素のない洗練されたシェリー感

ゴムだとか、硫黄だとかのシェリー系特有のネガティブなフレーバーがまったく見えてこないところに原酒、樽双方の品質の高さが窺える。シェリーのリッチな香りを存分に楽しめるストレートでゆったり、じっくり飲むのがおすすめ。シェリー系を正しく学べる、超正統派な贅沢尽くしなシングルモルト。

所感

### 年数表記以上の熟成原酒が使われている都市伝説があるとか

1996年から2002年5月の休止期間に関して、例えば「18年」ものだと2019年頃のボトリングについては2001～2019となり2001年は休止期間と被るのでその間をさらに遡って1996～2019となり最低でも23年熟成の原酒が使われているとか使われていなかったりとか……（まあ大体狩り尽くされていますけれどね……）。

# 049 グレンファークラス 17年

シングルモルト
スコッチ

## GLENFARCLAS AGED 17 YEARS

## 深い香りとコクの日本＆北米市場限定品

DATA

蒸留所：グレンファークラス蒸留所（スコットランド／スペイサイド）
製造会社：同上
内容量：700㎖
アルコール度数：43％
購入時価格：5,980円（税込）
2024年11月時市場価格：12,250円（税込）

「12年」とそう変わらないコルク栓！！！！！！！！

### 熟成感が一層増した『グレンファークラス』

この「17年」は日本・北米市場限定品らしいです。そして、現オーナーであるジョン・グラントが最もお気に入りのボトルとされています。スペックは同蒸留所のオフィシャルボトル一貫の100％オロロソシェリー樽での熟成。注視するとわかりますが、ラベルの枠線と「HIGHLAND SINGLE MOLT SCOTCH WHISKY」の文字色はそれぞれのイメージカラー（カートンの色）で分けられています。「12年」は青色、「15年」は深い紫色、「17年」は朱色、「21年」は深緑……という具合です。

味覚チャート

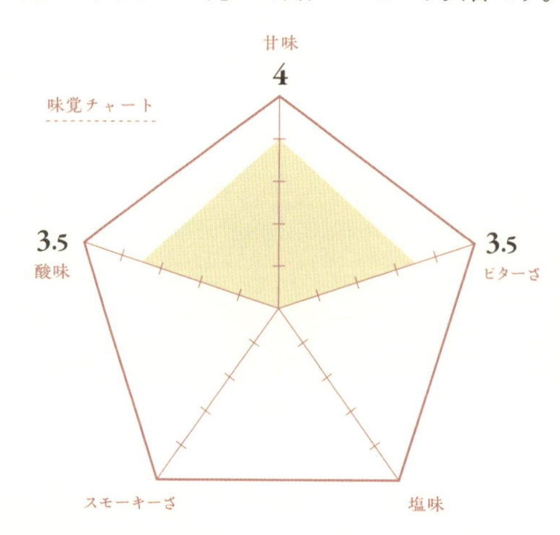

## ストレートで飲んでみる おすすめ

構成要素

〈果物〉レーズン

〈甘さ〉チョコレート

〈熟成〉木材

〈果物〉ぶどう

〈感覚〉樽から来る渋み

| | |
|---|---|
| 色 | ▪赤みを帯びたゴールド |
| 香 | ▪落ち着いたドライレーズンの香り。落ち着いているんです！<br>▪「12年」と比べるとはっきりとした熟成の違いがわかる<br>▪奥にはうっすらと樽香。アルコールアタックはない |
| 味 | ▪甘くコクのあるレーズン感、甘いチョコレート<br>▪舌の上で転がすたびに深い香りが広がってくる<br>▪多少アルコールがピリピリするが気になるほどではない<br>▪余韻にほのかにウッディさが顔を出す<br>▪ただビターというほどでもない。木の香り主体 |

## ロックで飲んでみる

構成要素

〈果物〉レーズン

〈甘さ〉ビターチョコ

〈熟成〉木材

〈果物〉ぶどう

〈感覚〉樽から来る渋み

| | |
|---|---|
| 香 | ▪少し香りが広がり甘い香りが加わる<br>▪またウッディな香りも強まり<br>落ち着きからは離れ賑やかになる |
| 味 | ▪やはりやや落ち着きがなくなるか。<br>甘さが広がるがコクは薄まってしまう<br>▪アルコール刺激はなくなるので飲みやすくはなる |

## ハイボールで飲んでみる おすすめ

構成要素

〈果物〉レーズン

〈甘さ〉チョコレート

〈熟成〉木材

〈感覚〉樽から来る渋み

〈果物〉ぶどう

| | |
|---|---|
| 味 | ▪ロックとは打って変わり<br>意外にも薄まらず伸びは良い<br>▪レーズン感は失われずしっかりとした<br>熟成感を伴って表面に出てきている<br>▪甘さとビターさのバランスがいいのか、<br>まったくくどさを感じない<br>▪ハイクラスなハイボール |

総評

### 「12年」を「ファークラス感」と認定するのは早計かも

「12年」はシェリー樽熟成モルトとしては華やかだけれど軽すぎな感じがしていたものの、「17年」はガラリと変わる。特に香りが素晴らしく、落ち着きがあるレーズン香は品の良さが飛び抜けている。深いコクのストレート、そしてハイバランスのハイボールがおすすめ。シリーズの中でも飛び抜けておすすめ。

所感

### 「エントリーモデルから」vs「長熟から」論争

この銘柄を知るなら……という状況に置かれた場合、よっぽどの富豪でなければエントリーモデルから入ると思いますが、それが（ほんのりと）失敗な場合もたまにあります。『グレンファークラス』の場合は「15年」から上くらいを攻めたほうがいいのかも、という私見……（値上げした現代ならなおさら）。

050

# ザ・グレンリベット カリビアンリザーブ

シングルモルト

スコッチ

THE GLENLIVET CARIBBEAN RESERVE

## ロックで南国感が花開くラム樽原酒ブレンド

DATA

蒸留所：グレンリベット蒸留所（スコットランド／スペイサイド）
製造会社：同上
内容量：700ml
アルコール度数：40%
購入時価格：4,280円（税込）
2024年11月時市場価格：4,000円（税込）

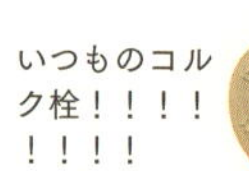

### 「ラム樽の風」が『リベット』にも来た

日本の市場では2021年12月6日から販売開始されている、カリビアンラムの熟成に使用した樽で「ブレンドの一部」をフィニッシュさせた『グレンリベット』です。「リベットにおいて○○リザーブの名前は大体ノンエイジ」の法則に則って、こちらも「ノンエイジ」です。余談ですが同ブランドの「ファウンダーズリザーブ」には「AMERICAN OAK SELECTION」という副題の副題（？）が付いているのですが、「カリビアンリザーブ」にも「RUM BARREL SELECTION」という副題が。

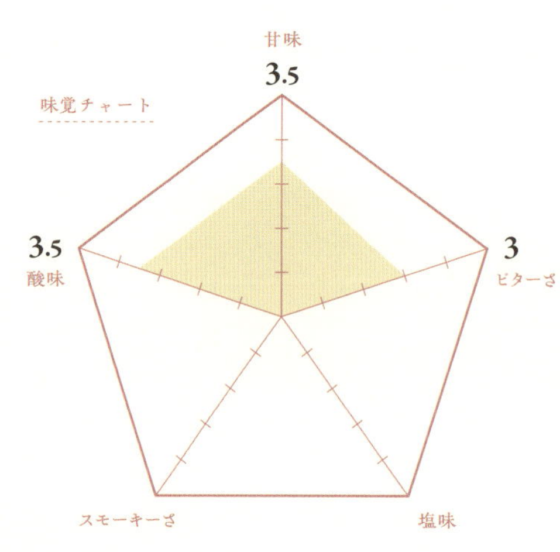

## ストレートで飲んでみる

| | |
|---|---|
| 色 | ・やや深みのあるゴールド |
| 香 | ・『リベット』感はあるものの香り立ちは控えめ<br>・ほのかに黒糖のような香り<br>・「ノンエイジ」ながら<br>アルコール刺激はまったくない。驚き |
| 味 | ・口に含むとアルコール刺激が目立つ<br>・余韻に一瞬だけ南国的な黄色いフルーツの<br>ニュアンスが感じ取れる<br>・他は……特にないかな…… |

構成要素

〈甘さ〉黒糖　〈果物〉洋梨

〈熟成〉バニラ　〈果物〉マンゴー

〈果物〉バナナ

## ロックで飲んでみる

| | |
|---|---|
| 香 | ・香りが開いてくる<br>・砂糖のような甘い香りが主<br>・奥に『リベット』特有のフルーティーな香りが微かに |
| 味 | ・甘さが際立って感じられる<br>・サラっとしたフルーツジュースのような甘み<br>・くどくなくてよい。余韻にほどよくビター<br>・美味しい！ |

構成要素

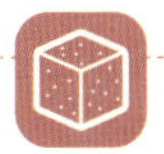
〈甘さ〉黒糖

〈果物〉洋梨

〈感覚〉ビター

〈果物〉マンゴー

〈果物〉バナナ

## ハイボールで飲んでみる

| | |
|---|---|
| 味 | ・フルーティーさも伴いつつ、<br>ロックで感じたサラっとした甘みが主体<br>・ライトですっきりとしたハイボール<br>・『グレンリベット』らしくもあり、<br>黄色っぽいフルーツジュースを連想する味わい |

構成要素

〈甘さ〉黒糖

〈果物〉洋梨

〈果物〉青りんご

〈感覚〉ビター

〈果物〉マンゴー

〈果物〉バナナ

総評

### 全量をラム樽でフィニッシュしているわけではないことを忘れてはならず

正直なことを言うと、全体的にとてもライトなのでニュアンスを掴みにいくのが結構大変。反面、ロックにすると香り、味の両面で満遍なく要素が補強されて「ラムカスク」というコンセプトが十二分に伝わってくるようになるのでこちらはおすすめ。「ノンエイジ」ながら未熟感は薄く、しっかりとした出来。

所感

### 価格関係の変動により発売当初とは立場が変わり……

当時は「12年」の価格が異常なほど安かったので、それと同値かちょい高いくらいの「カリビアンリザーブ」に一抹の不安を抱えていました。ただ、レギュラーラインナップではこちらが最安価となったので、手に取る人も増えるのではないかと思っています。なんだかんだで『ザ・グレンリベット』ですし。

051

# バスカー（シングルモルト）

シングルモルト
アイリッシュ

THE BUSKER SINGLE MALT

## なめらかリッチなチョコレート風味

DATA

蒸留所：ロイヤルオーク蒸留所（アイルランド）
製造会社：同上
内容量：700mℓ
アルコール度数：44.3%
購入時価格：2,640円（税込）
2024年11月時市場価格：4,400円（税込）

新版はコルク栓へと生まれ変わっている！！！！！！！！！

### 青の『バスカー』

「SINGLE COLLECTION」として展開しているボトルのひとつ。国内ではその中でこちらのシングルモルトのみが先行してブレンデッドとともに流通が開始されました。スペックはシングルポットスチルと同様にバーボン樽、シェリー樽で熟成された原酒のヴァッティングです。2024年7月からシングルモルト、シングルグレーン、シングルポットスチルのボトルデザインが大きく変更され、イメージカラー（？）が青というより濃紺へと変わりました。ついでにコルク栓になっています！

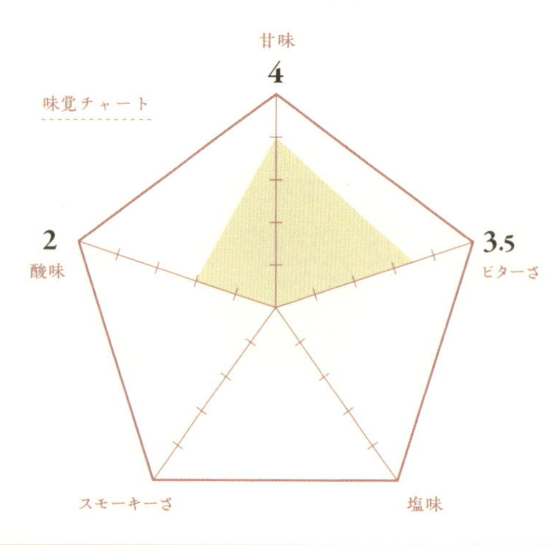

## ストレートで飲んでみる

| | |
|---|---|
| 色 | ・ゴールド寄りのアンバー |
| 香 | ・**甘酸っぱい果実**の香り。**メロン**っぽい？<br>・**レーズン**感もほのかに<br>・ややバーボン樽っぽい**エステリー**なニュアンスも<br>・全体的に軽快 |
| 味 | ・若干のアルコール刺激。**シナモン**<br>・**ミルクチョコ**のようにまろやかで**甘い**<br>・余韻にかけて**ビター**さが続く |

構成要素

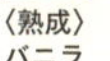

〈熟成〉バニラ
〈甘さ〉ミルクチョコ

〈果物〉レーズン
〈果物〉メロン
〈感覚〉ビター

## ロックで飲んでみる

| | |
|---|---|
| 香 | ・**花の蜜**のような香りが開く<br>・微かに**レーズン**感も追従してくる |
| 味 | ・**ビター**さが目立ってくる<br>・抜けていく香りは**チョコレート**なんだけど……<br>・**果実**感もふわりと浮かんでくる |

構成要素

〈熟成〉バニラ
〈甘さ〉ミルクチョコ
〈果物〉レーズン

〈感覚〉ビター
〈甘さ〉花の蜜

## ハイボールで飲んでみる

おすすめ

| | |
|---|---|
| 味 | ・**チョコ甘**。なめらか。美味しい！！！！<br>・割り負けるそぶりもなく<br>きれいに伸びていて美味しい<br>・シングルモルトらしく味わいが<br>しっかりしていて、まさしくブレンデッドの<br>骨格を果たしていると感じられる |

構成要素

〈熟成〉バニラ
〈甘さ〉ミルクチョコ
〈果物〉レーズン

〈感覚〉ビター
〈甘さ〉花の蜜

総評

### 終始**チョコ**のような**甘さ**が目立つ甘美なモルト

アイリッシュに連想するライトさはさほど感じられず、しっかりとしている。まろやか、なめらかさが相まってとろりとした**チョコ**感がたまらない。個人的なおすすめはハイボール。甘美な**チョコ**風味を軽快に飲むのが良き。味わいが強いのでストレートでもしっかりと飲める。『バスカー』らしい完成度の高さ。

所感

### 『バスカー』を紐解くピースのひとつ

ブレンデッドの『バスカー』の中で、しっかりとした味わいを担っているのがコレだと思いました。マルサラ樽で熟成されているのはグレーン原酒のみなので、『バスカー（ブレンデッド）』で感じた強烈なフルーティーさはやはりマルサラ樽由来のものなのでしょうか……？　なんにせよキャラ立ちがすごいです……。

052

# ウシュクベ リザーブ

ブレンデッド

スコッチ

USQUAEBACH RESERVE

## ボトルも中身もリッチな歴史ある銘柄

DATA

蒸留所：門外不出、すべて不明
製造会社：コバルト・ブランズ社
内容量：700ml
アルコール度数：43%
購入時価格：3,050円（税込）
2024年11月時市場価格：5,000円（税込）

必要最低限にとどめたコルク栓！！！！！！！！

### 「命の水」を冠する緑のブレンデッド

始まりは1768年。『ウシュクベ』として販売され始めたのが1842年といわれているのでウイスキーの中でも相当な古参といえます。『ウシュクベ』（ウシュク・ベーハー）は古代ゲール語で「命の水」を意味し、現在のウイスキーの語源とされています。原酒は10年以上、18年熟成のものも使われていて、モルト60%、グレーン40%の比率でブレンドされシェリー樽で6カ月の後熟を経てボトリングされているらしいです。そのレシピは門外不出、キーモルトも非公開とミステリアスです。

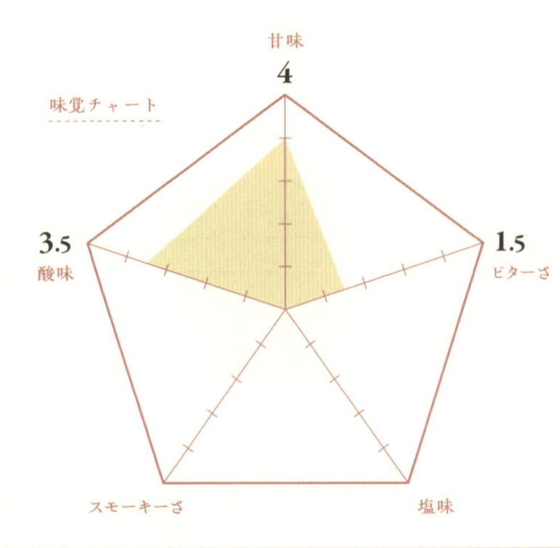

## ストレートで飲んでみる

おすすめ

構成要素

〈果物〉レーズン　〈甘さ〉人工的シロップ　〈甘さ〉バニラアイス　〈熟成〉木材　〈甘さ〉黒蜜

**色**
- 淡い黄金色

**香**
- ちょっとくどいほどのレーズン香。ふぅ……（グラスを置く）
- べっとりとしたレーズンバターサンド、デザートチック
- 香りがすごい

**味**
- アルコール刺激はあんまりない
- 酸味とほのかな樽感とともにレーズン感が抜けていく
- ほんの微かなピート感。余韻はなかなか長い

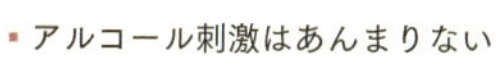

## ロックで飲んでみる

構成要素

〈果物〉レーズン　〈果物〉赤いりんご　〈感覚〉ゴム　〈甘さ〉バニラアイス　〈甘さ〉黒蜜

**香**
- 若干ゴムっぽいシェリー香
- 甘いような酸っぱいような香り

**味**
- 酸味が増してくる
- 赤い果実的な側面が見え、フルーツジュースのよう

## ハイボールで飲んでみる

構成要素

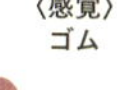

〈果物〉レーズン　〈果物〉ぶどう　〈感覚〉ゴム　〈果物〉赤いりんご　〈甘さ〉黒蜜

**味**
- 出来上がりの色の見た目に反して伸びがよく濃い味
- シェリー感がまったく割り負けておらずに主張を続ける
- 美味しいけどちょっと単調。樽由来のビターさが欲しいかな……

### 総評　ポテンシャルの高さを見せつけられる

若干あざとすぎるくらいのシェリー香。味についてもしっかりとしたシェリー感が感じられリッチな味わい。ただ……しいて言えばもうちょっと樽感というか甘さと均衡するビターさがほしいところ。芳醇なストレートがおすすめ。本当に甘々でリッチで甘美で……という感想が頭の中を駆け巡る。

### 所感　デザート的なウイスキーという位置付け

さすが、10～18年熟成のモルト原酒を多く使っているだけあって未熟感は皆無です。とことんデザート的な甘さに驚きな一本。ただ、シェリー系特有のゴムっぽいネガティブさが隠し切れないところがあるのでそこは好みが分かれるところです。あと、ボトルが死ぬほどかっこよく、緑瓶は良デザボトル多しです。

053

# カナディアンクラブ クラシック12年

ブレンデッド
カナディアン

Canadian Club AGED 12 YEARS CLASSIC

## 甘くて甘い、それでいて甘くスパイシー

DATA

蒸留所：ハイラム・ウォーカー蒸留所（カナダ）
製造会社：サントリーグローバルスピリッツ社
内容量：700mℓ
アルコール度数：40%
購入時価格：2,200円（税込）
2024年11月時市場価格：2,400円（税込）

なんか異常にのっぺりとした樹脂っぽいコルク栓！！！！

### カナディアンウイスキー界の最大手

始まりは1858年。創業者であるハイラム・ウォーカーがアメリカ・デトロイト州に限りなく接岸している位置のカナダ・オンタリオ州ウィンザーに蒸留所を1856年に建設しました。さて、ここでカナディアンウイスキーの製法をおさらいしておくと、風味が強いライ麦を主原料とした「フレーバリングウイスキー」と、トウモロコシを主原料とした「ベースウイスキー」のブレンドにて基本的に造られています。スペックはバーボン樽で12年熟成と直球スタンダード。

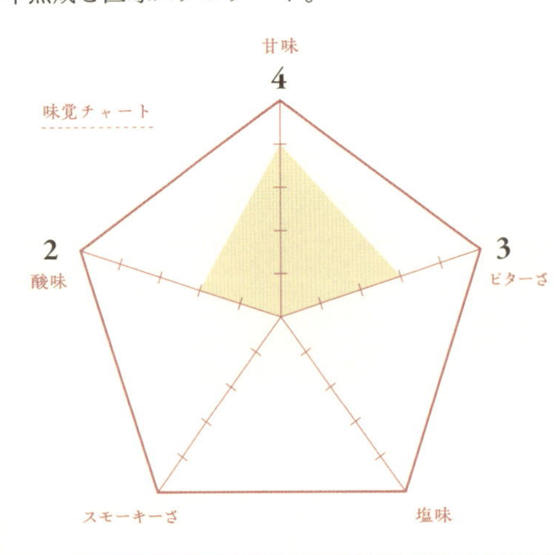

## ストレートで飲んでみる

**色**
- かなり濃い赤褐色

**香**
- かなり**クリーン**な**溶剤**香
- **甘やか**な**バニラ**香。やや**フルーティー**
- 色から来る印象よりは軽快な感じ

**味**
- **カラメルソース**そのものみたいな感じ
- やや**焦げ**感のある**甘い人工的シロップ**
- ほんのりと**スパイシー**でいて
  **バーボン**然とした**バニラ**っぽい風味
- ストレートでも十分飲みやすさを感じる

構成要素

〈甘さ〉
バニラアイス

〈甘さ〉
キャラメル

〈甘さ〉
人工的
シロップ

〈果物〉
青りんご

〈熟成〉
スパイシー

## ロックで飲んでみる

**色**
- やっぱり濃い

**香**
- 爽やかな**青りんご**感が出る
- 他、**バニラ**感も濃厚に
- 香りの時点ではマジで美味しそう

**味**
- やはり**カラメルソース**
- この凝縮された**スパイシー**で**甘い**味は癖になりそう

構成要素

〈甘さ〉
バニラアイス

〈甘さ〉
キャラメル

〈甘さ〉
人工的
シロップ

〈果物〉
青りんご

〈熟成〉
スパイシー

## ハイボールで飲んでみる

おすすめ

**色**
- なんてったって濃い

**味**
- かなり**甘口**
- **バーボン**のようでいて、独特の嫌味がない
- **焼き立てのパン**のような香ばしさもあり、
  食後酒の適性が高そう

構成要素

〈甘さ〉
バニラアイス

〈甘さ〉
キャラメル

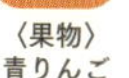
〈果物〉
青りんご

〈香ばしさ〉
焼き立てのパン

〈甘さ〉
人工的
シロップ

〈熟成〉
スパイシー

総評

### 濃厚な**甘み**がとにかく強い **カラメルソース**の化身

**バニラ**や**キャラメル**のような濃厚な**甘み**がとにかく強い。飲み方も比較的選ばずにどうやっても美味しく飲めそう。というところでハイボールにするとしっかりと軽妙な**フルーティー**さを出してくれて美味しい。**バーボン**っぽくて、**バーボン**でもないような……と独自路線でカナディアンウイスキーとしての存在感アリ。

所感

### シンプルに美味しく 「12年」ものでこの値段は破格

ライトテイストではあるものの、決して薄味というわけでもなく、熟成年数が深みにフォローを加えているというか……。とにかくスコッチ・ブレンデッドに混ざっていても第一線で戦えるようなポテンシャルがあります。あと、色がめっちゃ濃くね？　と驚きます。ハイボールにしてもまた濃いのは「ヤバ」です。

054

# デュワーズ カリビアンスムース8年

ブレンデッド
スコッチ

Dewar's CARIBBEAN SMOOTH Aged 8 Years

## 甘さとビターさを兼ね備えたラムカスク

DATA

蒸留所：アバフェルディ、オルトモア、クライゲラキ、ロイヤルブラックラなど
製造会社：ジョン・デュワー＆サンズ社
内容量：700㎖
アルコール度数：40％
購入時価格：2,300円（税込）
2024年11月時市場価格：2,980円（税込）

シリーズ共通デザインのメタルスクリュー

### 記念すべき「ユニークカスクシリーズ」第1弾

66〜71頁でも紹介した「イノベーションシリーズ」（「ユニークカスクシリーズ」（「樽シリーズ」））の第1弾。ラムカスクフィニッシュという珍しめな熟成樽を使用したことで注目を集めました。一応補足しておくと、**ラム酒**とはサトウキビの搾り汁を原料とした蒸留酒のことです。脱線ついでに言うと**ラムレーズン**は**レーズン**を**ラム酒**に浸したものです。熟成年数は「8年」と明記されているものの、ラム樽にて追熟された期間については不明となっています（大体は半年〜1年くらい）。

味覚チャート

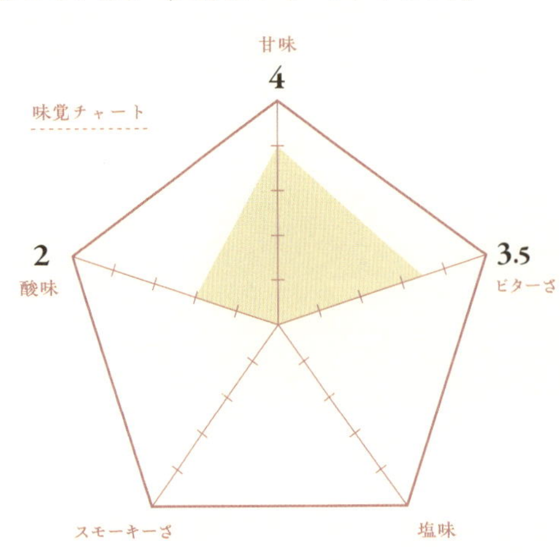

## ストレートで飲んでみる

おすすめ

**香**

- 確かにラムの要素を感じる気がする
- 鼻が悪いからシェリー香にも感じてしまう。アルコール刺激はない
- まさに砂糖のようなサラっと乾いた甘い香り

**味**

- なるほど癖のないラム酒って感じ
- 確かに感じる甘みとコク
- ストレートでもほとんどアルコール刺激がない。スルスル飲める

構成要素

〈甘さ〉
黒糖

〈熟成〉
バニラ

〈熟成〉
木材

〈果物〉
青りんご

〈香ばしさ〉
穀物

## ロックで飲んでみる

**香**

- 甘い香りが引き立つ、と同時に樽香が顔を出してくる
- 炊き立てのご飯みたいな香りがしてくる（？？？？？？？？）

**味**

- 溶けた氷で加水されまろやかな甘みへと変貌する
- 香りから感じたように樽から来るビターさが余韻に残る

構成要素

〈感覚〉
ビター

〈甘さ〉
黒糖

〈熟成〉
バニラ

〈熟成〉
木材

〈香ばしさ〉
穀物

〈果物〉
青りんご

## ハイボールで飲んでみる

**味**

- 加水されればされるほどビターさが増す気がする
- それでも飲みやすい。甘さとビターさの逆転現象が起きる
- 最後に甘さがふわっと浮かんできて消えるので余韻に不快さはない

構成要素

〈感覚〉
ビター

〈甘さ〉
黒糖

〈熟成〉
バニラ

〈熟成〉
木材

〈香ばしさ〉
穀物

〈果物〉
青りんご

総評

### 甘さとコクを添加した好バランスの『デュワーズ』

『デュワーズ』特有のさっぱりとした甘さにラム樽のエッセンスがうまく調和し補強している感じだった。ストレートでのバランスが良くおすすめ。ハイボールでも甘さとビターさの釣り合いが取れているので悪くない。『デュワーズ』らしいはちみつ感に黒糖や白砂糖のニュアンスが加わり、とてもスイート。

所感

### 「年間数量限定商品」となりまた出回っている？

こちら、2021年に限定発売という触れ込みで登場したはずなのですけれど、2023、2024年と再販がかけられているようです。なので、このシリーズはまだまだ手に取るチャンスがあります！ 特に「カリビアンスムース」は評価の高いボトルなので未飲の方はぜひとも飲んでみてほしいです！（回し者）

055

# ニッカウヰスキー フロム・ザ・バレル

ブレンデッド

ジャパニーズ

NIKKA WHISKY FROM THE BARREL

## ギュっと凝縮された濃厚さ・重厚さの塊

DATA

蒸留所：余市、宮城峡など
製造会社：ニッカウヰスキー株式会社
内容量：500mℓ
アルコール度数：51.4%
購入時価格：2,400円（税込）
2024年11月時市場価格：3,520円（税込）

シリーズ共通デザインのメタルスクリュー

### 樽出し51.4度

初出は1985年と結構古株。最大の特徴はマリッジ後の加水がほぼ行われていないところです。マリッジとは「モルト原酒とグレーン原酒のブレンド後にそれをさらに樽熟成することで原酒同士を馴染ませる」工程のことです。また、このボトル形状は初出当時から変わっておらず、グラフィックデザイナーの佐藤卓によって「濃いものは小さい塊であるべき」という思想のもと小柄に見える四角柱のボトルにデザインされました。注ぐ際にほぼ必ずこぼしてしまうボトルとしても有名です。

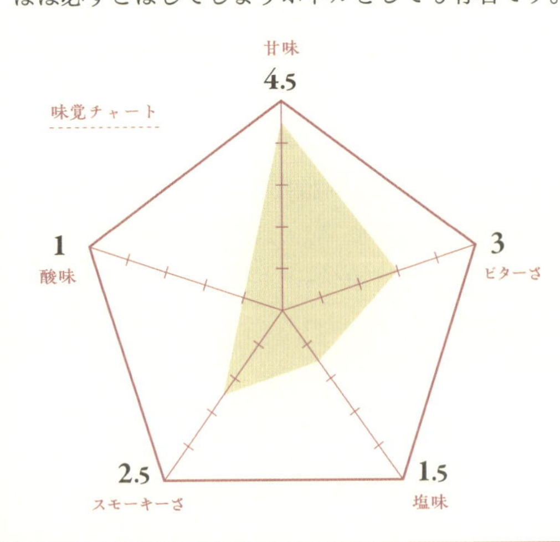

## ストレートで飲んでみる おすすめ

構成要素

〈甘さ〉ミルクチョコ

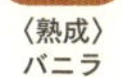
〈熟成〉バニラ

〈香ばしさ〉カカオ

〈ピート〉スモーキー

**色**
- 深みのあるアンバー

**香**
- さすがに強めのアルコール刺激
- しばらく置いておくと **カカオ**のような香ばしさが出てくる
- **バニラ**の**甘い**香りも漂わせている

**味**

- **甘っっっ**!?
- **ミルクチョコ**のような濃厚な**甘さ**
- 香りの近寄りがたさとは裏腹に非常に**スイート**
- 余韻に若干の**スモーキー**さも感じられる

## ロックで飲んでみる

構成要素

〈甘さ〉はちみつ

〈熟成〉バニラ

〈香ばしさ〉カカオ

〈香ばしさ〉穀物

〈果物〉赤いりんご

〈甘さ〉ミルクチョコ

〈ピート〉スモーキー

**香**

- **バニラ**、**はちみつ**の**甘さ**
- 打って変わって 人を寄せつけるような魅惑の香り

**味**
- やさしくも強く**フルーティー**
- カフェグレーンのなせる業なのか、 伸び伸びとして**甘い**
- こっちはこっちで非常に飲みごたえあり

## ハイボールで飲んでみる おすすめ

構成要素

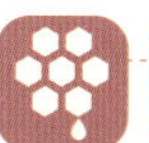
〈甘さ〉はちみつ

〈熟成〉バニラ

〈香ばしさ〉カカオ

〈ピート〉スモーキー

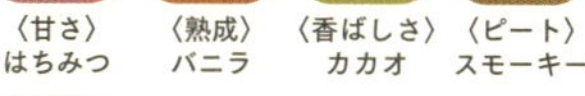

〈香ばしさ〉穀物

〈ピート〉潮

〈果物〉赤いりんご

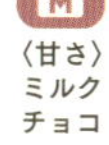
〈甘さ〉ミルクチョコ

**味**

- 度数の高さもありまったく割り負けない
- 『余市』モルトの特徴が顔を出し、 ほのかに**潮**っぽく**スモーキー**
- コクの強い満足度の高いハイボール
- 重厚感があり、**甘く**、**潮**で香ばしく、 **煙**で……と大変贅沢

総評

### ブレンデッドらしからぬ濃厚・重厚感

度数の高さがすべてを物語り、ボトルシェイプに違わず凝縮された美味しさがある。ストレートは必飲。だけれど飲み方についてはどう飲んでも美味しいやつ。ロック以降でも薄まりが少なくコクが残り続けるのでハイボールももちろんおすすめ。**スイート**さが強いものの、それ以外も負けず劣らず力強い。

所感

### 入手困難でも！ 値上げしても！ それでも、「買い」

やはり度数……度数はすべてを解決する……！　ハイプルーフの入門としてもフレンドリーだし、いろいろな飲み方を試せるので一本で何度でも楽しめます。空きボトルもおしゃれなので捨て切れず、部屋にどんどんたまっていくのも風情があっていいですね（よくない）。見つけたら悩まずに「買い」が良し（1敗）。

056

# ニッカ フロンティア

ブレンデッド
ジャパニーズ

NIKKA FRONTIER

## ニッカウヰスキーが目指す新境地

DATA

蒸留所：余市蒸溜所（日本／北海道）など
製造会社：ニッカウヰスキー株式会社
内容量：500mℓ
アルコール度数：48%
購入時価格：2,200円（税込）
2024年11月時市場価格：2,200円（税込）

ニッカウヰスキー汎用の形状で黒いプラスクリュー

### ニッカウヰスキー創業90周年記念商品

2024年10月1日に発売されたニッカウヰスキー4年ぶりの新商品。ニッカウヰスキー創業90周年の一環としてのリリースで『ザ・ニッカ ナインディケイズ』という超プレミアムウイスキーから数えて第2弾の商品になります。デザインは透明なシールにクソデカNのロゴなどの印刷という特徴的なものとなっています。スペックは『余市』のヘビーピートモルトをキーモルトとし、アルコール度数48%、ノンチルフィルター、そしてモルト比率が51%以上という内容になっています。

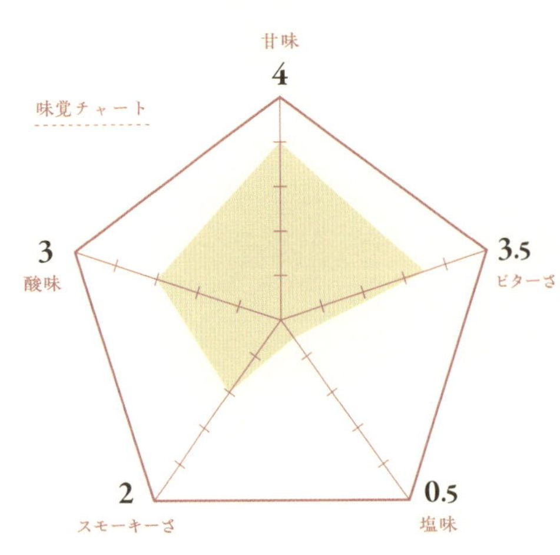

## ストレートで飲んでみる

**色**
- 鮮やかなアンバー

**香**
- 強めのアルコール刺激
- **ウッディ**さを伴う強い**バニラ**香
- **チョコレート**の**甘い**香り、**熟しかけのりんご**
- **甘め**な印象が強く、**フルーティー**さもまとっている

**味**
- **ビター**な**チョコレート**、**青りんご**
- ほんの少しの**潮**と**スモーキー**さ
- 余韻も**ビター**と**ウッディ**感、**スモーク**も残る
- なんだ、美味しい、これは

構成要素

〈熟成〉バニラ　〈甘さ〉ビターチョコ　〈果物〉熟しかけのりんご　〈熟成〉木材　〈ピート〉スモーキー　〈ピート〉潮

## ロックで飲んでみる

**香**
- **甘〜いミルクチョコレート**感が出る
- **モルト**の香ばしさと**バニラ**香も相まってすごく**甘い**
- 奥には**青りんご**も感じられる

**味**
- **ビター**さが強くなり飲みごたえが増す
- **ビターチョコレート**、**バニラアイス**
- 余韻には**ウッディ**さと**スパイシー**さ
- それとほのかな**スモーク**も残る。良調整

構成要素

〈甘さ〉バニラアイス　〈香ばしさ〉穀物　〈甘さ〉ビターチョコ　〈果物〉青りんご　〈熟成〉木材　〈熟成〉スパイシー　〈ピート〉スモーキー

## ハイボールで飲んでみる

**味**
- **チョコレート**の**甘い**ニュアンスは割り負けることなく残る
- **青りんご**の**フルーティー**さが立ち昇る
- **モルト**や**バニラ**の**甘さ**もしっかりと感じられる
- 『宮城峡』らしい**熟しかけのりんご**感が終始支配的で爽やかめになる

構成要素

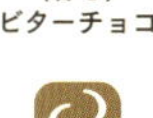

〈熟成〉バニラ　〈香ばしさ〉穀物　〈甘さ〉ビターチョコ　〈果物〉熟しかけのりんご　〈熟成〉木材　〈ピート〉スモーキー

### 総評　ニッカのブレンデッドラインのいいとこどりな印象

**スモーキー**さは補助程度に回り、ほんのり程度に主張してくるのが絶妙。飲み方についてはどう飲んでも美味しい。ストレート、ロックについては**スイート**で**スモーキー**な面が強調され、ハイボールではそこに爽やかな**青りんご**感が乗っかり、ガラリと印象を変える。一本で何役もこなせる万能選手。

### 所感　これが通年販売商品なのはあまりにもチートすぎる

大枠としては「ディープブレンド」のアッパーバージョンのような趣き。『フロム・ザ・バレル』譲りの高度数から繰り出される濃厚な**チョコレート**感。『宮城峡』っぽい**アロマ**も印象的で、爽やかでいてやさしい『スーパーニッカ』的な要素も含んでいて非常にニッカの精神性を感じます。欲張りセット。

057

# バランタイン 7年

ブレンデッド

スコッチ

Ballantine's AGED 7 YEARS − BOURBON FINISH −

## フレッシュな果実感が突き抜けるニューフェイス

DATA

蒸留所：スキャパ、ミルトンダフ、グレンバーギー、グレントファースなど
製造会社：ジョージ・バランタイン＆サン社
内容量：700㎖
アルコール度数：40％
購入時価格：2,300円（税込）
2024年11月時市場価格：2,700円（税込）

当時はプラ製だったものの最近はメタルスクリューのよう

### 年数表記の始祖をリスペクトしたウイスキー

2021年3月23日に日本で販売開始された、レギュラーラインナップとしては新しめなボトル。7年以上熟成させたモルト、グレーン原酒をバーボン樽にてマリッジさせ半年以上熟成させたものです。熟成年数を表記するのは『バランタイン』が先駆けだそうで、その元祖が「7年」ということらしいです。キーモルトについては『バランタイン 17年』と同じものだそうで、「バランタイン・魔法の7柱」という都市伝説的なキーモルトの集団……の一部が使用されているとされています。

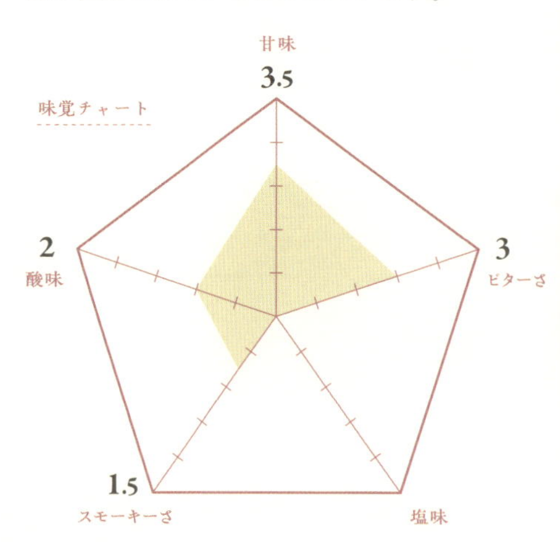

## ストレートで飲んでみる

| | |
|---|---|
| 色 | ・ゴールドに近い琥珀色 |
| 香 | ・**甘いバニラ**香、アルコール刺激から<br>やや若さを感じる<br>・ほんのりと**樽由来のウッディ**さも感じる |
| 味 | ・小さめのアルコール刺激、<br>控えめな主張の**モルト**の**甘味**<br>・余韻にほんの少しの**ビター** |

構成要素

〈熟成〉バニラ

〈熟成〉木材

〈香ばしさ〉穀物

〈感覚〉ビター

## ロックで飲んでみる

| | |
|---|---|
| 香 | ・**甘さ**、爽やかさが際立ち<br>**蜜**のような香りが立つ |
| 味 | ・まったりとした**甘み**が心地いい<br>・余韻に**ビター**も主張しはじめる<br>・やはり**バニラ**、**はちみつ**の**甘み**が主体。<br>バランス良し |

構成要素

〈熟成〉バニラ

〈甘さ〉はちみつ

〈熟成〉木材

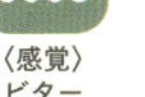
〈感覚〉ビター

〈香ばしさ〉穀物

## ハイボールで飲んでみる おすすめ

| | |
|---|---|
| 味 | ・加水での伸びがいいのか<br>「良さ」が崩れない<br>・ほんのりと小気味いい**甘み**が心地よく、<br>余韻も雑味がない<br>・『バランタイン』らしく取っつきやすい感じが<br>さらに強まっている |

構成要素

〈熟成〉バニラ

〈甘さ〉はちみつ

〈熟成〉木材

〈感覚〉ビター

〈香ばしさ〉穀物

総評

### 加水ではっきりとピントが合いはじめる

ストレートではややぼやけて見える輪郭が加水以降ではっきりと捉えることができるようになり、瑞々しい**フルーティー**さ、ほのかな**甘さ**、どこかスペイサイドを感じる味わい。一切雑味の出ないハイボールがスルスル飲めておすすめ。**バーボン**樽の**スイート**な面が十二分に現れていて完成度高し。

所感

### 「7年」という原酒の若さの良いところを抜き出した一本

長熟ほど多層的な味わいがあるというわけではないものの、その名に違わぬ**フレッシュ**さと軽快な**甘さ**を備え、シンプルながら高いレベルでまとまっています。あと、ありそうでなかったこの黒基調のラベルとボトル……デザイン上でもかなり優れています。個人的には下位『バランタイン』の中では一番好みです。

# 058 ブラックニッカ ディープブレンド

ブレンデッド
ジャパニーズ

BLACK NIKKA Deep Blend

## どう飲んでも美味しい、廉価帯なのに本格派

DATA

蒸留所：余市、宮城峡など
製造会社：ニッカウヰスキー株式会社
内容量：700mℓ
アルコール度数：45%
購入時価格：1,530円（税込）
2024年11月時市場価格：1,500円（税込）

メタルスクリュー

### 深い夜空を思わせる鮮やかな青

初登場は2015年6月2日。現行「ブラックニッカシリーズ」では一番後発のものです。今でこそ「ブラックニッカシリーズ」は色分けがなされてひと目で判別がつくようになりましたが、発売当初はこの「ディープブレンド」も臙脂色と黒色のグラデーションのラベルでいまいちパッとしなかった記憶があります（失礼）。「新樽熟成のモルト」を使用し、かつ廉価帯にしては「高めの度数である45%」でボトリングすることによる深く**甘やか**なコク、伸びやかな味わいがコンセプトです。

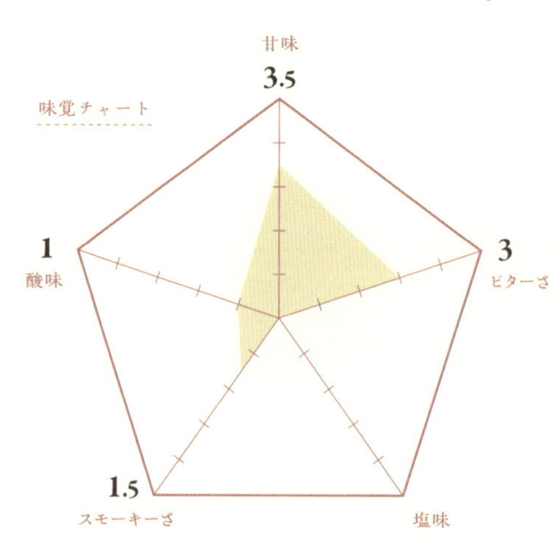

## ストレートで飲んでみる

構成要素

**色**
- やや深みのあるゴールド

**香**
- ……？　香らない
- 数滴加水してみるとほんのりと**スモーキー**な香りが漂う
- **果実**的な香りもほのかに

**味**
- 度数のおかげかパンチがある
- 程よいコクと**スモーキー**さが同居していてこれはかなり、やる
- ふわりと華やかな『宮城峡』っぽさが香るのも良い

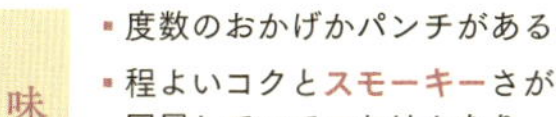

## ロックで飲んでみる

構成要素

**香**
- 相変わらず香り立ちが弱い……
- けれど華やかさがちょこっとだけ出てきたような気がする

**味**
- 味がすんごく開く。真骨頂かもしれん
- 華やかな**甘さ**がはじめに訪れ、追って**スモーキー**さ、**樽**感という流れ
- それぞれがきちんとした厚みをもってやって来る。これは美味しい

## ハイボールで飲んでみる

構成要素

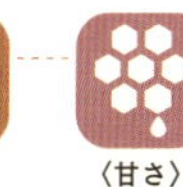

**味**
- しっかりとした主張はハイボールでも崩れずにコクと**スモーキー**さを残す
- シンプルに美味しい
- ニッカはすごい
- **バニラ**、**りんご**、**樽**感と総じて満足度が高い

総評

### 手に取りやすい価格で この樽感はすごい

やや高めな度数のためストレートでも味わい深く、加水以降でもパワーが衰えない。**甘く**、香ばしい、価格らしからぬ厚みのある味わいが特徴的。飲み方についてはどう飲んでも美味しいけれど、しいて挙げるとすれば華やか**スモーキー**なロックがおすすめ。新樽効果恐るべし。癖になる**樽**感。

所感

### 「ディープブレンド」 その名前に偽りなし

「ディープ」、ドンピシャなネーミングだと思います。パワーがあると書きましたが、パワー系ではなく、あくまでバランス良く深み・厚みがあるといった感じ……。「リッチ」でも当てはまる気がしますけれど、そこは空気を読んでいただいて……。『ブラックニッカ』、それぞれに代え難い役割があって好きです。

059

# ブレンデッドジャパニーズウイスキー 戸河内 PREMIUM

ブレンデッド

ジャパニーズ

BLENDED JAPANESE WHISKY Togouchi PREMIUM

## チョコと柑橘感が入り混じる生まれ変わった純ジャパニーズ

DATA

蒸留所：SAKURAO DISTILLERY（日本／広島県）
製造会社：株式会社サクラオブルワリーアンドディスティラリー
内容量：700㎖
アルコール度数：40%
購入時価格：2,790円（税込）
2024年11月時市場価格：2,790円（税込）

金色のプラスクリューが目を惹く

### ブレンデッドのほうの『戸河内』

2023年9月にリニューアルし、ジャパニーズウイスキーの定義に合致するようになったSAKURAO DISTILLERYのブレンデッドウイスキーです。同蒸留所は自社でグレーンも製造しており、もちろんそれも3年以上の熟成を経ています。また、リニューアルに際してもともと存在したSAKE（日本酒）、BEER（ビール）、CASK FINISHもジャパニーズ仕様となり、「PEATED CASK FINISH」なるものも新たに仲間入りをして現在4種が通常販売品としてラインナップされています。

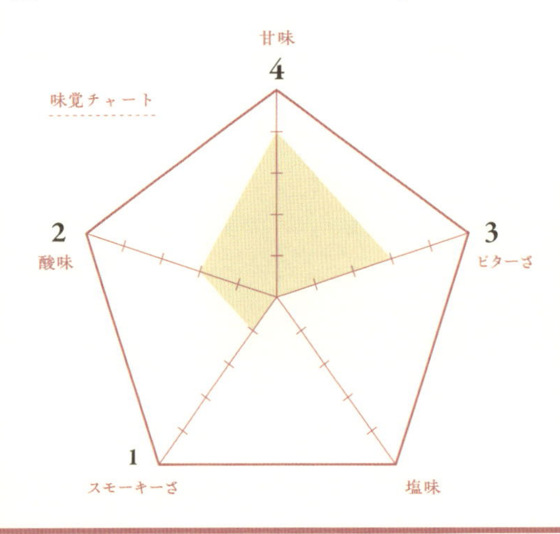

## ストレートで飲んでみる

**色**
- 明るめのゴールド

**香**
- 『桜尾』原酒特有の**柑橘**っぽい**モルト**香
- アルコール刺激が若干強めに感じる
- **フルーティー**で、**ナッツ**のような香りがある

**味**
- **ミルクチョコ**のようなやさしくまろやかな**甘さ**
- **クリーミー**で独特
- 余韻には**柑橘**と**ビター**感。美味しい！

構成要素

〈甘さ〉ミルクチョコ
〈果物〉オレンジ
〈果物〉レモン

〈感覚〉ビター
〈香ばしさ〉穀物

## ロックで飲んでみる

**香**
- **バニラ**香が広がる
- **グレーン**特有の**穀物**っぽさも感じられる

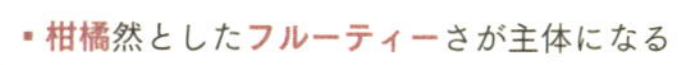

**味**
- **柑橘**然とした**フルーティー**さが主体になる
- **チョコレート**感は**ビター**さを伴い余韻にかけて現れる
- ロックでもかなり飲みやすい

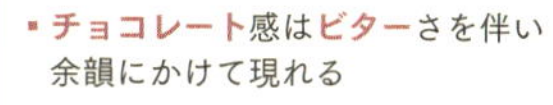

構成要素

〈甘さ〉チョコレート
〈果物〉オレンジ
〈果物〉レモン

〈感覚〉ビター
〈香ばしさ〉穀物

## ハイボールで飲んでみる

**味**
- 味が薄まらずにしっかりと**フルーティー**
- ほのかな**甘酸っぱさ**が何にでも合いそうなハイボール
- スタンダードで癖もなく飲みやすい！

構成要素

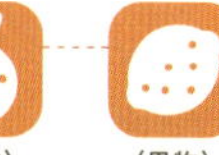

〈甘さ〉ビターチョコ
〈果物〉オレンジ
〈果物〉レモン

〈感覚〉ビター
〈香ばしさ〉穀物

**総評**

### で、ジャパニーズウイスキーなんでしょ……？

『桜尾』原酒の**柑橘**っぽいキャラクターもしっかりと感じられ、それでいて**チョコレート**のような**甘くクリーミー**な味わいが印象的。純粋に完成度が高い。**スイート**ながら**ビターチョコ**感で〆るロックが個人的におすすめ。ストレートではアルコール感の強さが気になるものの、濃い**チョコレート**感は独特で美味。

**所感**

### 2,000円台という価格帯からしてもう強い

販路も豊富、完成度も高し。ひとつ欠点を挙げるとするならば、アルコール感の強さ。ジガーカップなどの別容器に移して一定時間アルコールを飛ばしてから改めてハイボールで飲むとしっかりとした美味しさが楽しめます。それにしても……大手に追随するようにジャパニーズが出せるのは控えめに言って、神。

060

# 岩井 トラディション シェリーカスクフィニッシュ

ブレンデッド

ジャパニーズ

IWAI TRADITION Sherry Cask Finish

## 古き良き古酒を彷彿とさせる限定品

DATA

蒸留所：マルス駒ヶ岳蒸溜所（日本／長野県）など
製造会社：本坊酒造株式会社
内容量：700㎖
アルコール度数：40％
購入時価格：3,300円（税込）
2024年11月時市場価格：3,300円（税込）

ラミネートが施された特徴的なコルク栓！！！！

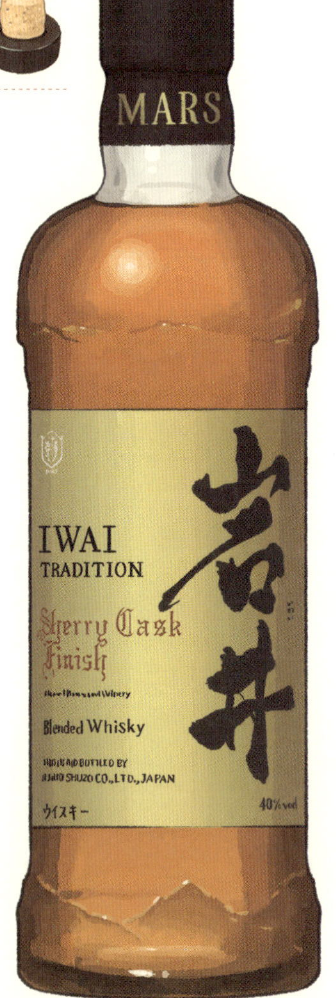


### 年一リリースの限定品

初出は2021年3月26日です。2021年限定販売という触れ込みだったような気がしますが、それからコンスタントに毎年販売されるようになりました。『岩井』と言いながら実のところボトルは『越百』のものが使われており「コルク栓」「700㎖」の仕様となっています。あとラベルが豪華なゴールド。スペックはノーマルの『岩井 トラディション』を甘口シェリーのペドロヒメネスの空き樽で追加熟成（フィニッシュ）したものです。シェリーと言いつつペドロヒメネスなのは少し珍しい？

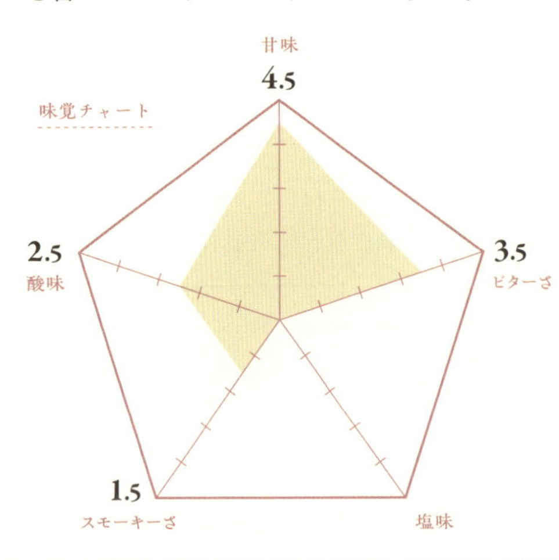

## ストレートで飲んでみる

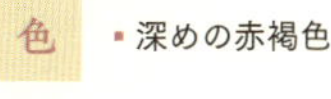

| | |
|---|---|
| 色 | ・深めの赤褐色 |
| 香 | ・濃厚なメープルシロップ感<br>・ほんのりとレーズンのニュアンス。終始甘い香りが支配している<br>・『サントリー ローヤル』の古酒もこんな香りがした……<br>・アルコールアタックはなし |
| 味 | ・歯の裏に張り付くようなまったりとした甘さ<br>・のちに『岩井』特有のほんのりとしたスモーキーさ<br>・そして樽感と移ろう<br>・飲めば飲むほど昔の『ローヤル』っぽい…… |

構成要素

〈甘さ〉メープルシロップ

〈果物〉レーズン

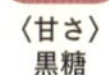

〈甘さ〉黒糖

〈熟成〉木材

〈ピート〉スモーキー

## ロックで飲んでみる

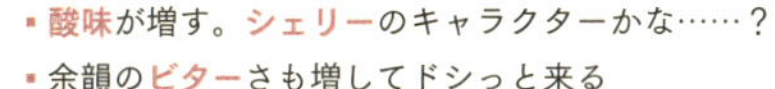

| | |
|---|---|
| 香 | ・サラっとした香りになる<br>・依然として甘い香りだけれども<br>ややグレーンっぽさが出てくる |
| 味 | ・酸味が増す。シェリーのキャラクターかな……？<br>・余韻のビターさも増してドシっと来る |

構成要素

〈甘さ〉メープルシロップ

〈果物〉レーズン

〈甘さ〉黒糖

〈香ばしさ〉穀物

〈熟成〉木材

## ハイボールで飲んでみる

| | |
|---|---|
| 味 | ・甘さとスモーキーさが同時にやって来る<br>・〆は樽のビターさと隙がまるでない<br>・それでいてなんだかノスタルジックな<br>気持ちにさせる……なんなんだ…… |

構成要素

〈甘さ〉メープルシロップ

〈ピート〉スモーキー

〈感覚〉ビター

〈果物〉レーズン

〈甘さ〉黒糖

〈熟成〉木材

総評

### オールドボトルのような古き良きシェリー感

あざといシェリー感ではなく、かなりこなれた黒糖を感じさせるきれいなシェリー感。どう飲んでも美味しいけれど、なんとなく封切りの一杯はぜひストレートで……。メープルシロップやレーズン、黒糖を思わせるスイートさてんこもり感が非常に幸せ。『岩井』特有のスモーキーさも相まって、まるで隙がない！

所感

### がっつりペドロヒメネスは珍しいのかも

ウイスキーにおいてシェリーと言えば辛口のオロロソシェリーの樽が暗黙の了解的に使われています。そんな中で極甘口のペドロヒメネスの樽を『岩井』に選ぶところが、なんというか素敵すぎます。極甘口と言いつつも、ウイスキーの樽に使うとフルーティーというか糖分の強さを感じます。心が躍ります。

# 061 バスカー（シングルグレーン）

シングルグレーン
アイリッシュ

THE BUSKER SINGLE GRAIN

## 飲みやすさの中に凝縮された果実を感じるスーパーエース

DATA

蒸留所：ロイヤルオーク蒸留所（アイルランド）
製造会社：同上
内容量：700mℓ
アルコール度数：44.3%
購入時価格：2,640円（税込）
2024年11月時市場価格：3,520円（税込）

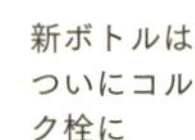

### 赤はグレーン、『バスカー』の主軸

例の「SINGLE COLLECTION」のシングルグレーンウイスキー。グレーンウイスキーについて簡単に解説すると「原料にトウモロコシ、ライ麦、小麦などの穀物を使用し」「糖化に大麦麦芽を使用し」「連続式蒸留器で蒸留したもの」です。樽構成はバーボン樽とマルサラワイン樽原酒のヴァッティング。特にマルサラワイン樽はグレーンにのみ使用されているので、『バスカー（ブレンデッド）』独特のフルーティーさという大きな特徴を担っているのがグレーンと言えなくもないですね。

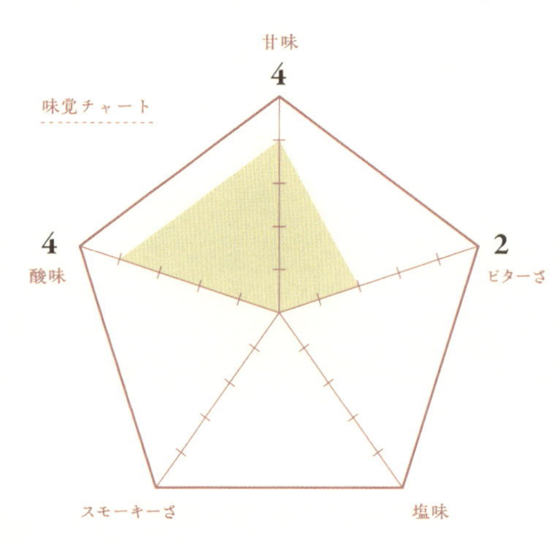

## ストレートで飲んでみる おすすめ

| | |
|---|---|
| 色 | ▪淡いゴールド |
| 香 | ▪明らかに陽気な**フルーツ**感<br>▪アルコール感はややあるものの香りもしっかりと感じる<br>▪**赤くなりかけのりんご**感 |
| 味 | ▪サラっとしつつも若い**果実**の凝縮感<br>▪**甘くてフルーティー**。ぶっちゃけめちゃくちゃ好き<br>▪美味しい。余韻もしつこくない |

構成要素

〈果物〉熟しかけのりんご

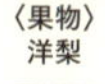
〈果物〉洋梨

〈果物〉フルーティー

〈甘さ〉人工的シロップ

## ロックで飲んでみる

| | |
|---|---|
| 香 | ▪**穀物**感がやや出てくる。個人的には個性が失われた感じがして悲しい<br>▪昔は神童だった、みたいな？？？？？？？？ |
| 味 | ▪サラっとした飲み口はそのまま、**ジュース**のような**フルーツ**感<br>▪余韻に若干**渋み**が出てくるも飲みやすいことには変わりない |

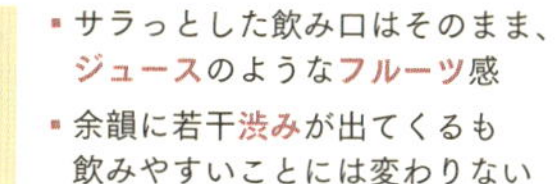

構成要素

〈果物〉熟しかけのりんご

〈果物〉洋梨

〈果物〉フルーティー

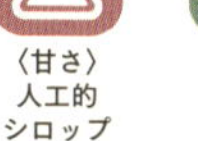
〈甘さ〉人工的シロップ

〈感覚〉ビター

## ハイボールで飲んでみる

| | |
|---|---|
| 味 | ▪やはり**りんごジュース**のようなサラっとした飲み口<br>▪普通に美味しい。強すぎる。最強<br>▪穀物、穀物していなくて**グレーン**らしからぬ爽やかさで**フルーティー**な味わい |

構成要素

〈果物〉熟しかけのりんご

〈果物〉赤いりんご

〈果物〉洋梨

〈果物〉フルーティー

〈甘さ〉人工的シロップ

〈感覚〉ビター

### 総評 すまん、これ**グレーン**だけでよくね？と思ってしまう出来

……マルサラワインの樽がレベルが高いのか、『バスカー（ブレンデッド）』に感じる**フルーティー**な印象のすべてはここからだった、みたいな。飲み方については濃厚なストレートがおすすめ。**グレーン**らしいところもあり、加水に強くロック、ハイボールでも乱れることなくキャラクターを保っている。

### 所感 で、結局ブレンデッドに帰ってくるってワケ

ブレンデッドの各要素を紐解いた結果、全部が一度に楽しめるブレンデッドそのものが一番ではないか？　と愚かな感想になってしまいますけれど、たぶんそれが正解なんでしょう。公式で構成原酒シリーズをリリースするのはあまり見たことがない（『バランタイン』であった？）ので、ファンとしてはうれしい限りです。

COLUMN

2

# 蒸留所(ディスティラリー)へ行こう!

ウイスキー蒸留所は「行き得」です。「通」ぶってたりイキってるわけではなく、蒸留所への愛着やウイスキー全体に対する見方に影響を与える、とても有意義な機会なので少なくとも一度は行っておいたほうがよい！　と強くおすすめしたいです。では蒸留所に行くメリットは？　というのをわかりやすく物欲順で解説します。

## 蒸留所限定ボトル

国内国外問わず、ウイスキー蒸留所は大体ビジターセンターという訪問したお客様用の物販スペースを構えていることが多く、さらに蒸留所でしか購入できないようなウイスキーやグッズを販売しています。蒸留所によっては一定シーズンごとに販売する商品を変えていたりするところもあるそうです。沼。

## 有料試飲

蒸留所に行くとウイスキー製造現場のお膝元なので当然のごとく現地でウイスキーが飲めます、しかも格安で。中には市場にほとんど出回っていないような高額ボトルや、蒸留所でしか提供していないラインナップがあるというなら、なおさら行きたくなります。

## 現場の熱意、熱量

たぶん、行ってよかったと思える理由ナンバー1です。ウイスキー造りに携わる現地の方々を見ることで、蒸留所ひいてはウイスキー自体への抱く気持ちが少なからず変わってくると思います。製造工程を順繰りに見せていただける蒸留所は大手ならではかもしれませんけれど、ライブ感を味わうのはとても実になる経験だと思います。

いかがでしたか？（役に立たないまとめサイトは）価値観は人それぞれですけれど、行く前と行った後で認識が変わります。貴重な経験になる上に、大切な思い出にもなります。ちょっと遠くて行きづらいかも……というところもちょっと無理してでも行く価値は大いにあります！

うるせぇ！　行こう!!　ドン!!

蒸留所見学の華、ポットスチルの大群

# 3

# スモーキー

大自然の贈りもの、**泥炭（ピート）**を使った好みが大きく分かれるウイスキー群。**薬品**臭と称される癖の強い香りの中には、**潮**、**出汁**、**煙**などの**ジューシー**な味わい深さがあります。

# 062 アードベッグ TEN

シングルモルト
スコッチ

## ARDBEG TEN

## 「飲む」キャンプファイヤー

DATA

蒸留所：アードベッグ蒸留所（スコットランド／アイラ）
製造会社：同上
内容量：700mℓ
アルコール度数：46％
購入時価格：5,000円（税込）
2024年11月時市場価格：5,000円（税込）

プレーンなコルク栓！！！！！！！！

### 中毒者続出のヘビーなスモーキーさ

『アードベッグ』としての始まりは1815年。当時は専らブレンデッド用の原酒を製造していました。それからは停止と再開を繰り返しながら少量生産を行い続け、1997年にグレンモーレンジィ蒸留所によって買収されました。現在はモエ・ヘネシー・ディアジオ社の傘下となっています。ピートレベルであるフェノール値は別格の『オクトモア』を除けば、アイラモルト最高クラスの55ppm。樽構成はファーストフィルとセカンドフィルのバーボン樽とスタンダードな構成です。

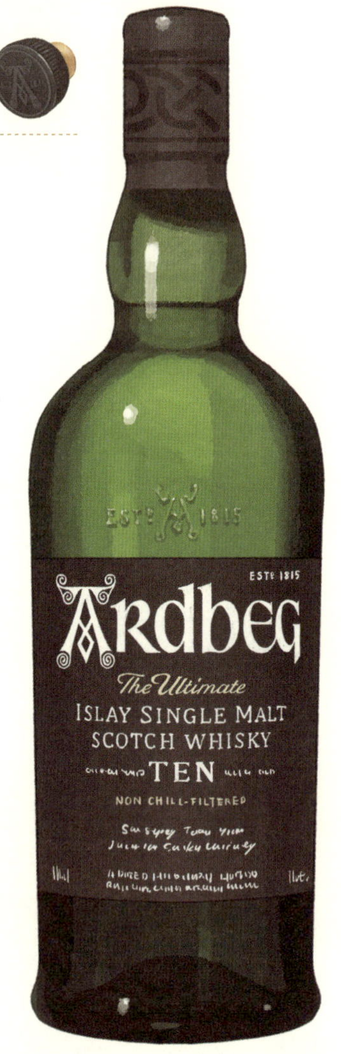


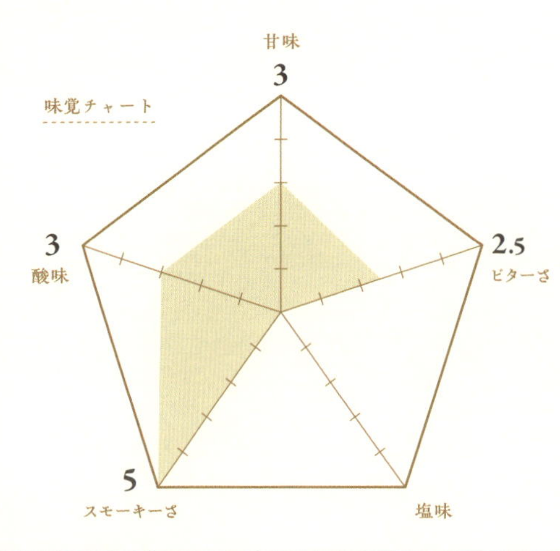

## ストレートで飲んでみる

| | |
|---|---|
| 色 | ・薄いゴールド |
| 香 | ・どわっと**焦げた焚き火**感。ヨード香はそれほど感じない<br>・奥にほんのりと**柑橘**っぽい？　香りが？　ある？<br>・アルコールアタックはほぼない |
| 味 | ・震えるほど**スモーキー**。燃えつきるほど**スモーキー**<br>・それをほんのりとした**甘さ**が下支えしている<br>・こういうの、いい |

構成要素

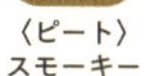
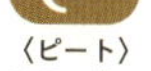

〈ピート〉焚き火　〈ピート〉スモーキー　〈熟成〉木材　〈果物〉レモン　〈果物〉オレンジ

## ロックで飲んでみる

| | |
|---|---|
| 香 | ・かなり控えめになる<br>・やはり**柑橘**っぽい香りを感じるような |
| 味 | ・**スモーキー**さはあるものの、**酸味**だとか**甘み**だとかが主張してくる<br>・余韻は**ビター**で引いていく。こちらもいい |

構成要素

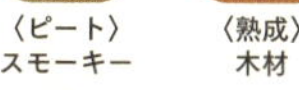

〈ピート〉焚き火　〈ピート〉スモーキー　〈熟成〉木材　〈果物〉レモン　〈果物〉オレンジ　〈感覚〉ビター

## ハイボールで飲んでみる　おすすめ

| | |
|---|---|
| 味 | ・飲む前から炭酸に合うだろうなぁと思っていたのでスイスイ飲めた<br>・はちゃめちゃに**スモーキー**。**焦げた**ようなテクスチャ<br>・チョコレートが欲しい<br>・**柑橘**さもほのかに見え、破天荒ながら繊細というギャップが良い |

構成要素

〈ピート〉焚き火　〈ピート〉スモーキー　〈熟成〉木材　〈果物〉レモン　〈果物〉オレンジ

### 総評　臭い臭くないとか以前にとにかく**スモーキー**

このアイラモルトはそんな次元ではなく、**燃えカス**。それと同時に**甘み**だったり、**酸味**だったりが微妙に同居しているので味自体に厚みがある。ハイボールは言うまでもなくおすすめ。ロックも飲みやすく、**甘み・酸味**が捉えやすい。ストレートは**スモーキー**さが殴ってきて、これまたおすすめしたいところ。

### 所感　さながら口内**キャンプファイヤー**のよう

はちゃめちゃな**スモーキー**さの中に潜む甘美さのギャップが面白く、色の薄さに油断していると**スモーキー**さにぶん殴られるのでアイラモルト相手に気を抜くことは許されません。当然、**薬品**感はあることにはあるのですけれど、この味わいが得られるなら安い安い……。これで君もアードベギャン。

063

# アイラストーム

シングルモルト

スコッチ

ISLAY STORM

## 難破しそうな木の船を感じる嵐のアイラモルト

DATA

蒸留所：非公開
製造会社：ザ・ヴィンテージ・モルト・ウイスキー社
内容量：700㎖
アルコール度数：40%
購入時価格：2,750円（税込）
2024年11月時市場価格：3,900円（税込）

シンプルなコルク栓！！！！！！！！！

### シークレットアイラ

ボトラーズです。名前の通りアイラのシングルモルトなのですが、蒸留所名はおろか、樽の種類などもすべてシークレットです。察しの良い方なら製造元でお気づきでしょうが、『グレンアーモンド』、他には『アイリーク』や『フィンラガン』などをリリースしている会社です。中身は『ラガヴーリン』『カリラ』『ラフロイグ』あたりなのではないかと国内外で日夜議論が交わされています。有識者でも正体がつかめない、シークレットなボトルからしか摂取できない栄養素があります。

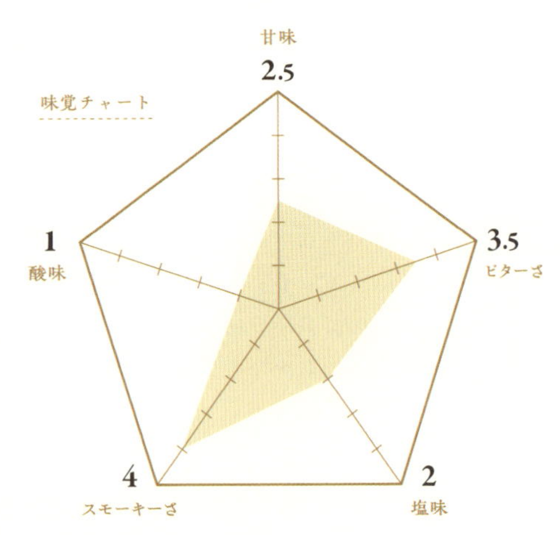

## ストレートで飲んでみる

**色**
- 薄めのゴールド

**香**
- **ヨード**っぽいものの、そこまで香りの強さは感じない
- **鉛筆**とか、**画用紙**とか、**文房具**っぽい香りがする
- 奥にはきっちりと**モルト**香が感じられる

**味**
- 思った以上に**甘い**。ところどころには独特の**青臭さ**がある
- やはり**鉛筆**のような**文房具**風味がある

構成要素

## ロックで飲んでみる

**香**
- 香り自体は独特の青臭さが抜けて**潮**っぽくなる

**味**
- やはり**甘い**。香りと違って**青臭さ**は健在
- それでもだいぶ弱まって飲みやすさを感じられるようになる

構成要素

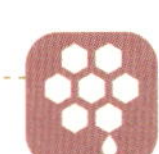

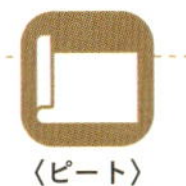

## ハイボールで飲んでみる

**味**
- スモーキーさが出てくると思いきや……**ヨード**感が残る
- **木材の煮汁**のような**ウッディ**さ、なの？
- まぁこれはこれで刺身とかに合いそうではある
- 構成的には人を選ぶものの、アイラ好きならかなりイケる

構成要素

総評

### **甘み**はちょっと手薄で結構**ドライ**な感じ

『アイラストーム』の名の通り、アイラモルトで連想する要素がたっぷり備わっている。**甘み**に関してちょっと手薄なところがあるのでそこは好みが分かれるところ。おすすめはロックあたり。特有の癖が抑えられてアイラモルトとしてわかりやすくなる。ただ、「ストーム」かと言われると……どうかな？

所感

### すべてが非公開まるで正体がわから……

ないこともなく、なんとなくですが短熟の『ラガヴーリン』っぽいなぁと見立てています。『カリラ』だともうちょっと柑橘っぽかったりするはずですし、『ラガヴーリン 8年』と共通項がいくつかあるので、なんとなくそちら側なのかなぁと……。個人の感想です（予防線）。ネットでは『ラフロイグ』説が優勢な感じです。

064

# カリラ 12年

シングルモルト

スコッチ

CAOL ILA AGED 12 YEARS

## 穏やかで上品なアイラモルト

DATA

蒸留所：カリラ蒸留所（スコットランド／アイラ）
製造会社：同上
内容量：700㎖
アルコール度数：43％
購入時価格：4,750円（税込）
2024年11月時市場価格：6,250円（税込）

なんだかぎゅっと詰まったコルク栓！！！！

### アイラモルト最大の生産量を誇る蒸留所

『カリラ』の始まりは1846年。しかしながら長らくブレンデッドウイスキーとしての原酒の生産にとどまっていて、シングルモルトとしての『カリラ』は2002年にファーストリリースとかなり最近です。もちろん現在でも原酒は主に『ジョニーウォーカー』属するブレンデッドウイスキー用に出荷することがほとんど（95％）で、残りの5％がシングルモルトとして出荷されているといいます。ピートのレベルを表すフェノール値は34〜38ppm。アイラモルト全体でいうとやや高いくらいの位置。

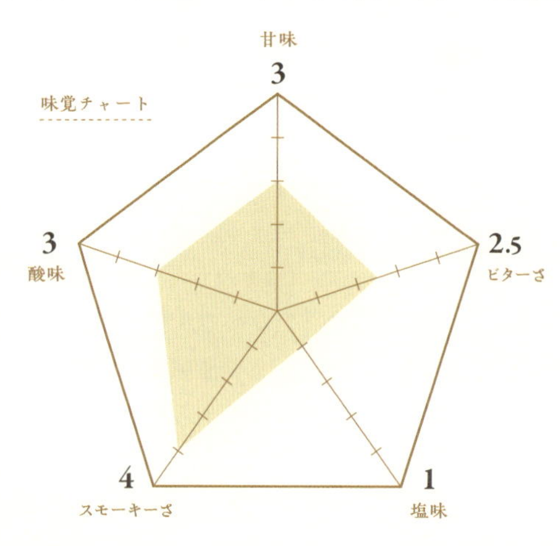

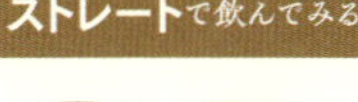

## ストレートで飲んでみる

おすすめ

**色**
- 透明感のあるゴールド

**香**
- **正露丸**臭というか、**古い日本家屋**のような香り
- なんだか懐かしくなる。
  いわゆる**ピート**香はしつこくない
- アルコールアタックはほとんどない

**味**
- 多少の**塩**気、ふわっとドシっとした**甘み**
- **フルーティー**なニュアンスも感じる
- 香りと味の乖離具合がすごくて脳が混乱する

構成要素

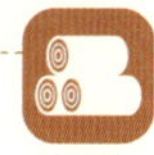

〈ピート〉スモーキー　〈ピート〉磯　〈熟成〉木材　〈ピート〉潮　〈熟成〉湿った木　〈果物〉レモン　〈果物〉オレンジ

## ロックで飲んでみる

おすすめ

**香**
- 冷却で湿気感が加わることで**磯**っぽい香りになる
- 相変わらず**ピート**香が幅を利かせているため
  他の香りは感じ取れない……

**味**
- 相変わらずの**塩**気。
  そこに**スモーキー**感が増して加わる
- 煙たいというほどではないが
  **煙**を口に含んでいる感覚。面白い

構成要素

〈ピート〉スモーキー　〈ピート〉磯　〈熟成〉木材　〈ピート〉潮　〈熟成〉湿った木　〈果物〉レモン　〈果物〉オレンジ

## ハイボールで飲んでみる

**味**
- あまり伸びはよくないのか、
  単純に薄まってしまう
- 仕方がないので追加で少量
  フロートさせてみると……
- なんだかやっぱりぼやけている感が否めない
- **スモーキー**さは感じるし、癖がかなり
  軽減されているので飲みやすいと言えば
  飲みやすいけどもったいない気がする……

構成要素

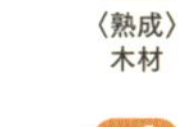

〈ピート〉スモーキー　〈ピート〉磯　〈熟成〉木材　〈熟成〉湿った木　〈果物〉レモン　〈果物〉オレンジ

総評

### いろいろな要素を内包し
### 中身は繊細そのもの

　しつこくなく軽やかなボディに**甘さ**、**しょっぱさ**、**フルーティー**さ、**スモーキー**さといろいろな要素を内包する秀逸なウイスキー。ストレートもしくはロックで存分に『カリラ』ワールドを楽しみたい。オフィシャル『カリラ』は加水に弱いイメージがあるので、ハイボールは濃いめにつくってみると幸せになれる。

所感

### といっても初っ端にこれは
### やや厳しいかもしれない

　軽やかで繊細といってもフェノール値はやや高めなので、まずは『タリスカー』とか『ホワイトホース』とかそのあたりから慣れていくのがいいかもしれません。アイラモルト入門としてはおすすめです（実際、これでアイラモルトに入門しました）。慣れれば癖になります。さあこっちへ……。

# 065 キルホーマン マキヤーベイ

シングルモルト
スコッチ

KILChOMAN MACHIR BAY

## アイラモルトの入口にやさしい穏やかなまろやかさ

DATA

蒸留所：キルホーマン蒸留所（スコットランド／アイラ）
製造会社：同上
内容量：700㎖
アルコール度数：46%
購入時価格：5,500円（税込）
2024年11月時市場価格：7,100円（税込）

### アイラ島に124年ぶりに生まれた蒸留所のシングルモルト

『キルホーマン』の始まりは2005年。ファームディスティラリーを掲げていて、原料のモルトを自社農場で栽培しています。通常ラインナップはバーボン樽比率多めの「マキヤーベイ」、オロロソシェリー樽比率多めの「サナイグ」の2つ。フェノール値は50ppm。『ラフロイグ』（40〜45ppm）と『アードベッグ』（55ppm）の中間です。使用されている原酒は3〜5年のものをヴァッティングしているといわれています。樽構成はバーボン樽：シェリー樽＝8.5：1.5くらいです。

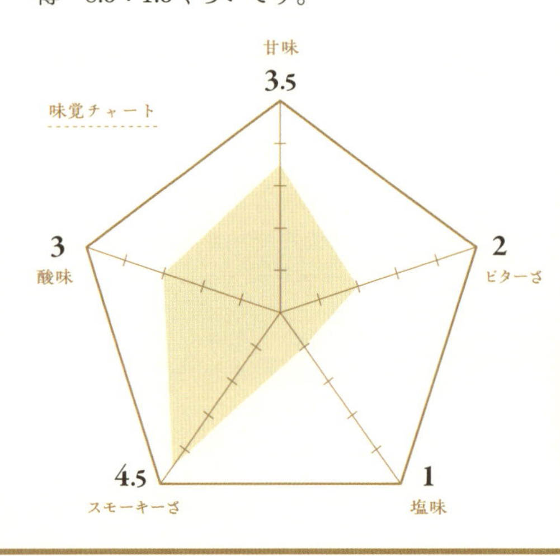

## ストレートで飲んでみる

おすすめ

| | |
|---|---|
| 色 | ・明るいゴールド |
| 香 | ・なんだ？　独特の**ピート**香<br>・湿った**本棚**、**雨が降る直前の海岸**、**潮**っぽく、**紙**っぽい香り<br>・アルコールアタックはほとんど感じない |
| 味 | ・**甘く**まろやか。ほのかに**潮**<br>・**柑橘**っぽい**酸味**も感じる<br>・余韻は結構短い。スッと引いていく |

構成要素

〈ピート〉潮

〈ピート〉紙

〈ピート〉磯

〈熟成〉湿った木

〈果物〉レモン

## ロックで飲んでみる

| | |
|---|---|
| 香 | ・**潮**感が強まる<br>・あとはほのかに**柑橘** |
| 味 | ・小さく**潮**。あとは**樽**感が大きく出てくる<br>・余韻は**ビター**感が占めている<br>・**柑橘**や**湿った木**のニュアンスが感じられる。くぐもった**潮**感 |

構成要素

〈ピート〉潮

〈ピート〉紙

〈ピート〉磯

〈熟成〉木材

〈熟成〉湿った木

〈果物〉レモン

〈果物〉オレンジ

## ハイボールで飲んでみる

| | |
|---|---|
| 味 | ・やはりまろやかで**甘み**の際立つハイボール<br>・まろやかなイメージとは裏腹に、**ピート**の感じは多彩で激しめ<br>・やはり湿ったような、くぐもった**木**感 |

構成要素

〈甘さ〉はちみつ

〈ピート〉潮

〈熟成〉木材

〈熟成〉湿った木

〈ピート〉紙

〈ピート〉磯

〈果物〉レモン

〈感覚〉ビター

総評

### 比較的穏やかめの**ピート**感 かつ飲みやすい

まろやかで**バニラ**っぽい**甘さ**が目立つ。あとは**黄色い果実**、**柑橘**感も特徴的。原酒の若さからか、加水で薄まりすぎるきらいがあるので、おすすめはストレート。ハイボールもアリといえばアリ。短熟アイラ特有で、さらにフェノール値も高いので、**ピート**の特徴が大暴れしていて飲みごたえは十分。

所感

### 『キルホーマン マキヤーベイ』YO ラップのビート　スコッチの**ピート**

若いほど**ピート**の特徴が出やすいというので、それを逆手にとった感じでしょうか。個々に感じる**フレッシュ**な感じは『カリラ』、独特のピート感は『アードベッグ』のものに似ている気がします。それにしても声に出して言いたいですよね。『キルホーマン マキヤーベイ』。ライムを踏んでいます。

066

# キルホーマン サナイグ

シングルモルト

スコッチ

KILChOMAN SANAIG

## 甘フルーティーでいて潮スモークなハイセンスモルト

DATA

蒸留所：キルホーマン蒸留所（スコットランド／アイラ）
製造会社：同上
内容量：700㎖
アルコール度数：46%
購入時価格：7,500円（税込）
2024年11月時市場価格：8,000円（税込）

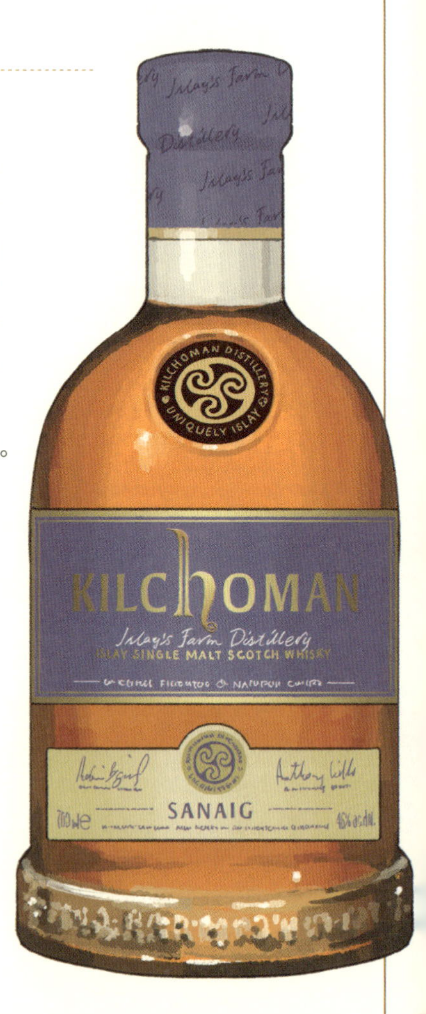


### オロロソシェリーの『キルホーマン』

バーボン樽＋シェリー樽という構成は双方同じなのですが、メインの原酒とするものの違いで「マキヤーベイ」（バーボン樽メイン）と「サナイグ」（オロロソシェリー樽メイン）に分かれます。「マキヤーベイ」のほうがスタンダード感がありますが、「サナイグ」も定番商品の双璧として並んでいるのが面白いところ。色的にはかなりこってりと**シェリー**の色がついている……といった感じです。公式の「CASK INFLUENCE」を見る限り、バーボン樽：シェリー樽＝3：7といった感じです。

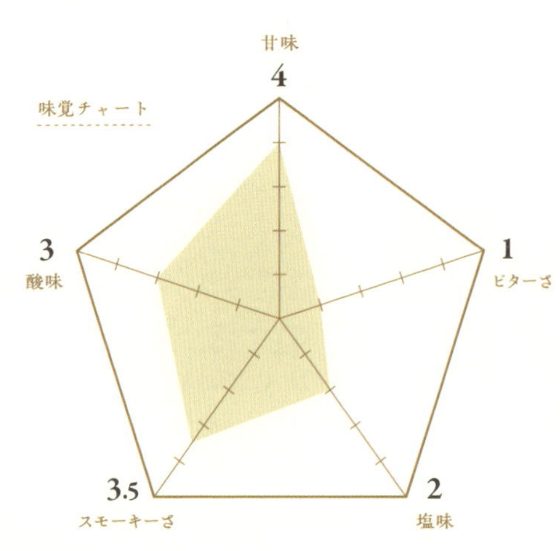

## ストレートで飲んでみる

**色**
- 赤褐色

**香**
- まずはじめにアルコールアタックが来る
- **ピート**香を感じるものの「マキヤーベイ」よりかは控えめで穏やか
- **潮**っぽさがある。**シェリー**っぽさは今のところ感じない、かなぁ？

**味**
- **フルーティー**で**ピーティ**。そのまんまだけど美味しい
- 『キルホーマン』の主張の穏やかな**ピート**感のおかげで**フルーティー**さを妨げず、調和している

構成要素

〈果物〉レーズン　〈果物〉フルーティー　〈ピート〉潮

〈果物〉ぶどう　〈ピート〉スモーキー　〈ピート〉磯

## ロックで飲んでみる

おすすめ

**香**
- ややフルーティーさが拾えるようになる？
- **ピート**香はさらに控えめに

**味**
- これもアリ。どっちかというと**フルーティー**さが勝ってくる
- この均衡が面白い。**ピート**はいるんだけど……裏方に回っている感じ

構成要素

〈果物〉レーズン

〈果物〉ぶどう

〈果物〉フルーティー

〈ピート〉潮

〈ピート〉スモーキー

〈ピート〉磯

## ハイボールで飲んでみる

**味**
- 完全に**フルーティー**優勢
- **花**のような香りが抜けていき**ピート**が余韻に回る。素晴らしいですわぁ～ね
- **レーズン**や**ぶどう**といった**紫の果実**の感じと**ピート**の食べ合わせ、とても良い

構成要素

〈甘さ〉花の蜜

〈果物〉レーズン

〈果物〉ぶどう

〈果物〉フルーティー

〈ピート〉潮

〈ピート〉スモーキー

〈ピート〉磯

総評

### 『キルホーマン』、すごい（語彙消失）

「サナイグ」はとっつきやすく、初心者が苦手に思う**ピート**感を**シェリー**樽由来の**フルーティー**さで包み、緩和している。子どもが苦手なにんじんを刻んでわかりづらくしてハンバーグに入れている、みたいな……。どう飲んでも美味しいけれど、あえておすすめするならロック。加水以降のほうが開いてきて良いかも？

所感

### 互いを引き立てるアイラ**ピート**＋**シェリー**の爆発力

一見、完全別ジャンルで食い合わせも悪そうに思えるような組み合わせ。まったくそんなことはなく、むしろ互いを引き立てる非常に面白い例が見えました。値上げの波がちょっときついですけれど、一度飲んでおいて非常に損のない贅沢なウイスキーです。この路線のウイスキーもいろいろ探してみたいです。

067

# クラシック・オブ・アイラ

シングルモルト

スコッチ

Classic of Islay

## 「銘酒」の味、ピートを濃く楽しめるシークレットアイラ

DATA

蒸留所：（たぶん）ラガヴーリン蒸留所（スコットランド／アイラ）
製造会社：ザ・ヴィンテージ・モルト・ウイスキー社
内容量：700㎖
アルコール度数：58%
購入時価格：8,400円（税込）
2024年11月時市場価格：8,400円（税込）

同社特有のシンプルなコルク栓！！！！！！！！

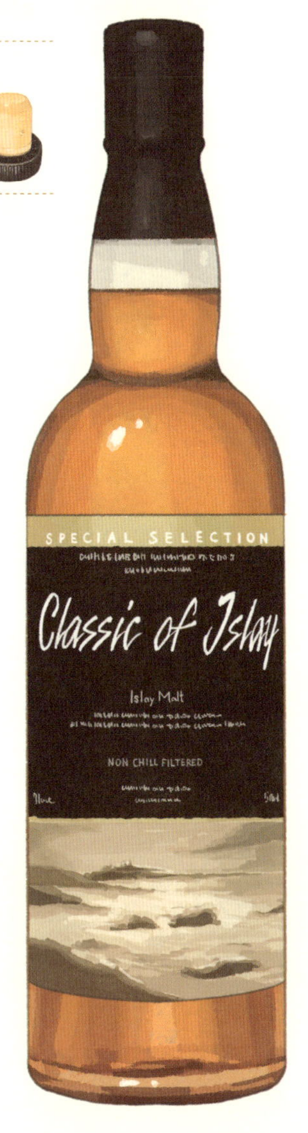


### 『ラガ……なんとか』のボトラーズといわれている

ボトラーズというのはざっくりいうと蒸留所からのリリースではなく、蒸留所から買い付けた原酒を独自に熟成して瓶詰めして販売している業者のことです。で、もう中身を『ラガヴーリン』というていで話を進めていきますが、ボトラーズとしては珍しい銘柄であります。ボトラーズのシークレットアイラといえば大体『カリラ』であり、たまに『アードベッグ』とか『ラフロイグ』が疑惑に挙がる程度で「あっちもカリラ、こっちもカリラ」状態です。今回は2022年リリース分。

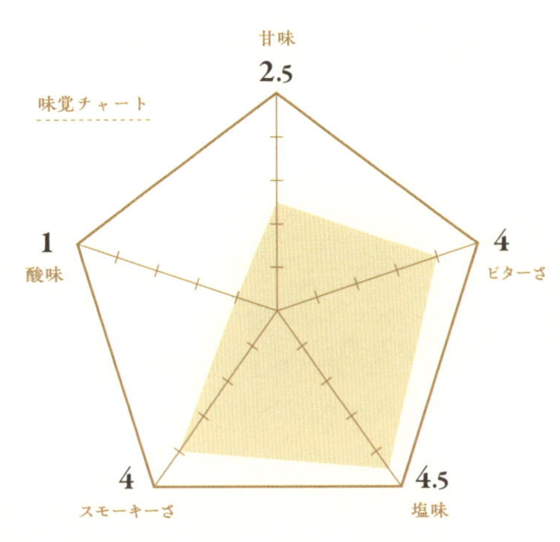

## ストレートで飲んでみる おすすめ

| | |
|---|---|
| 色 | ・やや赤みがかったアンバー |
| 香 | ・存在感のある**潮**、**出汁**、**樽**香<br>・疑いようのないほどのアイラの巨人感<br>・それとやや**甘い**香り |
| 味 | ・味蕾という味蕾が刺激される。いわゆるジュワっとした感じ<br>・香りと同様に**潮**、**出汁**、**樽**感。余韻はほどほどに伸びる<br>・美味しさしかない |

構成要素

〈ピート〉潮

〈ピート〉出汁

〈熟成〉木材

〈感覚〉樽から来る渋み

〈ピート〉書斎

〈ピート〉磯

〈甘さ〉キャラメル

## ロックで飲んでみる

| | |
|---|---|
| 香 | ・若干くぐもったような**ピート**感<br>・湿気のある**潮** |
| 味 | ・**渋み**がヤバいことになる<br>・この独特の**書斎**っぽさは『ラガヴーリン』なんだけど……<br>・頭が震え上がるくらい**渋み**が強くなる…… |

構成要素

〈感覚〉樽から来る渋み

〈ピート〉潮

〈ピート〉出汁

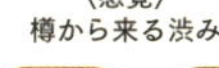

〈熟成〉木材

〈ピート〉書斎

〈ピート〉磯

〈甘さ〉キャラメル

## ハイボールで飲んでみる

| | |
|---|---|
| 味 | ・…!!　……!　……<br>・独特の**ピート**感が違和感なく炭酸に溶け込んでこれが美味しい<br>・**潮**っぽさ、**出汁**っぽさも失われずに主張してくる<br>・乱暴に消費できるハイボール |

構成要素

〈ピート〉潮

〈ピート〉出汁

〈熟成〉木材

〈感覚〉樽から来る渋み

〈ピート〉書斎

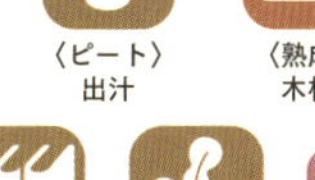
〈ピート〉磯

〈甘さ〉キャラメル

### 総評　**ドライ**めだけれど とにかく濃い『ラガヴーリン』

「オフィシャル16年」と比較するとやはり余韻とか深みは一歩手前な感じはあるものの、それを補って余りあるアルコール度数の濃厚さでプラマイゼロにしているような、結局度数なのか、ウイスキーは……。おすすめはストレート。断然ストレート。味蕾がバカになる。**潮**、**出汁**、**書斎**の感じはまさしく『ラガヴーリン』。

### 所感　この穴場中の穴場、バレないでほしいッスねェ〜

熟成年数は公表されていませんが、体感では平均「12年」……「13年」……くらいな感じがしました。「オフィシャル16年」と比較すると余韻、深みは一歩手前。それでもしっかりと『ラガヴーリン』なのでその辺はどっしり濃い度数とのトレードオフといった感じです。なんにせよこの価格でこれはお値打ちすぎます。

068

# シングルモルト 余市(ノンエイジ)

シングルモルト

ジャパニーズ

SINGLE MALT YOICHI

## 日本で独自に進化したスコッチライクなジャパニーズモルト

DATA

蒸留所：余市蒸溜所（日本／北海道）
製造会社：ニッカウヰスキー株式会社
内容量：700㎖
アルコール度数：45％
購入時価格：4,620円（税込）
2024年11月時市場価格：7,700円（税込）

ニッカ特有の丸っこいプラスクリュー

### 日本最北端の蒸留所で造られるシングルモルト

『余市』としての始まりは1936年。大きな特徴としては、本場スコットランドでも2005年のグレンドロナック蒸留所を最後に姿を消してしまった「石炭直火蒸留」。蒸留方式には2種類あって、先の「直火加熱」と「間接加熱」があります。直火加熱自体スコットランドでも一部の蒸留所でしか行われておらず、それに加えて石炭を用いた直火焚きとなるとごく稀な製法となるのです。現代となってはスコッチよりスコッチらしい製法で造られる『余市』は、力強く**スモーキー**な味わいが特徴です。

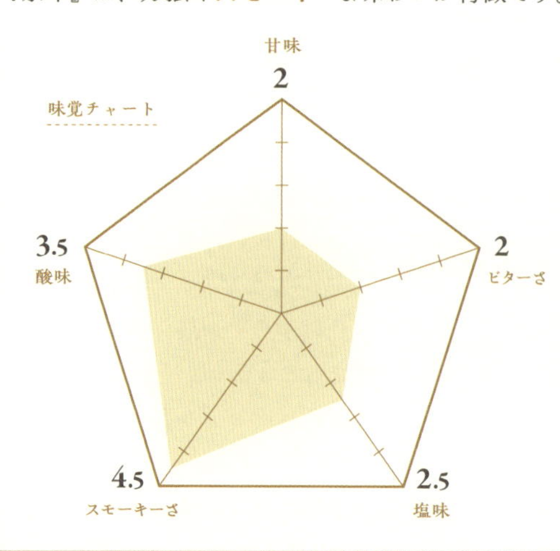

## ストレートで飲んでみる（おすすめ）

構成要素

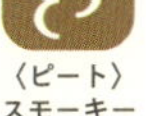


**色**
- やや明るいゴールド

**香**
- **柑橘**系の香りと**燻製**のような**スモーク**感
- 重み・厚みのあるどっしりとした香りの印象
- 確かにハイランドモルトに通じるものがある

**味**
- 口当たりはやさしい。ふわりとした**麦**の**甘さ**
- 燻ぶった**焚き火**のような**スモーク**感。結構例えるのが難しい……
- ほぼ**終わりかけの焚き火**というか……
- **果実**っぽい**酸味**とともに余韻に長く残る

## ロックで飲んでみる

構成要素

**香**
- **柑橘**系の**果実**香が強くなる

**味**
- 香りの通り**酸味**が強くなり**果実**的になる
- **樽**感と相まって**スモーク**はやや強めに感じる
- ちょっと押しが強い、かな。パワーがある

## ハイボールで飲んでみる

構成要素

**味**
- **ピーティ**な特徴が表に出てくる
- 加水でも崩れる様子はなくどっしりとよく伸びていく
- ただせっかくの果実感は控えめになってしまう
- **ピーティ・フルーティー**がそれぞれ拾えて美味しい

総評

### 和製スコッチの始祖はやはり偉大である

『余市』と言えば重厚な**スモーキー**感、と言われがちだけど、かなり**フルーティー**な要素が拾えるのが楽しい。加水以降で**スモーキー**さやどっしりさが現れるので、そこら辺の変化も飲んでいて面白いと思った。おすすめはふわりとしたやさしさが垣間見えるストレート。尖っているわけでなく、バランスが良いのが魅力。

所感

### 『余市 10年』は別格としても「ノンエイジ」でも抜群に美味しい

個人的な印象で言うとニッカのウイスキーは熟成による伸びしろがすさまじく、大きな変化が捉えやすいような気がします。まぁ……今現在では年数ものは『余市 10年』のみとなっていますけれど……。いつか他の年数ものが復活する日をいつまでもお待ちしております……。ブレンデッドからでもOKですので……。

069

# タリスカー 10年

シングルモルト

スコッチ

TALISKER AGED 10 YEARS

## 潮風香る海の味

DATA

蒸留所：タリスカー蒸留所（スコットランド／アイランズ）
製造会社：同上
内容量：700㎖
アルコール度数：45.8%
購入時価格：4,400円（税込）
2024年11月時市場価格：4,400円（税込）

とても普通なコルク栓！！！！！！！！

### 言わずと知れた潮風のモルト

蒸留所の創業は1830年。現在までに大恐慌や第二次世界大戦、蒸留所の火災などさまざまな苦難を乗り越えてきた中で、常に海が傍らにありました。「MADE BY THE SEA」からも海とともに在るということを強く感じ取れます。また、『ジョニーウォーカー』のキーモルトとして使われたりしています。タリスカー蒸留所はスコットランドのスカイ島の入り江に位置し、常に激しい潮風にさらされているので、そのせいなのかウイスキーからも独特の潮の香りがします……するんです。

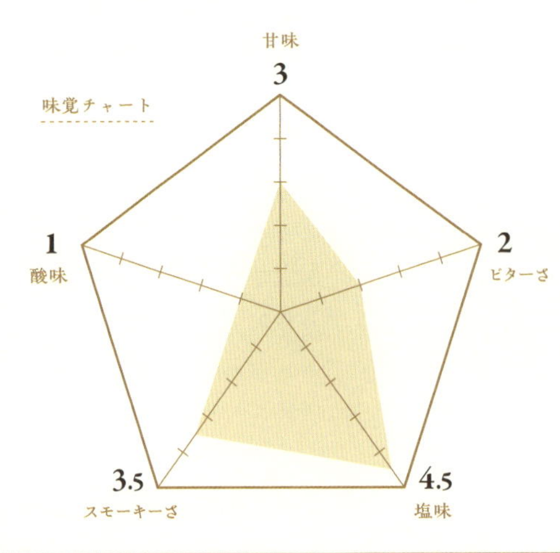

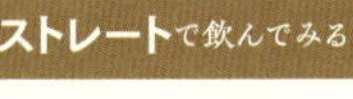

構成要素

**色**
- やや濃いゴールド

**香**
- **甘く**、湿った**潮**の香り
- **大人しい**というか、**マイルド**さを感じる

**味**
- はじめにクァっと**スパイシー**さが広がりすぐに引いていく
- 次いで**潮**感。かなり**潮**感が続く
- 味自体はやさしいほのかな**甘さ**と主張の強い**潮**感がちょうどいい
- 余韻にほんのり**ピーティ**

## ロックで飲んでみる

**香**
- 湿った感じはなくなり、カラっとした**潮**の香り
- ほんの少し**干し草**っぽい**ピート**感

**味**
- 舌先で**潮**感、舌の奥で**ピート**感やら**樽**感やらを認識して忙しい
- 忙しいけれど独特の個性を感じられて美味しい

## ハイボールで飲んでみる

おすすめ

構成要素

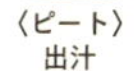

**味**
- そこそこ**スパイシー**で飲みごたえ抜群
- **潮**や**出汁**を感じ、ほのかな**甘み**
- **ジューシー**で美味しい
- やっぱこれだね
- 頭空っぽにして飲める、永遠のエース

総評

### ハイボール要員と思われがちも実はストレートも美味しい

ハイボール要員として重宝されがちなこのボトル、**潮**の感じを味わいたいなら断然ストレート。一家に一本。ただ、ハイボールに黒胡椒を振りかけるのがやはり美味しいのでおすすめ。**ピート**の特徴もあることはあるので、ここから**ピート**に慣れていくのも大いにアリだと思う（経験者は語る）。

所感

### 実のところ**潮風**を受けて熟成していない問題……

「『タリスカー』の原酒のほとんどは内陸にあるディアジオ社の集中熟成庫で熟成されているから、**潮風**は浴びていない定期」などという強い言葉を使う人がいます。少し泣いてきます。フレーバーテキスト的なバックボーンありきでウイスキーを飲んでいるので、そこを破壊されるとしんどいです。やめてね。

070

# ボウモア 12年

シングルモルト

スコッチ

BOWMORE AGED 12 YEARS

## なんだか靴屋を思いだすやさしいアイラモルト

DATA

蒸留所：ボウモア蒸留所（スコットランド／アイラ）
製造会社：同上
内容量：700mℓ
アルコール度数：40%
購入時価格：4,400円（税込）
2024年11月時市場価格：5,500円（税込）

### 「アイラモルトの女王」と呼ばれるスコッチ

『ボウモア』の始まりは1779年。歴史はまさに激動といえるもので、オーナーの入れ替わりが激しいものでした。実に7回ほどの入れ替わりを経て現在のビームサントリー傘下に落ち着いています。フェノール値は25〜30ppm。ノンピートである『ブナハーブン』『クラシックラディ』を除いてアイラモルトの中では一番穏やかなピートレベルです。「12年」の樽構成はバーボン樽65%、オロロソシェリー樽35%だそうです。『ボウモア』とはゲール語で「小さな黒い岩礁」。

味覚チャート

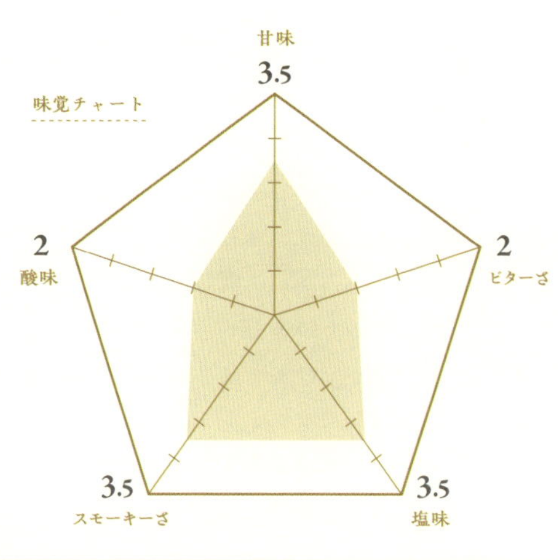

## ストレートで飲んでみる

おすすめ

**色**
- 明るめのアンバー

**香**
- **靴屋**のような。**革**のような**ピート**香
- 本当に**靴屋**みたいだ
- アルコールアタックはほとんどない

**味**
- **干し草**のようなやさしい**ピート**感。次いで**潮**感
- それでいて**甘い**。結構柔らかさを感じる
- 余韻はほのかに**ビター**で引いていく

構成要素

〈ピート〉革

〈ピート〉干し草

〈ピート〉潮

〈甘さ〉はちみつ

〈感覚〉ビター

## ロックで飲んでみる

**香**
- 相変わらず**靴屋**。なんだこのギャップ
- ふわりと**甘い**香りも漂う

**味**
- 味についてはなんだかまろやかになる
- ただ、甘さが出るでもなくどっちかというと**苦み**・**渋み**が強くなる
- できればつまみが欲しい

構成要素

〈ピート〉革

〈ピート〉干し草

〈ピート〉潮

〈甘さ〉はちみつ

〈感覚〉ビター

〈感覚〉樽から来る渋み

## ハイボールで飲んでみる

**味**
- ほのかな**ピート**感。舌に**ビター**感が残る
- とても穏やかなハイボール。時々**甘さ**、**潮**感が出てくる
- **凪の海**といった感じで波風立てない静かな味わい

構成要素

〈ピート〉干し草

〈ピート〉潮

〈ピート〉革

〈甘さ〉はちみつ

〈感覚〉ビター

総評

### 「アイラモルトの女王」は思ったよりもやさしい

**革**のような**ピート**香が印象的で、それとともに穏やかな**甘み**がやさしく包んでいるような味わい。香りはともかくストレートで感じる要素は多いので、とりあえずストレートで。男性的な力強いピートの『ラフロイグ』とは対称的に女性的な包容力のある**ピート**。だから女王、納得のネーミング。

所感

### エントリーグレードとしてはこれ以上ないつかみのボトル

というか『アードなんちゃら』や『ラフなんちゃら』がエントリーグレードなのにヤバすぎるだけな気がしないでもありませんけれど……。『ボウモア』からアイラモルトに入る人も多いと聞きます。納得。「15年」や「18年」になるとシェリー樽原酒の比率が高くなるというスタンダードな進化をしています。

071

# ポートアスケイグ 100°プルーフ

シングルモルト

スコッチ

Port Askaig 100°PROOF

## 濃厚出汁感のシークレットアイラ

DATA

蒸留所：（たぶん）カリラ蒸留所（スコットランド／アイラ）
製造会社：エリクサー・ディスティラーズ社
内容量：700㎖
アルコール度数：57.1%
購入時価格：6,600円（税込）
2024年11月時市場価格：7,000円（税込）

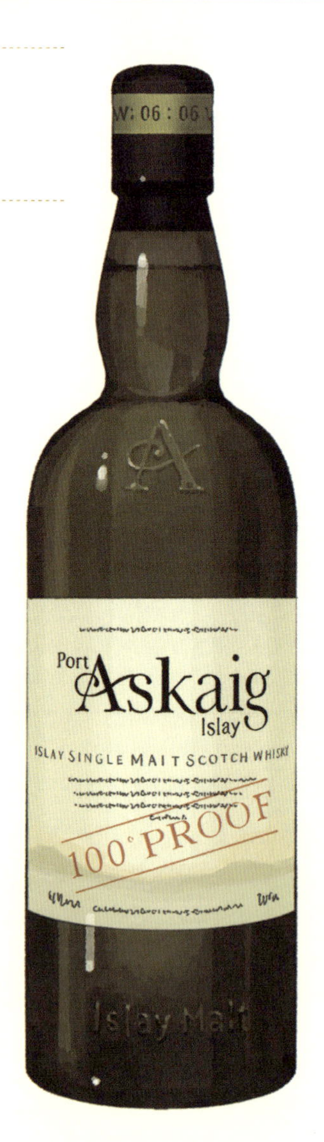


### アイラ島の玄関口の名を冠したシークレットアイラ

シークレットアイラと言えば「はいはい、カリラカリラ」というイメージだと思いますが、こちらも例に漏れず中身は『カリラ』だといわれています。実際、カリラ蒸留所がアイラの玄関口といえるポートアスケイグのアイラ・フェリーターミナル至近であるので言い逃れようのないほど『カリラ』です。「100°プルーフ」とはブリティッシュプルーフでアルコール度数57.1%のことです。アメリカンプルーフは0.5倍、ブリティッシュプルーフは0.571倍するとアルコール度数を導き出せます。

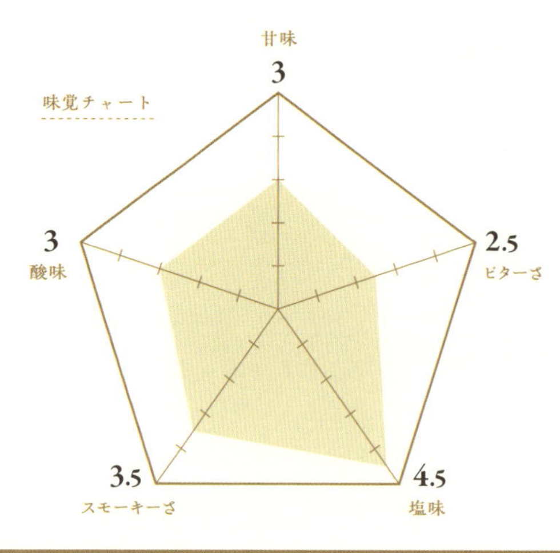

## ストレートで飲んでみる おすすめ

| | |
|---|---|
| 色 | ▪透き通った薄いゴールド |
| 香 | ▪度数からかさすがにちょっとアルコールアタックが来る<br>▪**磯**、**出汁**、ほのかに**柑橘**<br>▪確かに『カリラ』っぽい |
| 味 | ▪**うまみ**がすんげぇ。じんわりと来る**うまみ**の波、波、波<br>▪アルコール刺激も相応にあるものの……<br>▪この**出汁**のような**うまみ**の前ではさしたる問題ではないと思う…… |

構成要素

## ロックで飲んでみる

| | |
|---|---|
| 香 | ▪やや控えめになる<br>▪出汁系の香りが減る。けれどもこれはこれで |
| 味 | ▪うまみは減退。面白みが激減する<br>▪氷が解けて薄まるにつれて『カリラ』っぽさが拾えてくるようになる |

構成要素

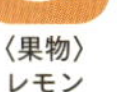


## ハイボールで飲んでみる

| | |
|---|---|
| 味 | ▪短熟特有の**乳酸菌飲料**っぽさが出る<br>▪逆にそれが飲みやすさに寄与している感はある<br>▪薄まりは感じるものの、**出汁**や**スモーキー**さなどはきちんとあり、アイラモルトの誇りは忘れていない感 |

構成要素

### 総評 ハイ・プルーフ・ヤング・カリラ恐るべし

度数の暴力というべきか、樽が良いのか、めちゃくちゃ美味しい。「オフィシャル 12年」では『カリラ』はハイボール適性が薄いと思っていたものの、度数のおかげかハイボールでもぼやけず美味しく飲めた。でもおすすめは断然ストレート。口の中でジュワっと爆発する感覚。やはり楽しいものである。

### 所感 「(基本的に)ウイスキーは度数が高ければ高いほど美味しい」理論

口内がプレーンな状態で飲んだときにジュワっと**うまみ**が出てくるこの感覚はハイプルーフならではで、アルコール刺激の土突きは大きいもののなかなか味わえない体験です。同銘柄の3%の違いでも割と違いを感じるので、ウイスキーの神秘です。実際、ウイスキーの香味成分はアルコールに溶け込んでいるらしいです。

072

# ポートシャーロット 10年

シングルモルト

スコッチ

PORTCHARLOTTE 10 AGED YEARS

## とんでもなく彩り豊かなフレーバーの洪水

DATA

蒸留所：ブルックラディ蒸留所（スコットランド／アイラ）
製造会社：同上
内容量：700mℓ
アルコール度数：50%
購入時価格：5,300円（税込）
2024年11月時市場価格：7,000円（税込）

かなりぎゅっと詰まったコルク栓！！！！！！！！

### ブルックラディのピーテッドタイプ

ブルックラディ蒸留所の始まりは1881年。ブルックラディ蒸留所の話題で必ずといっていいほど出てくるワードが「テロワール」。これは主にワインの世界で使われる用語で「風土、気候、土地の個性」などを指し、ウイスキーの世界にこのワードを持ち込んだのがブルックラディ蒸留所といいます。『ポートシャーロット』の誕生は2006年。現行タイプである『ポートシャーロット 10年』は18年にリリースされています。フェノール値は40ppm。40〜45ppmの『ラフロイグ』くらい。

味覚チャート

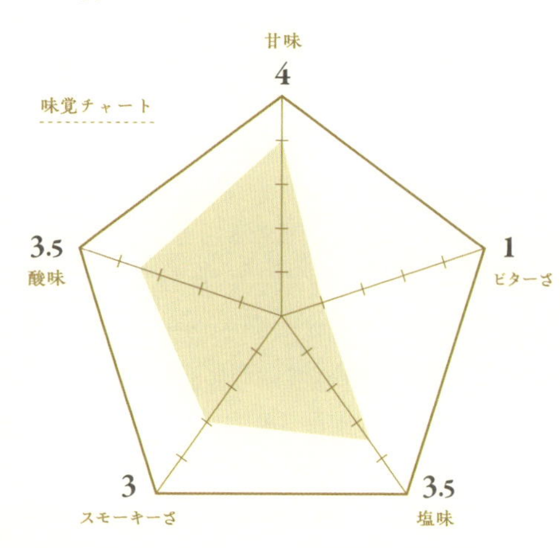

## ストレートで飲んでみる

構成要素

〈果物〉青りんご

〈甘さ〉はちみつ

〈ピート〉出汁

〈ピート〉スモーキー

〈ピート〉干し草
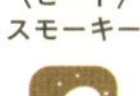

〈ピート〉潮

〈果物〉レモン

**色**
- 鮮やかなゴールド

**香**
- ほんのり**潮風**を感じる香り。**昆布**の**出汁**
- **ピート**香はするにはするものの強烈ではない。穏やか
- アルコールアタックは控えめ

**味**
- 度数の高さもあってか、かなりいろいろな
フレーバーが複層的にやって来る
- **フレッシュ**な**青りんご**感。**蜜**のような**甘さ**
- コクの強さ。**潮**の感じ。**スモーク**感。ほのかな**シトラス**
- とにかく贅沢

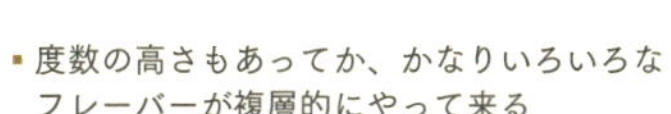

## ロックで飲んでみる

構成要素

〈果物〉青りんご

〈ピート〉スモーキー

〈ピート〉干し草

〈甘さ〉はちみつ

〈ピート〉出汁

〈ピート〉潮

〈果物〉レモン

**香**
- 香り的には**フレッシュ**さが前に出る？
- 深く嗅ぐと**スモーク**さの中に**出汁**感もある

**味**
- 比較的ちょっとやんちゃになる
- ストレートよりも若々しさが出てしまうので
あまりいい飲み方ではないかも

## ハイボールで飲んでみる

構成要素

〈果物〉青りんご

〈ピート〉スモーキー

〈ピート〉干し草

〈甘さ〉はちみつ

〈ピート〉出汁

〈ピート〉潮

〈果物〉レモン

**味**
- 飲み口さっぱりでストレートを
飲みやすくした代わりに全体的に
ダウンサイジングしたようなハイボール
- やはり**青りんご**のようなニュアンスもあり、
**出汁**のようなコクもあり、
**ピーティ**さもある。面白い

### 総評　硬派なボトルに隠された柔和な個性

「ヘビリーピーテッド」と謳うもののヨードっぽさはあまりなく、公式が言う通り**バーベキュー**のような柔らかな**スモーク**感が印象的。内陸系**ピート**の要素を含んでいるので内陸系とアイラ系の合いの子といった感じかもしれない。ストレートが至高。度数が高いので、ハイボールも飲みやすくて良い。

### 所感　なんといっても名前がかっこいい

もちろん名前だけでなく、香り・味わいのテクスチャが豊かで複雑な世界へ誘ってくれるウイスキーです。ただ、名前でウイスキーを買うことだってあっていいと思います。自分なりの「最かっこよネーム」のウイスキーを探すのもまた楽しみのひとつです。厨二病心をくすぐる名前もちらほらとありますしね……。

073

# ラガヴーリン 8年

シングルモルト

スコッチ

LAGAVULIN AGED 8 YEARS

## まろやかで甘い、「銘酒」の予兆

DATA

蒸留所：ラガヴーリン蒸留所（スコットランド／アイラ）
製造会社：同上
内容量：700㎖
アルコール度数：48%
購入時価格：6,000円（税込）
2024年11月時市場価格：7,000円（税込）

### ラガヴーリン蒸留所創立200周年記念

もともとは2016年に限定リリースというていで発売されたのですが、好評につき2018年に通年品に加わったという経緯のボトルです。通年品は長年『ラガヴーリン 16年』だけでしたが、「8年」の追加でより気軽に『ラガヴーリン』の世界に触れることができるようになりました。「8年」についてのスペックは不明ですが、『ラガヴーリン』は基本的にアメリカンオークのバーボン樽とヨーロピアンオークのシェリー樽で熟成された原酒が使用されているのでそれに準ずる形だと思います。

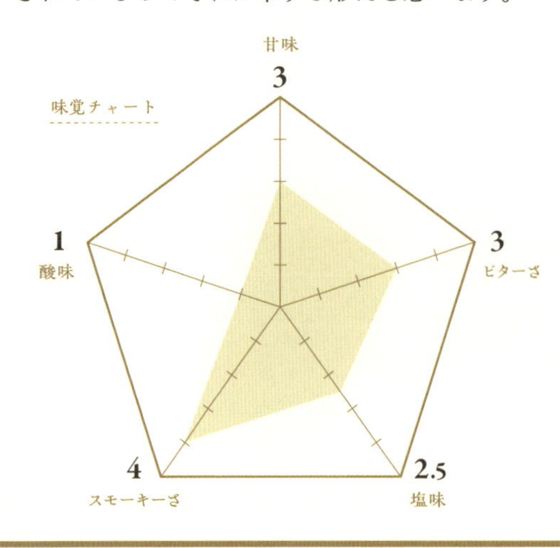

## ストレートで飲んでみる

**色**
- 淡いゴールド

**香**
- 柑橘っぽいピート香。アルコールアタックはややあり
- 若干ヨードのニュアンスがあり、軟質のプラスチックっぽい

**味**
- 甘い!!　そのあとに鉛筆、書斎、ビター感がやって来る
- 独特のニュアンスが同居しているものの不思議と全体的にまろやか
- アルコール刺激はほとんどない

構成要素

〈ピート〉書斎　〈甘さ〉はちみつ　〈熟成〉木材　〈ピート〉スモーキー　〈果物〉レモン　〈ピート〉出汁

## ロックで飲んでみる

**香**
- 文房具、書斎感が増す
- 柑橘系の香りもやや残っている、かな

**味**
- やはりまろやか。甘さのあとに強くビター感
- しみじみと、鉛筆、書斎感は余韻に残る
- 書斎っぽい独特のピート感は随一

構成要素

〈ピート〉書斎　〈甘さ〉はちみつ　〈感覚〉ビター　〈熟成〉木材　〈ピート〉スモーキー　〈果物〉レモン　〈ピート〉出汁

## ハイボールで飲んでみる

**味**
- あ、『ラガヴーリン』っぽい
- 「16年」と比べれば奥行きに欠けるような気がするけれども十分
- 基本的にドライだけれど薄くはない
- 抑えるべきところは抑えている、といった感じ
- 度数の高さがいろいろとカバーしきれていて、考えられているなぁ……と

構成要素

〈ピート〉書斎　〈甘さ〉はちみつ　〈熟成〉木材　〈感覚〉ビター　〈果物〉レモン　〈ピート〉出汁

総評

### 「銘酒」の成長過程が垣間見えるボトル

「16年」の流れを汲んでいる要素が随所に見えるものの、至極当然ながら全体的に物足りなさは感じる。そこをやや高めの度数である程度カバーしているといったところ。飲み方に関してはさすが、どう飲んでも美味しい。しいて言うならロック～ハイボール、かな……。短熟らしくピートの特徴は感じやすい。

所感

### 『ラガヴーリン』の短熟が飲めるということは……

シークレットアイラの判断材料が増えるということです。『ラガヴーリン』独特のピート香は「8年」の時点ですでに現れ、むしろより感じ取りやすくなっているので、同じく短～中期熟成がボリュームゾーンなシークレットアイラを紐解きやすくなる……勉強になります。公式からお出ししてもらえるのはありがたいです。

074

# ラガヴーリン 16年

シングルモルト

スコッチ

LAGAVULIN AGED 16 YEARS

## 「銘酒」以外の表現が見つからない

DATA

蒸留所：ラガヴーリン蒸留所（スコットランド／アイラ）
製造会社：同上
内容量：700㎖
アルコール度数：43%
購入時価格：8,000円（税込）
2024年11月時市場価格：10,000円（税込）

### 「アイラの巨人」と呼ばれるスコッチ

『ラガヴーリン』としての始まりは1816年。もっと前からその地域にて密造酒の製造自体は行われていたらしいです。ディアジオ社が掲げる「クラシックモルトシリーズ」のアイラ代表に選ばれていて、『ジョニーウォーカー』や『ホワイトホース』のキーモルトとしても有名です。ピートレベルを示すフェノール値は34〜38ppm。『カリラ』と大体同じ数値で、アイラモルトの中ではやや高め。16年熟成から生み出されるその重厚な味わいは脳を焼かれること間違いなしです。

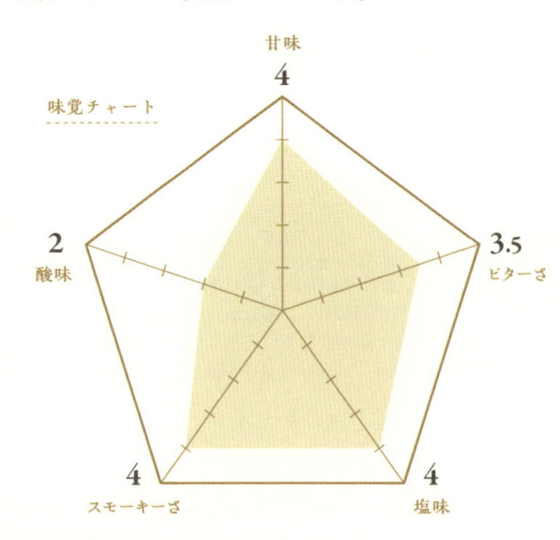

## ストレートで飲んでみる

**色**
- 深みのあるアンバー

**香**
- 落ち着きをもった**ピート**香。ふくよかなボリュームを感じる
- ヨードといった要素はあまりない
- **海岸線**で感じるような**潮**の香りが心地いい

**味**
- **鉛筆**、**書斎**。**ピート**の要素は『アードベッグ』に似ている
- 驚くほどアルコール刺激がないのでスルっと飲めてしまう
- **潮**、まろやかな**甘み**、深めの**樽**感
- フルボディな味わいで、深く印象に残る。余韻も長め

構成要素

## ロックで飲んでみる

**香**
- 少し印象が若くなる
- やさしめな香りは変わらない

**味**
- なんだか少しフレンドリーになる。ほのかに**書斎**
- 全体的に**ビター**。それでいてふんわりと……
- なんだろう、やさしく**甘い**……間接照明のように柔らかに**甘い**

構成要素

## ハイボールで飲んでみる

おすすめ

**味**
- なんだかもったいないけど美味しい
- ケチのつけようのないくらい美味しい
- アイラのハイボールで一番美味しい
- バランスがいい。アイラ・オブ・アイラ
- （贔屓すぎない……？）

構成要素

総評

### 深く染み入る ケチのつかない「銘酒」

単純な**甘さ**だとか、**フルーティー**さだとか、そういうところではない部分に訴えかけるようなウイスキーだと思う。各々の癖は強いものの、うっとりする魅力がある。ゆっくりストレートで飲むのがやはりおすすめ。ハイボールも死ぬほど美味しいけど、もったいなさがすごい。熟成感の暴力がすごい。すごい。

所感

### 脳を焼かれた人間は ここにもいたということ

数あるウイスキーの中で一番好きな銘柄は？　と尋ねられたときに脊髄反射で挙げるボトルです。他蒸留所の「18年」よりは熟成年数が2年短いものの、うちは「16年」こそが完成されたものだという強い意志とプライドを感じる芯の通った生き様、見習いたいです。今度から16歳と名乗ろうかな……。

075

# ラフロイグ 10年

シングルモルト

スコッチ

LAPHROAIG AGED 10 YEARS

## 「飲む草」「飲む泥」

DATA

蒸留所：ラフロイグ蒸留所（スコットランド／アイラ）
製造会社：同上
内容量：700㎖
アルコール度数：40%
購入時価格：5,000円（税込）
2024年11月時市場価格：6,000円（税込）

### 「アイラモルトの王」と呼ばれるスコッチ

『ラフロイグ』としての始まりは1815年。他多くの蒸留所と同じく当初はブレンデッド用の原酒を製造していました。また英国王室御用達のウイスキーとしても知られており、現チャールズ国王が1994年に「王室御用達許可証」を賜った銘柄です。ピートレベルを示すフェノール値は40〜45ppm。別格の『オクトモア』を除いて『アードベッグ』『キルホーマン』に次ぐ高さです。ちなみに、40度の並行品と43度の正規品が存在することでも有名です。本紹介では40度なので並行品です。

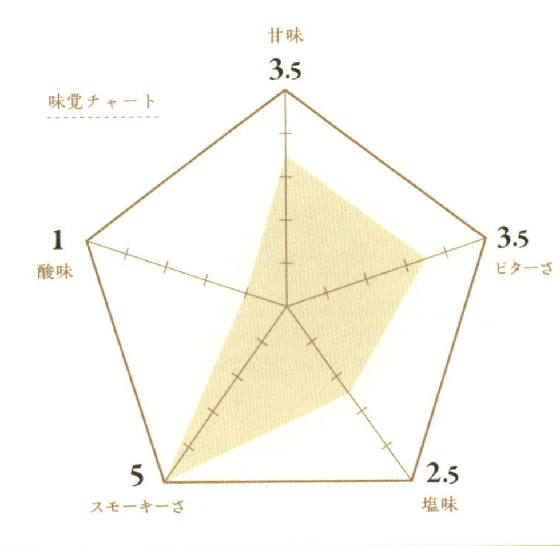

## ストレートで飲んでみる

おすすめ

構成要素

〈ピート〉磯　〈ピート〉泥　〈熟成〉湿った木

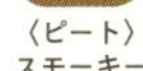

〈ピート〉スモーキー

〈熟成〉バニラ　〈香ばしさ〉穀物

**色**
- やや深めのゴールド

**香**
- 強烈な**磯**の香り。**ヨード**香
- 慣れてくる頃に**湿った木**の香り
- あとは……なんだこれ？　硬質な**プラスチック**の香り

**味**
- **泥**。**草**（笑いの意味ではない）
- とにかく個性が突出している
- 若干柔らかい**甘さ**があるような、ないような
- 香りのほうがまだやさしいくらいに口に含んだときの芳香がすさまじい……

## ロックで飲んでみる

構成要素

〈ピート〉磯　〈ピート〉泥　〈熟成〉湿った木

〈ピート〉スモーキー　〈熟成〉バニラ　〈香ばしさ〉穀物　〈熟成〉木材

**香**
- ちょっと**甘い**香りが出てくる……かな……？
- もう何がなんやらわからなくなってきた
- でも冷やされることで香りが和らいでくるのはわかる

**味**
- 味についても冷静に感じ取れるくらいには落ち着く
- 個性は相変わらず強い。余韻に**樽**感

## ハイボールで飲んでみる

構成要素

〈ピート〉磯　〈ピート〉泥　〈熟成〉湿った木

〈ピート〉スモーキー　〈熟成〉バニラ　〈香ばしさ〉穀物　〈熟成〉木材

**味**
- まだ個性が先行しがちだけれどかなり落ち着く
- それでもすさまじい。ガツンと来る
- 『ラフロイグ』だ……とわかる
- 相変わらず**磯**だったり、**泥**感がすごいものの、**甘み**も感じる不思議

### 総評　この臭さは**ピート**中毒者御用達な感じ

アイラモルトに慣れてきてもぶっちゃけ臭い。さすが「王」。イメージとしてはボトルさながらとにかく**緑色**が浮かんでくる。**草**、**苔**、**スリップダメージ**……みたいな……おすすめは**泥炭**そのまま飲んでいるようなストレート。ハイボールにすれば飲みやすくなる。加水でも弱体化しない、さすが「アイラモルトの王」。

### 所感　一度飲んだら忘れない強烈な**薬品**感

ちなみに、禁酒法時代のアメリカで「これは酒ではなく**薬品**だ」と言い張って合法的に販売していたそうです。当時としてはたまにある売り文句だったようですが、『ラフロイグ』に限ってはそりゃ**薬品**でも通るわな……と言わざるを得ない強烈な**薬品**感です……。現代でも**薬品**と言い張っても通るでしょう……。

| 076 | レダイグ 10年 |
|---|---|
| シングルモルト<br>スコッチ | LEDAIG AGED 10 YEARS |

## アイラモルトに引けを取らないピーティでブリニーな高性能さ

DATA

蒸留所：トバモリー蒸留所（スコットランド／アイランズ）
製造会社：同上
内容量：700㎖
アルコール度数：46.3%
購入時価格：5,000円（税込）
2024年11月時市場価格：5,500円（税込）

蒸留所のあるマル島がデザインされていてかわいいコルク栓！！！！

### トバモリー蒸留所のピーテッドタイプ

蒸留所の始まりは1798年。当初はレダイグ蒸留所と名乗っていたらしいので、第二ブランドとはいわれつつも『レダイグ』の名前自体は始祖のポジションといえます。竣工自体は古いものの、閉鎖しては再開を繰り返していて長期にわたって運用されていたわけではないようです。ピーテッドタイプということでフェノール値は35ppmほどらしいです。スペックはバーボン樽にて熟成、同じく「オフィシャル 18年」はバーボン樽＋シェリー樽の構成だそうです。

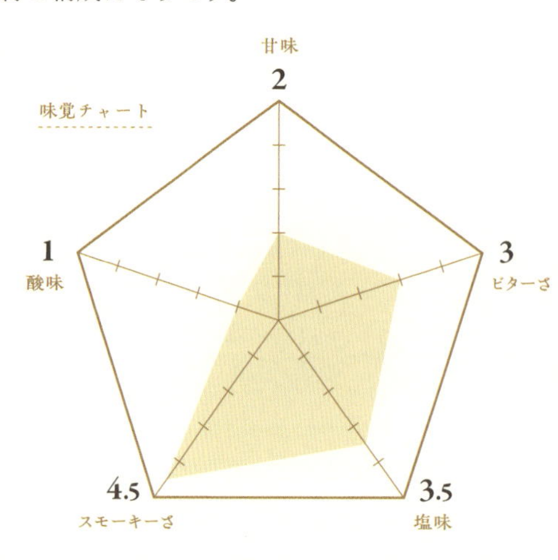

## ストレートで飲んでみる

おすすめ

**色**
- やや色づいたゴールド

**香**
- 心地いい強烈な**ピート**香
- ヨード感はほとんどなく、**出汁**の香りがする
- 若干の**書斎**感

**味**
- 『ラガヴーリン』系の**ピーティ**さ、**潮**、**出汁**と味も申し分ない!!
- 控えめに言って美味しすぎる
- 余韻もじっくりと

構成要素

〈ピート〉焚き火　〈ピート〉出汁

〈ピート〉潮　〈ピート〉海岸線　〈ピート〉スモーキー

〈ピート〉書斎

## ロックで飲んでみる

**香**
- ややサラっとした香りになる
- サラっとした**潮**、**乾燥した冬の海岸**の空気感

**味**
- **潮**感は健在。ストレートよりもアルコール刺激を感じる、気が、する
- でもちょっと薄まりすぎるきらいがあるかも……？

構成要素

〈ピート〉焚き火　〈ピート〉潮　〈ピート〉海岸線

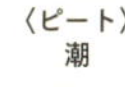

〈ピート〉出汁　〈ピート〉スモーキー　〈ピート〉書斎

## ハイボールで飲んでみる

**味**
- **スモーク**感は一番感じられるようになる
- **焚き火**を喉の奥で感じる。潮感はそこまで感じられなくなる
- **焚き火**感重視フォルム
- **焦げた木**の感じ、**燃えカス**感

構成要素

〈ピート〉焚き火　〈ピート〉スモーキー　〈ピート〉潮

〈ピート〉海岸線　〈ピート〉出汁　〈ピート〉書斎

### 総評　『ラガヴーリン』と『タリスカー』の間の子みたいな

同じアイランズモルトの現行『タリスカー』と比較すると、あちらは若干の甘さとまろやかさを感じられるのに対して、『レダイグ』は**ドライ**さ、より強い**ピート**感が印象的。おすすめはストレート。ロックはちょっとおすすめしにくいけれど、ハイボールは相当に良い。**焦げ**感のような**ピート**香が印象的。

### 所感　**海岸**でキャンプをしているような**焚き火**感

**ピート**感は『ラガヴーリン』『アードベッグ』系列でアイランズモルト特有？　の**ブリニー**さも備えているので刺さる人にはとことん刺さる感じです。『レダイグ』に限らずピーテッドタイプのこの辺は好き好きですけれど、個人的には相当好きな一本です。「10年」という年数がちょうど良さを感じる一因でしょうか？

077

# シングルモルトウイスキー 白州(ノンエイジ)

シングルモルト
ジャパニーズ

THE HAKUSHU SINGLE MALT WHISKY

## 「飲む森林浴」

DATA

**蒸留所**：白州蒸溜所（日本／山梨県）
**製造会社**：サントリーホールディングス株式会社
**内容量**：700㎖
**アルコール度数**：43%
**購入時価格**：4,400円（税込）
**2024年11月時市場価格**：7,700円（税込）

サントリー特有のプラスクリュー

### 森香るシングルモルト

始まりは1973年、山崎蒸溜所竣工50周年の年に造られました。シングルモルトとしては1994年の『白州 12年』が初出です。蒸留所は山梨県北杜市甲斐駒ヶ岳の麓に位置し、蒸留設備や熟成庫、見学向け施設のほとんどが自然に囲まれているという非常に幻想的な空間です。2022年の末から大規模な改修が行われ、2024年9月にビジターセンター全体がリニューアルを完了しています。いわゆる「ノンエイジ」タイプのこちらは、ほのかな**スモーキー**さが香るものとなっています。

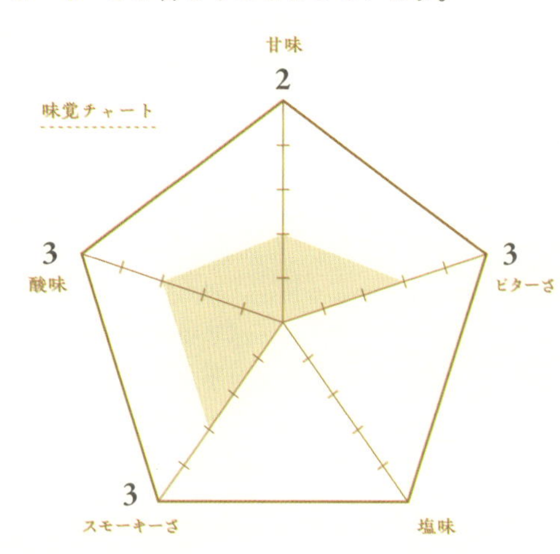

## ストレートで飲んでみる

**色**
- 明るいゴールド

**香**
- すぅーっと爽やかな**森林浴**の香り。**モルト**由来の**甘い**香りもする
- 「ノンエイジ」ながらアルコールアタックは皆無

**味**
- 果実……ではなく**草木**の瑞々しさを感じる
- ほんのりとした**スモーキー**さがさらに**地面**を連想させる
- さながら地に足着いた**森林浴**感を後押ししている

## ロックで飲んでみる

**香**
- **甘い**香りが少し強調される
- ここにきてやっとウイスキーっぽい香りになる

**味**
- 香りの通り柔らかな**甘み**が真っ先に訪れる
- その後に強めの**ビター**を伴った**森林**感がぶわっと乗る
- **森林浴**の中で吹く風のよう

## ハイボールで飲んでみる（おすすめ）

構成要素

**味**
- キレのいい味わい。**スモーキー**さも適度にある
- **森林浴**感も薄まらず割り負けずに確かに存在する
- 最高。やはりこれだけでいい

### 総評　「日本の緑」を感じる非常に爽やかな味わい

甲斐駒ヶ岳の風土を具現化したような**新緑**を思わせる軽快な爽やかさ。ほのかな**ピート**も地に足を着けて自然を感じているような気分にさせてくれる。おすすめは断然ハイボールなものの、ストレートでもロックでもまた違った自然感を見せてくれる。余韻に香る**バニラ**っぽい**甘さ**もバランス良く心地いい。

### 所感　誰がなんといおうと代わりになるものの存在は……

『白州』がキーモルトになっている『サントリー リザーブ』はまだいいものの、実際はジェネリック『白州』などというものは存在しません（過激派）。まぁ……他のウイスキーに関しても代用可能なものはほぼなく、すべてが唯一無二なんですけれどね……（過激派）。この辺は永遠の命題みたいなところがあります。

078

シングルモルト

ジャパニーズ

# シングルモルトウイスキー
# 白州 12年

THE HAKUSHU SINGLE MALT WHISKY AGED 12 YEARS

## 瑞々しい新緑さを思わせる自然の息吹感じる木々感

DATA

蒸留所：白州蒸溜所（日本／山梨県）
製造会社：サントリーホールディングス株式会社
内容量：700㎖
アルコール度数：43％
購入時価格：11,000円（税込）
2024年11月時市場価格：16,500円（税込）

いつものプラスクリュー

### ここからが本当の『白州』

前頁でも触れましたが、シングルモルトとしての初出は1994年。その記念すべき初出のボトルが『白州 12年』でした。2018年6月には一時的に休売となり原酒の供給待ちとなっていましたが、2021年3月30日に休売が解除され数量限定で販売という形で復活しています。蒸留所では『白州 12年』構成原酒「ホワイトオーク樽」「スパニッシュオーク樽」「ピーテッド」の3種が試飲できます。『白州』モルトのフェノール値は5ppmといわれており、ヘビリーピーテッドのものは40ppmだそう。

味覚チャート

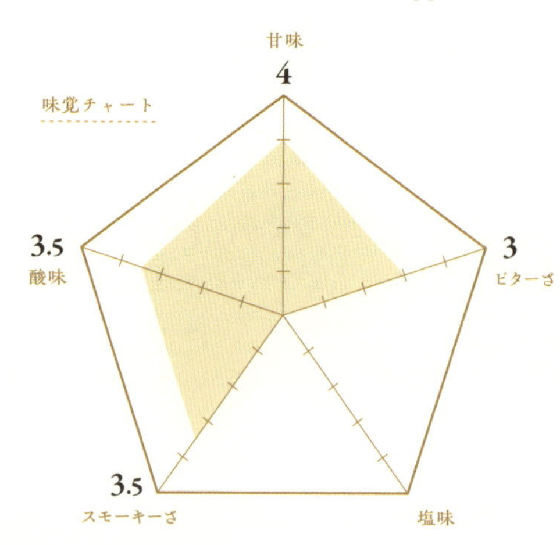

## ストレートで飲んでみる

| | |
|---|---|
| 色 | ・鮮やかなゴールド |
| 香 | ・ふくよかな**青りんご**、**バニラ**感<br>・瑞々しい**フルーティー**な華やかさ<br>・アルコール刺激は強め<br>・しばらくすると奥にほのかな**スモーキー**さも感じる |
| 味 | ・想像以上に濃い味。**甘く**爽やかな**バニラ**、**青い果実**<br>・**樽**感が強く下支え、余韻には**スモーキー**さが顔を見せる<br>・うん……これは……美味しい…… |

構成要素

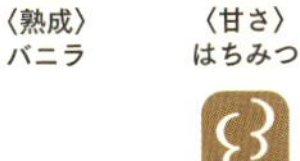

〈ハーブ〉森　〈果物〉青りんご　〈果物〉洋梨　〈熟成〉バニラ　〈甘さ〉はちみつ　〈熟成〉木材　〈ピート〉スモーキー

## ロックで飲んでみる

| | |
|---|---|
| 香 | ・**スモーキー**さが前に出ている<br>・**果実**香は奥のほうに |
| 味 | ・味にも**スモーキー**さが主張しだす<br>・**ウッディ**さと**スモーキー**さ、それから**甘さ**の順番<br>・これはこれでファンがつきそうな味をしている |

構成要素

〈ハーブ〉森　〈ピート〉スモーキー　〈熟成〉木材　〈果物〉青りんご　〈果物〉洋梨　〈熟成〉バニラ　〈甘さ〉はちみつ

## ハイボールで飲んでみる

| | |
|---|---|
| 味 | ・キレがよくありながらどこか**甘さ**を漂わせている<br>・**クール**で器用なハイボール<br>・瑞々しさの中に**はちみつ**のような**甘さ**が感じられる<br>・やはり**新緑**のような**木々**感が爽やかに吹きわたる |

構成要素

〈ハーブ〉森　〈ピート〉スモーキー　〈果物〉青りんご　〈果物〉洋梨　〈熟成〉バニラ　〈甘さ〉はちみつ　〈熟成〉木材

総評

### 『白州』の正道はここからなのかもしれない

「ノンエイジ」から熟成感や瑞々しい**甘さ**をごてごてと装着しているものの、それが決して邪魔になっているわけでもなくしっかりと馴染んで使いこなせているところに『白州 12年』の真髄を見たような気がする。おすすめは濃い味、**樽**感を堪能できるストレート。「ノンエイジ」同様、ハイボールももちろんおすすめ。

所感

### 実は「ノンエイジ」が異端だったパターン

異端と言えば聞こえが悪い気がしますけれど、「12年」「18年」「25年」といくとスパニッシュオークの**シェリー**樽原酒の深みが際立つようになります。むしろその要素を抜いた「ノンエイジ」がこれだけ支持されているのは『白州』のポテンシャルの高さの裏付けになっています。『白州』ワールド、実に奥深いです。

079

# ザ・ディーコン

ブレンデッド

スコッチ

## THE DEACON

### 濃い出汁感。豹変するフルーティー

DATA

**蒸留所**：不明
**製造会社**：ソブリン・ブランズ社
**内容量**：700㎖
**アルコール度数**：40%
**購入時価格**：3,600円（税込）
**2024年11月時市場価格**：3,600円（税込）

ゴム栓、トップもデザ秀

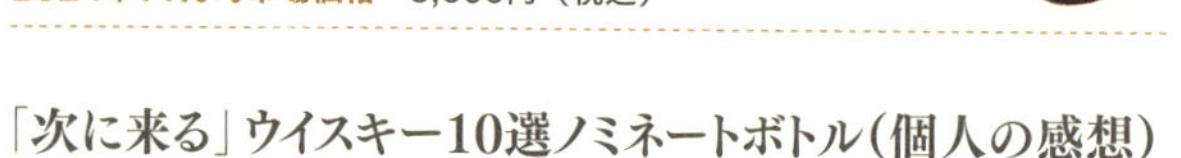

### 「次に来る」ウイスキー10選ノミネートボトル（個人の感想）

日本国内では2024年4月15日に販売開始されました。日本国内での販売は『シーバスリーガル』でおなじみのペルノ・リカールジャパンが担当。銅製ポットスチルをイメージしたメッキ加工、ペストマスクを着用したキャラクターが刺さる人には刺さります。キーモルトは明かされていませんが、公式曰くスペックは「スペイサイドモルトとアイラモルト」「スモーキーなスペイサイドモルト」「ピート香の強いアイラモルト」「オレンジのフレーバー（のする何かしらの原酒）」となっています。

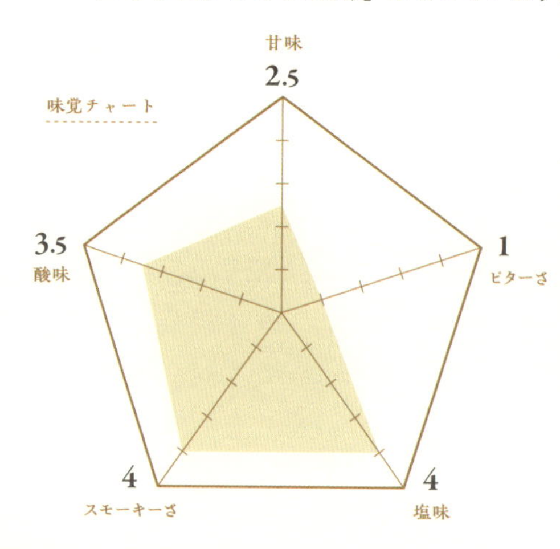


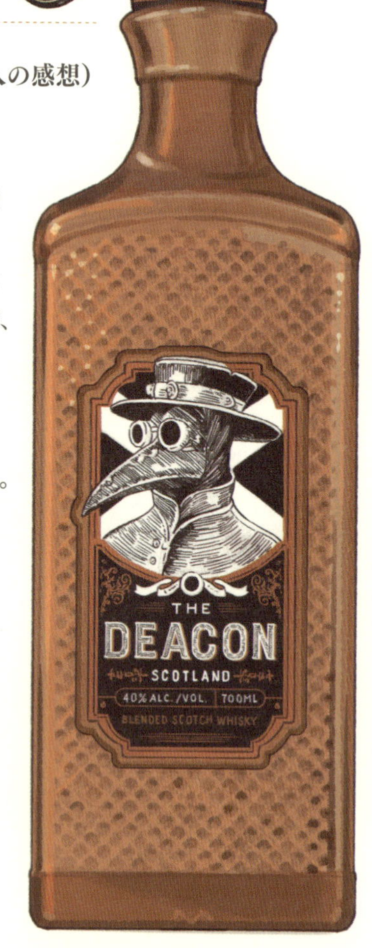

## ストレートで飲んでみる　おすすめ

| | |
|---|---|
| 色 | ・鮮やかなアンバー |
| 香 | ・**出汁**、**潮**系の**ピート**香。**燻製**香る**スモーキー**さ<br>・しばらくしてから**柑橘**系のニュアンスが拾える<br>・香ばしい**モルティ**感も |
| 味 | ・味は……**出汁**のジュワっとした**うまみ**<br>・**スモーキー**かつ**ドライ**さが続く<br>・ほどなくしてやや**フルーティー**さも顔を出す<br>・**出汁**っぽい**うまみ**、**潮**の**ブリニー**さがすさまじい |

構成要素

〈ピート〉潮　〈ピート〉出汁　〈ピート〉スモーキー　〈果物〉レモン　〈果物〉オレンジ

## ロックで飲んでみる

| | |
|---|---|
| 香 | ・**スモーキー**さは後退<br>・一転して**フルーティー**さが主体に<br>・少しの**潮**っぽさ、**バニラ**、**モルティ**感 |
| 味 | ・味も結構**フルーティー**に振れる<br>・**スモーキー**さもあるものの、伸びやかな**穀物**の**甘さ**<br>・ブレンデッドらしさが垣間見える |

構成要素

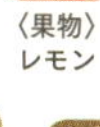

〈ピート〉潮　〈ピート〉出汁　〈果物〉レモン　〈果物〉オレンジ　〈熟成〉バニラ　〈香ばしさ〉穀物　〈ピート〉スモーキー

## ハイボールで飲んでみる　おすすめ

| | |
|---|---|
| 味 | ・**スモーク**さが再び出てくる<br>・**柑橘**の**フルーティー**さと**出汁**っぽい**ブリニー**さがなんともぉ……<br>・非常に秀逸<br>・**ジューシー**な『カリラ』っぽさ、薄まりがあまりなくパワーがある |

構成要素

〈ピート〉潮　〈ピート〉出汁　〈ピート〉スモーキー　〈果物〉レモン　〈果物〉オレンジ　〈熟成〉バニラ

### 総評　「キャンプ飯」をすべて内包しているようなウイスキー

これほんとにブレンデッドなの？　という味わいの濃さ、一見初心者を寄せつけにくい**スモーキー**さ。まさにペストマスクの外観のようなウイスキー……。ストレートで強**スモーク**、ロックで**フルーティー**、ハイボールで要素の両取りと、さまざま楽しめるので各種飲み比べてみるのがおすすめ。

### 所感　なんかどこかで会ったような気がする……？

と、ある種の引っ掛かりを覚えてモヤモヤしていましたが、この**出汁**感はハイプルーフの『カリラ』で飲んだことがある、かな……？　微妙に供給が不安定ですけれど、定期的に国内に入ってきているようなので待っていれば、いつか、飲めます。ボトルのデザインもすごく良いので、ぜひ一本は手に取ってほしいです。

080

# ザ・フェイマスグラウス スモーキーブラック

ブレンデッド

スコッチ

THE FAMOUS GROUSE SMOKY BLACK

## 現代になって謎が増えた問題の雷鳥

DATA

蒸留所：ザ・マッカラン、ハイランドパーク、タムデュー、グレンロセスなど
製造会社：マシュー・グローグ＆サン社
内容量：700㎖
アルコール度数：40％
購入時価格：2,400円（税込）
2024年11月時市場価格：2,450円（税込）

しっかりブラックなメタルスクリュー

### ピーテッドタイプの雷鳥

「フェイマスグラウス・ブレンダーズエディション」の第1弾。かつて存在した『ブラックグラウス』の後継品であり、アイラモルトを使用した「それ」とは異なり、「スモーキーブラック」はグレンタレット蒸留所のピーテッド原酒を使用しているそうです。なので後継品ではなく普通に別物なのですが、立ち位置としては似ているといった程度の関係性です。……ん？　ということは『グレンタレット』が抜けた今、**スモーキー**要素はどこの原酒が担っているんでしょうか……？

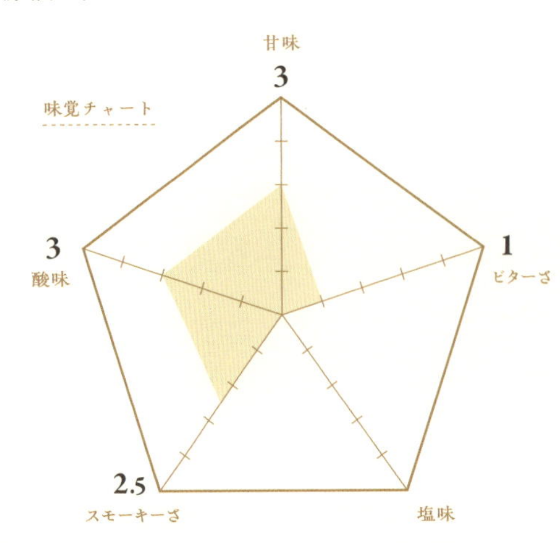

## ストレートで飲んでみる

**色**
- 明るめの赤褐色

**香**
- 甘い**レーズン**の香りと『グレンタレット』特有の独特な香り
- **スモーキー**と言われれば確かにほのかに感じる……？　くらい

**味**
- 一瞬「ファイネスト」を感じる。その後に**スモーク**
- **スモーク**のせいか、**グレーン**感が悪目立ちする印象
- ちょっとウッ……と胃もたれ的な気分になる

構成要素

〈果物〉レーズン

〈果物〉レモン

〈果物〉オレンジ

〈香ばしさ〉穀物

〈ピート〉スモーキー

## ロックで飲んでみる

**香**
- スモーク感が消える
- **穀物**、**レーズン**の香りが微かに

**味**
- 味はややさっぱりと、それでいてさっぱりと**スモーキー**
- これはこれでいい。『グレンタレット』は加水で伸ばしてなんぼ

構成要素

〈果物〉レーズン

〈果物〉レモン

〈果物〉オレンジ

〈香ばしさ〉穀物

〈ピート〉スモーキー

## ハイボールで飲んでみる

**味**
- **甘**、**煙**、ハイボール
- **スモーキー**さはごくほんのちょっとといった感じ
- やや名前負け感が出てくる
- 『フェイマスグラウス』特有の**レーズン**っぽい**フルーティー**さは健在

構成要素

〈果物〉レーズン

〈果物〉オレンジ

〈果物〉レモン

〈香ばしさ〉穀物

〈ピート〉スモーキー

総評

### 独特の個性があるとはいえ『フェイマスグラウス』としては……

個人の好き好きだとは思いますけれど、『フェイマスグラウス』の**甘さ**と内陸系のピーテッド原酒が絶望的に不協和音を起こし、胃もたれ感を覚えなくもない。おすすめはやはり加水以降。しいて言うならロック。これが一番違和感なく飲めると思った。「ブレンダーズエディション」はなんだかんだでキワモノが多い……。

所感

### コンセプトはわかるので従来型にもどして

前身の『ブラックグラウス』はきちんと（？）アイラモルトが含まれていたそうなので、そちらに戻してくれれば『フェイマスグラウス』との親和性を取り戻せるんじゃないかなぁ……などと考えています。いろいろ言いましたけれど、飲み方次第で普通に飲めます（普通に飲めるって言い方はどうなんだ……）。

081

# ジョニーウォーカー レッドラベル

ブレンデッド

スコッチ

JOHNNIE WALKER Red Label

## 安価ながらその完成度に驚く

DATA

**蒸留所**：タリスカー、カーデュ、カリラなど
**製造会社**：ジョン・ウォーカー＆サンズ社
**内容量**：700㎖
**アルコール度数**：40％
**購入時価格**：1,300円（税込）
**2024年11月時市場価格**：1,500円（税込）

レッドなメタルスクリュー

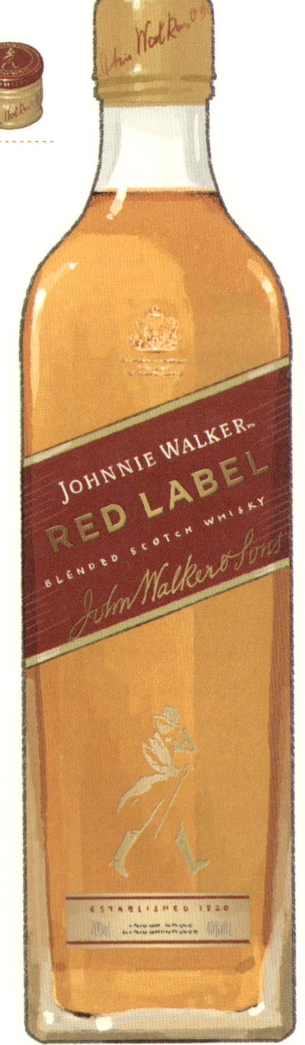


### 末弟と思われがちだが次男坊

今でこそ最も安価なクラスとして「レッド」が据えられていますが、当初はさらに下のクラスである「ホワイト」が存在していました。「6年のホワイト」「10年のレッド」「12年のブラック」という区分けだったそうです。現在の「レッドラベル」は『タリスカー』を中心として『カーデュ』『カリラ』他さまざまな原酒がブレンドされています。ピート含め「ブラックラベル」のほうが幾分か穏やかなので、初心者の方はそちらから入ったほうがいいかもしれません。

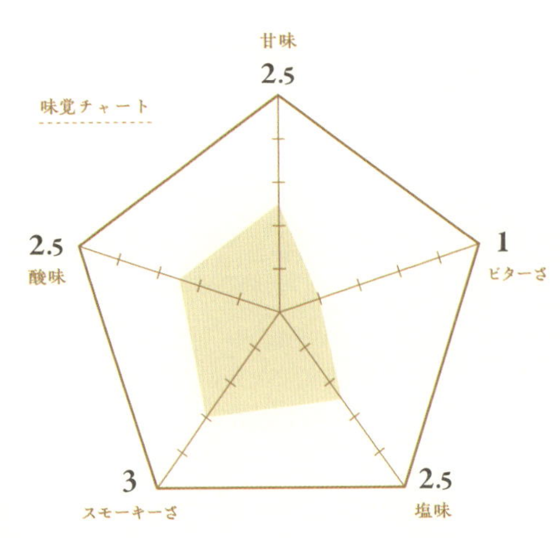

## ストレートで飲んでみる

**色**
- 中庸なゴールド

**香**
- スペイサイド系の華やかな香りの中に**ヨーディ**な**ピート**香
- アルコールアタックはあまりないけれどアルコール臭がする

**味**
- わかりやすく**ピーティ**。**潮**っぽさもある
- 余韻にふわりと華やかな香りが立ち昇る。全体的によくできた構成
- ストレートでも飲める

構成要素

〈ピート〉磯

〈ピート〉潮

〈甘さ〉はちみつ

〈ピート〉スモーキー

〈果物〉洋梨

## ロックで飲んでみる

**香**
- **ピート**感が増幅する
- それとともに**潮**っぽいというか**昆布出汁**っぽい香りも出てくる

**味**
- 香りに反しストレートよりも**ピート**感は薄れる
- 香りは面白いものの、味についてはいろいろと控えめになる

構成要素

〈ピート〉潮

〈甘さ〉はちみつ

〈ピート〉スモーキー

〈ピート〉磯

〈ピート〉出汁

〈果物〉洋梨

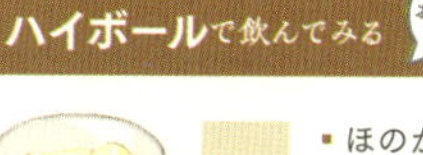

## ハイボールで飲んでみる

おすすめ

**味**
- ほのかな**ピートスモーク**
- ふわりと華やかな香り、**甘さ**。絶妙
- **潮**と**はちみつ**、ほのかな**フルーティー**さがあり食事に合う

構成要素

〈ピート〉潮

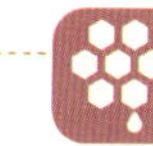
〈甘さ〉はちみつ

〈ピート〉スモーキー

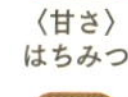

〈ピート〉磯

〈ピート〉出汁

〈果物〉洋梨

**総評**

### さすが世界ナンバー1の売り上げを誇るスコッチ

原酒の若さから来るアルコール感はさすがにそこそこ感じるものの、それを補って余りあるほどの構成の秀逸さ。個々の個性をきっちり表現してくれていて飲んでいて楽しい。おすすめはもちろん(?)ハイボール。ストレートも個々の個性を濃く感じ取れる。**ピート**感もそこそこあり、安価帯ながら充実。

**所感**

### 何より安い！どこでも買える！　大正義!!

いろいろ飲んだ末に「なぁんだ、これで十分じゃん！」と安価帯に骨を埋める方の気持ちがよくわかる、そんな優秀なブレンデッドです。たま〜に帰ってきたくなる魅力が「レッド」にはあります。それにしても「レッド」にも「ブラック」にも「グリーン」にも使われている『タリスカー』、影の功労者すぎます。

082

# ジョニーウォーカー ブラックラベル 12年

ブレンデッド

スコッチ

JOHNNIE WALKER BLACK LABEL AGED 12 YEARS

## シャープかつスマートでわかりやすい傑作

DATA

蒸留所：タリスカー、カーデュ、カリラ、ラガヴーリンなど
製造会社：ジョン・ウォーカー＆サンズ社
内容量：700㎖
アルコール度数：40%
購入時価格：2,300円（税込）
2024年11月時市場価格：3,000円（税込）

ブラックなメタルスクリュー

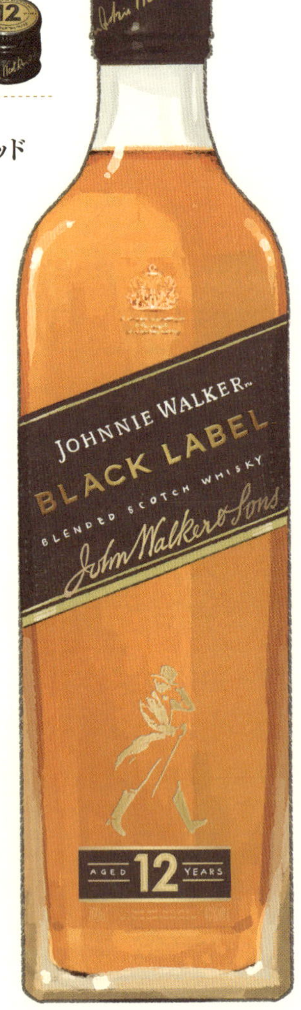


### スコッチと言えばコレのイメージを牽引するブレンデッド

始まりは1865年。当時は前身となる『ウォーカーズ・オールドハイランド』という名称で、現在の『ジョニーウォーカー』へと改名したのが1909年。その時点で「ブラックラベル」は12年ものの原酒を使用していたようですが、現代のようにラベルに年数表記がされはじめたのは1980年代に入ってからのようです。現行は下から「レッド」「ブラック 12年」「ダブルブラック」「グリーン 15年」「スウィング」「ゴールド」「18年」「ブルー」と実に多くのラインナップがあります。

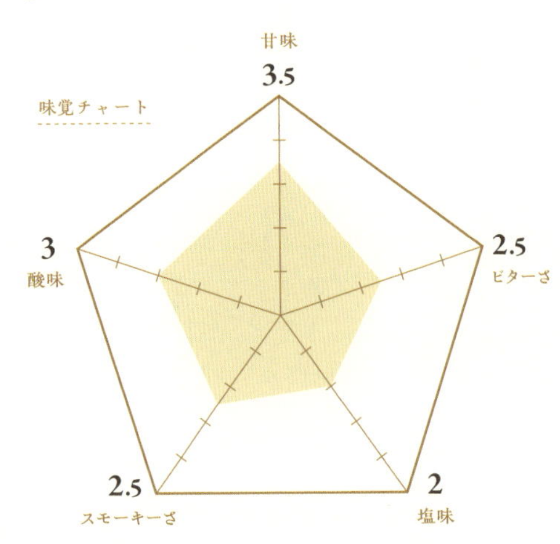

## ストレートで飲んでみる

**色**
- やや薄めのアンバー

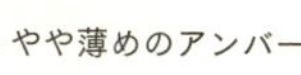

**香**
- 全体的にまとまりがある
- 甘やかな香り、干し草のようなピート香
- ピート香に関しては「レッドラベル」ほど強烈ではなく落ち着きを感じる
- アルコール刺激も少なめ

**味**
- 「レッドラベル」と比較して明確に甘い
- 終始甘さが支配していて余韻にふらっとピート感が姿を現す
- やはり干し草然とした香りを感じる

構成要素

〈甘さ〉はちみつ　〈香ばしさ〉穀物

〈ピート〉干し草

〈熟成〉木材

## ロックで飲んでみる

**香**
- こちらは「レッドラベル」と同じくピート感が増す
- それでも甘い香りは維持している

**味**
- ストレートでは甘さ優勢だったのに対し、
- ロックでは甘さとピート感が拮抗しはじめる。同時に来る
- 面白い。余韻には樽感を舌の奥で感じる

構成要素

〈ピート〉干し草

〈ピート〉紙

〈甘さ〉はちみつ

〈香ばしさ〉穀物

〈熟成〉木材

## ハイボールで飲んでみる おすすめ

**味**
- 全体的に甘さ主体となる
- それでも奥にはピート感はあるし、薄っぺらくもない
- 甘く香ばしく、ほのかなスモーキー、このやさしさは『ジョニ黒』ならでは
- さすが！　秀逸な出来を感じる

構成要素

〈甘さ〉はちみつ

〈香ばしさ〉穀物

〈熟成〉木材

〈ピート〉干し草

〈ピート〉紙

### 総評　「赤」と比べて とっつきやすいのはこちら

「レッドラベル」の時点でまとまりはあったけれど、さらにそれを熟成と甘さでぐるっとコーティングしているような感じで「ブラックラベル」のほうが明らかに初心者にはとっつきやすいのではと思う。どう飲んでも期待を裏切らない。ただ、この価格帯ではやはりハイボールなのかな……？

### 所感　同じく「12年」の ブレンデッドと言えば……

『ラガヴーリン』を使用している12年もののブレンデッドスコッチと言えば『ホワイトホース 12年』を連想しますけれど、『ホワイトホース』はジューシー、『ジョニ黒』はシャープで完成度が高い……という感じでしょうか。ただ、味がわかりやすくフレンドリーなのは『ジョニ黒』のほうだと思います……。

083

# スリーシップス 5年

ブレンデッド

サウスアフリカン

THREE SHIPS WHISKY Premium Select AGED 5 YEARS

## 南アフリカから現れる「嵐」

DATA

蒸留所：ジェームズ・セジウィック蒸留所（南アフリカ）
製造会社：同上
内容量：750㎖
アルコール度数：43%
購入時価格：2,500円（税込）
2024年11月時市場価格：2,800円（税込）

メタルなスクリュー

### ワールドベスト・ブレンデッドウイスキーを受賞している実力派

設立は1886年、先代である父の名前を受け継ぎスタートしています。商業用ウイスキーの生産はそこから100年以上後の1990年からとかなり時間が経っています。2012年に行われた世界的品評会であるワールド・ウイスキー・アワードでは『ジョニ黒』や『響 17年』といった並み居るブレンデッドウイスキーの中で頂点となるワールドベストを受賞しているという驚きの経歴の持ち主です。南アフリカの温暖な気候のもとアメリカンオークの樽で最低5年の熟成を経てボトリングされます。

味覚チャート

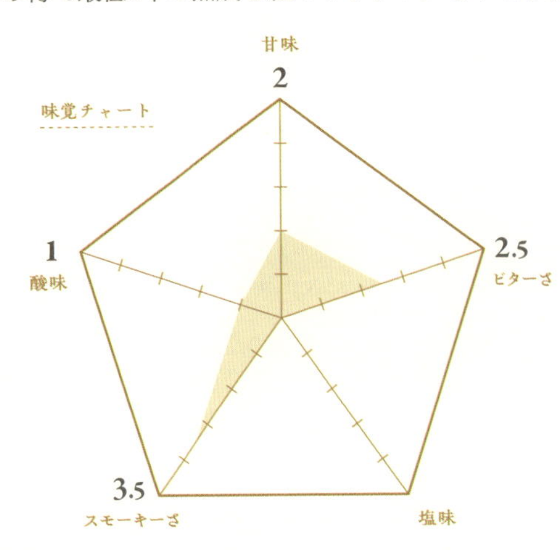

## ストレートで飲んでみる

| | |
|---|---|
| 色 | ・中庸なゴールド |
| 香 | ・**ピート**感と**木**感が交わった**湿布**のような香り<br>・**南国**系？　**エキゾチック**（異国感）な**果実**香がする<br>・アルコール刺激が隙あらば刺してくる |
| 味 | ・やはりアルコール刺激が痛い<br>・**スパイシー**でもある<br>・落ち着いて感じ取ってみると確かに<br>異国情緒に溢れた**エキゾチック**なものを感じる |

〈ピート〉
磯

〈熟成〉
湿った木

〈熟成〉
スパイシー

〈感覚〉
樽から来る
渋み

〈果物〉
マンゴー

〈果物〉
バナナ

## ロックで飲んでみる

| | |
|---|---|
| 香 | ・香りが消えた？　ほのかに**湿布**香 |
| 味 | ・余韻にトロンとした**マンゴー**系**フルーツ**の<br>**甘み**がほのかに感じられる<br>・その後ゆっくりとフェードアウト<br>・ストレートで感じた渋みはあまりない |

構成要素

〈ピート〉
磯

〈熟成〉
湿った木

〈熟成〉
スパイシー

〈果物〉
マンゴー

〈果物〉
バナナ

## ハイボールで飲んでみる

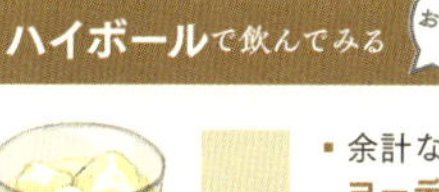


| | |
|---|---|
| 味 | ・余計な木感がなくなり<br>**ヨーディ**な**ピート**感が残る<br>・**渋み**はやや残るものの<br>アイラブレンデッド感が出る<br>・アイラ慣れしていればカジュアルに飲める |

構成要素

〈ピート〉
磯

〈熟成〉
スパイシー

〈果物〉
マンゴー

〈果物〉
バナナ

総評

### 「スリー**湿布**ス」とかいう巧妙なギャグなのかもしれない

アルコール刺激はキツいを通り越して「痛い」。アイラモルトをいろいろ飲んでみて**ヨード**香などを学んだあとで飲んでみても独特の**湿布**臭というのは他になくて面白いといえば面白い。ストレートではアルコール刺激がきついのでハイボールが良し。ハイボールまでいけばアイラモルトっぽさが出て飲みやすい。

所感

### じつはすでに長熟ものまで存在しているシリーズ

取っかかりとして受賞歴のある「5年」を買ってみましたが、他にも3年相当の「セレクト」「シングルモルト 10年」「シングルモルト 12年」、はては「シングルモルト 21年」なんてものもあるらしいです。テイスティングを書き留めるようになった初期に飲んだので、意外と思い入れがあるウイスキーです。

084

# ティーチャーズ ハイランドクリーム

ブレンデッド

スコッチ

TEACHER'S HIGHLAND CREAM

## 価格の安さがその完成度に対してバグりすぎている……

DATA

蒸留所：アードモア、グレンドロナックなど
製造会社：ウィリアム・ティーチャー＆サンズ社
内容量：700mℓ
アルコール度数：40%
購入時価格：1,100円（税込）
2024年11月時市場価格：1,100円（税込）

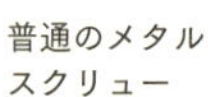
普通のメタルスクリュー

### 存在がバグっているスコッチ

始まりは1860年。創業者のウィリアム・ティーチャーはなんと12歳の時点でウイスキー造りを志していたそうです。キーモルトは『アードモア』『グレンドロナック』。特に『アードモア』は『ティーチャーズ』のために設立された自社蒸留所であり、特徴的な香ばしい軽やかな内陸系**ピート**は『ティーチャーズ』の代名詞になっています。また、一般的なブレンデッドウイスキーのモルト比率が30%ほどであるのに対し、『ティーチャーズ』のモルト比率はなんと45%と贅沢仕様。

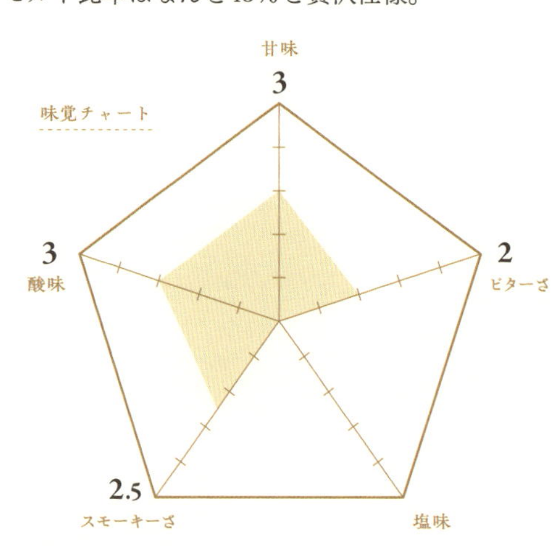


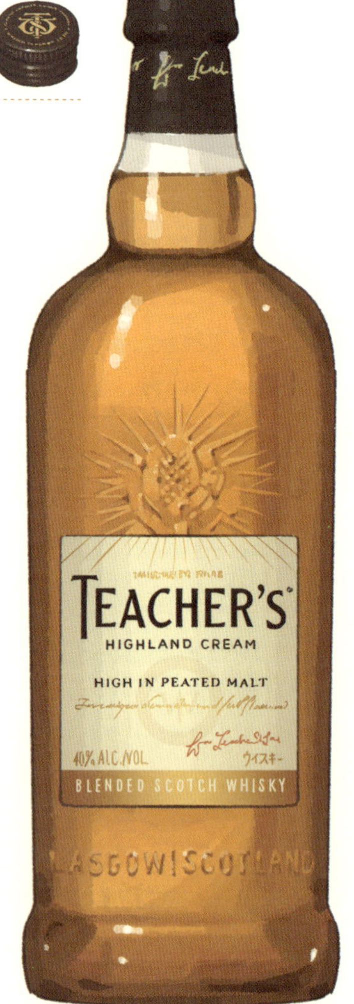

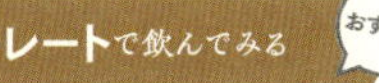

## ストレートで飲んでみる（おすすめ）

**色**
- 少し赤みを帯びた明るいゴールド

**香**
- ほんのりと**スモーキー**
- **シェリー**樽由来の**フルーティー**、とほんのり**金属**感
- アルコールアタックはなく本当に穏やか

**味**
- 内陸系**ピート**の香ばしく**草土**っぽさが嫌味なく広がる
- 全体的になめらかでアルコール刺激も少なく飲みやすい
- これ本当に安ブレンデッド……？

構成要素

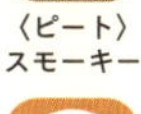

〈ピート〉干し草　〈ピート〉スモーキー

〈果物〉レーズン　〈果物〉フルーティー

〈ピート〉土　〈感覚〉金属

## ロックで飲んでみる

**香**
- **甘いバニラ**感
- ほんの少しの**金属**っぽい**フルーティー**な**シェリー**香
- 完成度が高すぎて「ミドルレンジ」と遜色ないほど

**味**
- やはり**フルーティー**、そして**樽から来る渋み**が飲みごたえを支える
- **スモーク**さはほんの少しだけ感じる

構成要素

〈熟成〉バニラ　〈果物〉レーズン　〈果物〉フルーティー　〈感覚〉樽から来る渋み

〈ピート〉干し草　〈ピート〉スモーキー　〈ピート〉土　〈感覚〉金属

## ハイボールで飲んでみる（おすすめ）

**味**
- やっぱこれだね
- この、嫌味のない**スモーキー**と**シェリー**感溢れる**フルーティー**さ
- 美味しくないわけがない
- 味が押しつけがましくないので食中酒でも良い

構成要素

〈ピート〉スモーキー　〈果物〉レーズン　〈果物〉フルーティー

〈ピート〉干し草　〈感覚〉樽から来る渋み

### 総評　香ばしい**スモーキー**さと柔らかな**甘さ**の完璧な調和

モルト比率の高さかしっかりとしたコク、それぞれの**モルト**原酒由来のキャラクターが感じ取りやすい。『アードモア』の**スモーキー**さが心地よく、**スモーキー**だの**ピート**だのに忌避感を持っている初心者の人にも違和感なく受け入れられる味、だと思う。『グレンドロナック』由来の**フルーティー**さもいい塩梅。

### 所感　晩酌用のウイスキーとしてはこの上ないスペック

それでいてどこででも買える、という序盤で手に入って終盤まで使える装備のようなウイスキーであることは間違いないです。ストレートでも十分飲め、ハイボールでは安定の力を発揮。だからといってロックでも隙がないとか「完璧超人」すぎます……。常に家に置いておきたい安定のデイリーウイスキーです。

# 085 デュワーズ イリーガルスムース8年

ブレンデッド

スコッチ

Dewar's ILEGAL SMOOTH Aged 8 Years

## ピーマンを感じる？ ご機嫌で陽気なメスカルカスク

DATA

**蒸留所**：アバフェルディ、オルトモア、クライゲラキ、ロイヤルブラックラなど
**製造会社**：ジョン・デュワー＆サンズ社
**内容量**：700mℓ
**アルコール度数**：40%
**購入時価格**：2,777円（税込）
**2024年11月時市場価格**：2,500円（税込）

イメージカラーの緑のメタルスクリュー

### メキシコから**メスカル**がやってきたぞっ

2022年5月24日に日本市場で販売開始された「樽シリーズ」とか呼称がバラバラなアレの第2弾です。今回の「イリーガルスムース」はメスカル樽でフィニッシュをかけたものです。**メスカル**とはメキシコ特産の蒸留酒でリュウゼツランを主な原料としています。ちなみに**テキーラ**はメスカルの一種で、リュウゼツラン科であるアガベという品種を使い、特定地域で蒸留される必要がある……などといった条件があります。バーボンに対するテネシーウイスキーみたいな感じです。

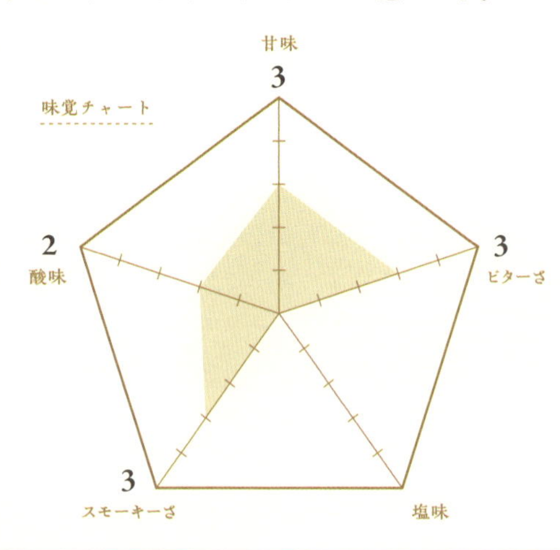

## **ストレート**で飲んでみる

構成要素

〈ハーブ〉
緑野菜

**色**
- 深みのあるゴールド

**香**
- なんだ、本当に独特な香り
- **野菜**っぽいというか、**水気のある植物**っぽい香り
- そしてほのかに**甘い**香り。奥には**樽**の香り

**味**
- あ、なるほど**スパイシー**ってこんな感じなのか
- というくらいわかりやすく**スパイシー**
- それとやはり**草**っぽい
- 余韻は『デュワーズ』っぽく**樽**の**ビター**さが現れる

## **ロック**で飲んでみる

構成要素

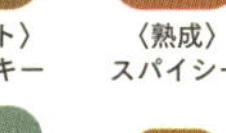

**香**
- **はちみつ**っぽい**甘い**香りが強まって出てくる
- 野菜っぽさは後退する

**味**
- いろいろと弾ける
- **甘さ**が目立つようになるし、<br>**スパイシー**っぽさもあるし、<br>**野菜**っぽさも依然としてある
- それらがわちゃわちゃと陽気に踊る

## **ハイボール**で飲んでみる　おすすめ

構成要素

**味**
- 炭酸に乗ってほんわかとした**草**っぽさ
- **甘さ**もふんわりと漂う
- 独特だけど比較的飲みやすい。<br>さすが『デュワーズ』。さすデュワ
- **緑野菜**感、公式の言う通り**ピーマン**っぽい

### 総評　とにかく独特で他にない個性を持っている

**草**というか、瑞々しい**野菜**。それと確かに**スパイシー**なニュアンスがあって明らかに**ピーマン**っぽさが醸し出されている妙な体験ができる。『デュワーズ』特有の**甘さ**、プラス**草**感、**スパイシー**さ。それぞれの個性が引き立ってご機嫌なロックがおすすめ。ハイボールでも違和感ないのは『デュワーズ』の地力なのか……。

### 所感　**メスカル**どころか**テキーラ**も飲んだことないですけれど……

そもそも**メスカル**は製造の過程で蒸し焼きにするので、大体どれも**スモーキー**な香りがする蒸留酒となっているそうです。と、考えるとこの**スモーキー**で**草**なフレーバーはなるほどと納得できます（というかメスカル樽の影響強いな……とも思います）。今度**メスカル**買って飲んでみます（マーケティングにハマる図）。

086

# ホワイトホース ファインオールド

ブレンデッド

スコッチ

WHITE HORSE FINE OLD

## 想像以上に洗練されているスタンダードモデル

DATA

**蒸留所**：ラガヴーリン、クライゲラヒ、グレンエルギンなど
**製造会社**：ホワイトホース・ディスティラーズ社
**内容量**：700㎖
**アルコール度数**：40％
**購入時価格**：1,100円（税込）
**2024年11月時市場価格**：1,200円（税込）

のっぺりした黄色のメタルスクリュー

### 2度の世界大戦を駆け抜けた白馬

　1881年にピーター・マッキーにより創設されたブランド。キーモルトである『ラガヴーリン』はピーターの叔父ジェームズ・ローガン・マッキーが当時蒸留所を所有していた縁で関係が深く、叔父の死去後はピーターが引き継ぎオーナーとなっていました。ちなみに『ホワイトホース』の由来は、ピーターの家の近所にあった酒場兼宿屋の「ホワイトホースセラー」からといわれています。事実、『ホワイトホース』は当初の名前はまんま『ホワイトホースセラー』だったらしいです。

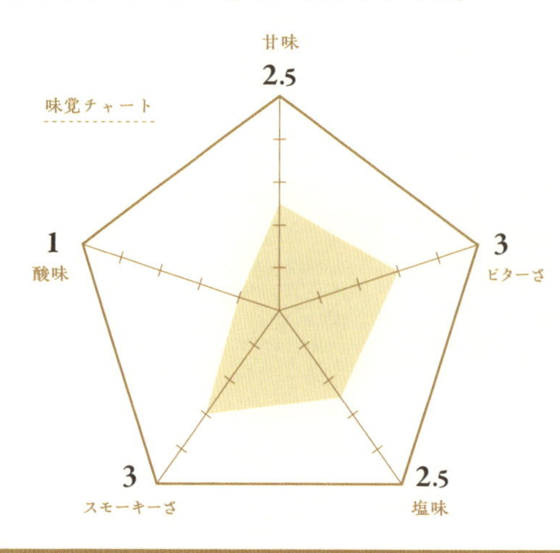

## ストレートで飲んでみる

| | |
|---|---|
| 色 | ・明るいゴールド |
| 香 | ・やや籠った**潮**、**ヨード**感<br>・アルコールの刺激感はややある<br>・奥に**モルト**の**甘い**香りもある |
| 味 | ・ややアルコールがピリっと来るがそこまでではない<br>・香りから連想した通りの味、といったところ<br>・**潮**っぽさ、**モルト**由来の**甘味**、余韻に**ビター**感が残る |

構成要素

## ロックで飲んでみる

| | |
|---|---|
| 香 | ・**甘い**香りが前に出てくる<br>・特有の**潮**っぽさと相まってなかなかいい芳香 |
| 味 | ・なんだか味がいろいろと薄まったような気がする<br>・意外にもアルコール刺激はストレートのまま残っている |

構成要素

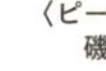

## ハイボールで飲んでみる おすすめ

| | |
|---|---|
| 味 | ・**スモーキー**さが引き立つ<br>・余韻に**甘さ**が残り非常に軽快<br>・原酒の若さゆえの全開**ピート**感はあるものの、ブレンデッドののっぺりした**グレーン**感が包み込んでいてちょうどいい |

構成要素

### 総評 駆ける馬のように繊細で洗練されたスコッチ

**ピートスモーク**のあるブレンデッドということで荒々しくて奔放な感じを想像していたがそんなことはない。癖はあるにはあるけれど、良い癖というべきか、そんな感じ。やはりハイボールで飲むのが一番「美味いほーっす」。『ジョニ赤』と同様に食中酒として最適なバランスをしている。

### 所感 ロゴの白馬の面積がどんどん小さくなっている問題

1980年代に国内で流通していた『ホワイトホース エクストラファイン』という銘柄ではラベルの半分以上を占める白馬のイラストが描かれていたのに、現在は申し訳程度にポツンと白馬のロゴになっています。10年後はもっと小さくなっていたりして……（なんかカントリーマアム縮小問題に似ている）。

087

# ホワイトホース 12年

ブレンデッド

スコッチ

WHITE HORSE AGED 12 YEARS

## 深いコクを備えた正統進化版

DATA

**蒸留所**：ラガヴーリン、クライゲラヒ、グレンエルギンなど
**製造会社**：ホワイトホース・ディスティラーズ社
**内容量**：700㎖
**アルコール度数**：40%
**購入時価格**：1,683円（税込）
**2024年11月時市場価格**：2,200円（税込）

小豆色のメタルスクリュー

### 日本市場限定の「12年」もの

「スコットランドで製造され、スコットランドでボトリングされたものが日本市場限定で販売されている」というやや特殊な販売形態をしている「12年」です。『ホワイトホース』のプレミアム品という触れ込みながら、かなり安価で購入できるコスパの良いボトル。他、「和食にも合う」とされ、実際**出汁**のようなコクがあり食中酒としても活用できるかなり万能選手といえます。ちなみに金属製のスクリューキャップを初めに導入したのが『ホワイトホース』だといわれています。

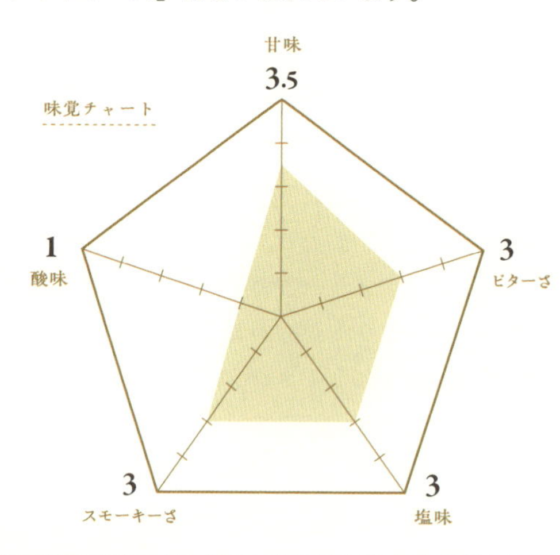

## **ストレート**で飲んでみる

| | |
|---|---|
| 色 | ・熟成感が見て取れる琥珀色 |
| 香 | ・**潮**の香りというか**出汁**の香りというか……<br>独特の芳香<br>・奥に爽やかさも感じる |
| 味 | ・円熟した**モルト**の風味の中にほのかな**スモーキー**さ<br>・アルコール刺激はほぼない。<br>余韻にわずかに**樽**の**ビター**さ |

構成要素

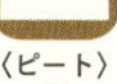
〈ピート〉潮
〈ピート〉出汁

〈香ばしさ〉穀物
〈甘さ〉はちみつ
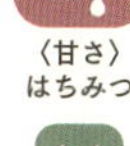

〈ピート〉磯
〈感覚〉ビター

## **ロック**で飲んでみる

| | |
|---|---|
| 香 | ・独特の香りをより感じ取れるようになる<br>・**甘い**香りが前面に出てくる |
| 味 | ・少し味のピントが合ってくる<br>・**スモーキー**さの中に**潮**を伴ったやや**磯**っぽさ。<br>不快ではない<br>・調和がとれているのか、静かに余韻が流れていく。<br>ビターさはない |

構成要素

〈ピート〉潮
〈ピート〉出汁

〈香ばしさ〉穀物
〈甘さ〉はちみつ
〈ピート〉磯

## **ハイボール**で飲んでみる おすすめ

| | |
|---|---|
| 味 | ・**潮**を伴った**スモーキー**さ。<br>炭酸で割ってもなおコク深い<br>・時折顔を出す軽快な**磯**っぽさが<br>アクセントとなり非常によい<br>・「12年」の熟成からか<br>**モルト**の**甘味**が余韻を後押ししてくれる |

構成要素

〈ピート〉潮
〈ピート〉出汁
〈香ばしさ〉穀物

〈甘さ〉はちみつ
〈ピート〉スモーキー
〈ピート〉磯

総評

### 日本市場用に チューンナップされた感じ

スコッチっぽさは残しながら、**ピート**の感じを主張せず……でもなさすぎないように……という調整をしている印象。尖っていないので確かに和食にマッチする、かな。どう飲んでも美味しいけれど、おすすめはハイボール。わかりやすくこのウイスキーの良さを示してくれる。「12年」熟成のまろやかさが心地いい。

所感

### 「12年」もののスコッチ 最後の砦でもある

同じく「12年」ものの同業他社として『ジョニ黒』『バランタイン 12年』が挙げられますが、前者は値上げ、後者は終売後「10年」にリニューアルということで、かつてより大きく変動していないのは『ホワイトホース』だけとなりました。というかなんで今でもそんなに安いんでしょうか……？ （企業努力）

088

# サントリーウイスキー 角瓶 復刻版

ブレンデッド
ジャパニーズ

Suntory Whisky “KAKU” (Reproducted Edition)

## 今でも手に入る完成度の高い限定品

DATA

蒸留所：山崎、白州、知多など
製造会社：サントリーホールディングス株式会社
内容量：700mℓ
アルコール度数：43%
購入時価格：1,850円（税込）
2024年11月時市場価格：3,000円（税込）

現行のものより少し色が薄いスクリューキャップ

### スコッチ色が色濃い時代を再現した『角瓶』

言わずもがな、今なおハイボールブームを牽引するサントリーの主力商品、の「復刻版」。2015年2月より数量限定発売された……ので普通は終売扱いなのですけれど、どういうわけか現代においても相当数が流通している謎の商品です。当ボトルは『角瓶』の発売当初のデザイン、中身を現代の技術で再現したものであり、ぱっと見でもラベルデザインが現行のものとは異なっていることがわかります。度数についても当時を再現してか3%高い43%、さらにはスモーキー原酒を使用。

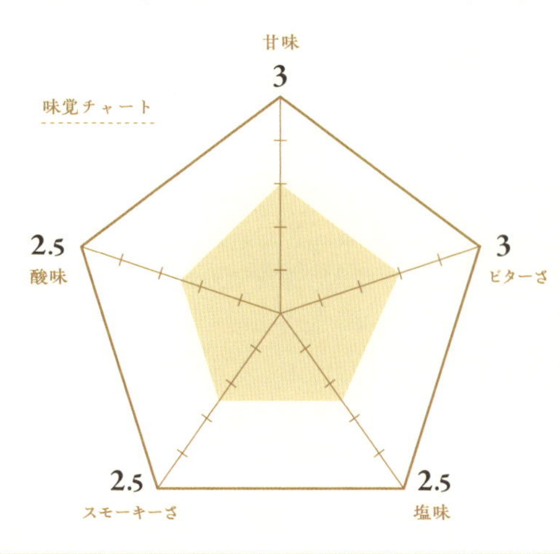

## ストレートで飲んでみる

構成要素

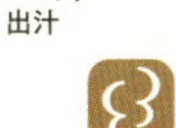

〈果物〉青りんご　〈ピート〉出汁　〈熟成〉木材　〈ピート〉磯　〈ピート〉スモーキー

**色**
- やや濃いゴールド

**香**
- まずはウイスキーの手本らしい**青りんご**の香り
- すぐに**ヨード**チックな**ピート**の香り
- **昆布**の**出汁**のような香りもしてくる

**味**
- 骨格がしっかりとした味
- **ピーティ**ではあるが不快ではない
- アルコール刺激もさほどでもないので ストレートでも十分飲める
- まさに『ホワイトホース 12年』のような印象を受ける

## ロックで飲んでみる

構成要素

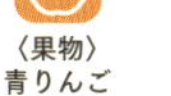

〈熟成〉木材　〈ピート〉磯　〈ピート〉スモーキー　〈果物〉青りんご　〈ピート〉出汁

**香**
- **甘い**香りが引き立つ
- **甘い**中にも**ピーティ**さがあり **焼きトウモロコシ**を連想させる？？？？

**味**

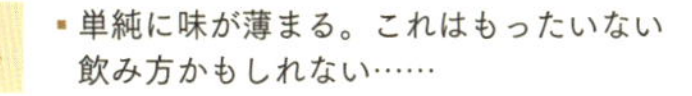

- 単純に味が薄まる。これはもったいない 飲み方かもしれない……

## ハイボールで飲んでみる

構成要素

〈果物〉青りんご　〈熟成〉木材　〈ピート〉出汁　〈ピート〉スモーキー

**味**
- うめーんだこれが
- 爽やかな中に**スモーキー**さが ほんのりと主張している
- **日本らしい**繊細さを感じ非常に飲みやすい
- 『角瓶』らしくハイボールでフルパワーになるぞっ！

**総評**

### ありそうでなかったやや**スモーキー**タイプのサントリーブレンデッド

「飲みやすさ」を重視した近年のサントリーの流れとはまったく異なる**スモーキー**タイプのブレンデッドという個性は十分魅力的に見える。まさにスコッチからヒントを得ていた当時ならではのブレンド。おすすめは断然ハイボール。ストレートでも美味しく飲める。一般販売しても相当人気になる気が……。

**所感**

### やっぱり現代でも製造されているのかなぁ？

ここは内緒の話なのですけれど、2023年頃に料飲店向けに告知された価格改定のお知らせでは現行のウイスキーに交じって『角瓶 復刻版』の値上げもアナウンスされていました。ということは小ロットでも現在も製造されている……？　などと考えたりしています。まだ手に入れるチャンスが、あります！！！！

089

# 十年明 Noir

ブレンデッド

ジャパニーズ

Junenmyo Noir

## 和製ヤング『カリラ』な甘潮ピート感

DATA

蒸留所：三郎丸蒸留所（日本／富山県）など
製造会社：若鶴酒造株式会社
内容量：700㎖
アルコール度数：46%
購入時価格：4,400円（税込）
2024年11月時市場価格：4,928円（税込）

フルボトルはコルク栓

### 心を照らす漆黒の灯－ともしび―

若鶴酒造・三郎丸蒸留所は富山県のクラフト蒸留所です。クラフトといっても若鶴酒造自体は1862年、文久2年から……文久っていつだ……？（江戸時代末期です）となるくらいの歴史を持つ超老舗メーカーです。2020年7月29日に前身となる『十年明 seven』が発売され、2022年7月22日に『十年明 Noir』に生まれ変わり今に至ります。「seven」は「7年熟成の三郎丸モルトがキーモルト」というややこしさの極致でしたが、「Noir」は年数にとらわれない「ノンエイジ」仕様です。

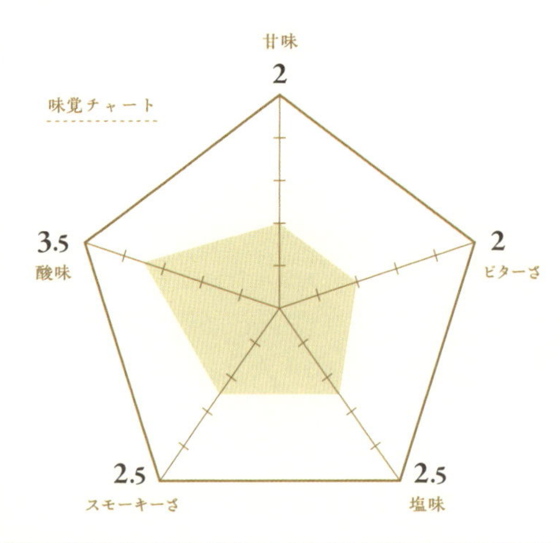

200㎖ボトル

## ストレートで飲んでみる

**色**
- いつにも増して淡いゴールド

**香**
- 少しの**潮**感、**乳酸菌**っぽさ
- 今のところピート感、スモーキー感は感じない、かなぁ

**味**
- やや**潮**、やや**ピーティ**
- 余韻にかけて**酸味**や**穀物**由来の**甘さ**が出てくる
- 全体的にややヤングな感じを受ける、かなぁ

構成要素

〈ピート〉潮

〈ピート〉磯

〈香ばしさ〉穀物

〈熟成〉乳酸菌

## ロックで飲んでみる

**香**
- **甘い**香りが強くなる
- 全体的に開いて香り立ちがよくなる

**味**
- **潮**感が増幅、**渋み**も強くなる
- それらはネガティブなニュアンスではなく、層の厚みにひと役買う感じ
- これくらい強くなると印象に残る

構成要素

〈ピート〉潮

〈ピート〉磯

〈感覚〉樽から来る渋み

〈香ばしさ〉穀物

〈熟成〉バニラ

〈熟成〉乳酸菌

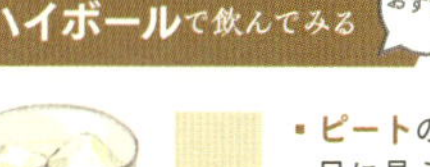


## ハイボールで飲んでみる

**味**
- **ピート**の臭さ（いい意味で）が目に見えて表れる
- **甘潮ピート**、といった感じでハイボールとの親和性高し!!
- **ピート**の感じとしては短熟ゆえの**乳製品**っぽさのおかげで抑えめに感じる

構成要素

〈ピート〉潮

〈ピート〉磯

〈熟成〉乳酸菌

〈ピート〉スモーキー

〈熟成〉バニラ

総評

### 三郎丸の雰囲気を気軽に体感できる良ボトル

『角瓶』よろしく、ストレートではやや未熟感が漂うものの、ハイボールにしたときの爆発力は驚き。加水でアイランズやアイラモルトのような**ヨード**感が出だすので、なかなかに面白さがある。おすすめは断然ハイボール。**甘・潮・ピート**の3要素が渾然一体となる。高めの度数なのでハイボールに使いやすさがある。

所感

### ヤングアイラ風味を手軽にお試しできる

『カリラ』の特性に照らし合わせて考えると、ハイボール適性に関しては短熟のほうが高い（といわれています）ので『十年明』もハイボールが合うというのは納得できます。お試しという意味でも200mℓのベビーボトルは非常に手に取りやすく良い感じです。布教用としても取り回しよく、おすすめです。

COLUMN

3

# バーに行こう（優先度低）

タイトルからして叩かれそうですが、個人の感想なので許してください。朝倉あさげ、積極的にはバーに行きません（コミュ障なので）。その程度の初級者だと認識してお読みください。

### それでもバーに行こう

行きたいから行くんです！　バーにはバーの熱量があります。バーといっても種類があり、基本的に静かにゆったりとお酒を嗜む場としては「オーセンティックバー」を選ぶとよいです。普通のバーは大体オーセンティックなバーだと思います。

### 予算はどれくらい？　何を頼めばいいの？　マナーはあるの？　やっちゃいけないことは？

……とか、ゴチャゴチャ考えてしまうので積極的に行きたくないという人もいらっしゃるかと思います。テーブルチャージ量を考慮して大体4,000円くらいあれば足りるはずです。ノーチャージの店などもありますので調べてから行くことが吉、万事事前準備が7割。マナーについては公序良俗に抵触しないなら「『自由（スキ）』に演（や）れ！」と言いたいですけれど、「騒がない」「吐かない」「他客に絡まない」「勧誘しない」くらいでしょうか……？

### 朝倉式バー戦術

最後に、普段バーに行くときの鉄則にしていることを紹介します。

**①初手マティーニ**

初手はカクテルです。しかもマティーニ。マティーニならどこのバーにもあるし、シンプルな構成なので大なり小なりマスターがこだわりを持ってつくっておられるはずです。「つかみ」としては優秀な一杯です。

**②もうない**

好きに飲んでください。

結局ウイスキーの飲み方と同じで、コレと決まったものは存在しないので（店や人に迷惑をかけずに）楽しんだもの勝ちです。

バーによってはウイスキーベースのマティーニがあったりする

# 4

# リッチ

熟成を経て複雑さを身につけたウイスキーからは贅沢さが感じられ、静かに過ごした年月の重みを雄弁に語ってくれます。豊かな香味はまさしく芸術の域。

090

# オーバン 14年

シングルモルト
スコッチ

OBAN 14 YEARS OLD

## 潮と果実が香る静寂のモルト

DATA

蒸留所：オーバン蒸留所（スコットランド／ハイランド）
製造会社：同上
内容量：700mℓ
アルコール度数：43%
購入時価格：6,600円（税込）
2024年11月時市場価格：8,800円（税込）

### ハイランドとアイランズの境界に存在する蒸留所

『オーバン』の始まりは1794年。スコットランド最古といわれている蒸留所は1775年創業のグレンタレット蒸留所なので、比肩する古参の蒸留所です。ＵＤ社から続く「ディアジオ・クラシックモルトシリーズ」の一柱で、ハイランドだけ唯一西ハイランドの『オーバン』と北ハイランドの『ダルウィニー』で重複しています。その意図は、「ディアジオ社はキャンベルタウンの蒸留所を持っていないので、そこに近く性質も近い『オーバン』が代わりに据えられている」といわれています。

味覚チャート

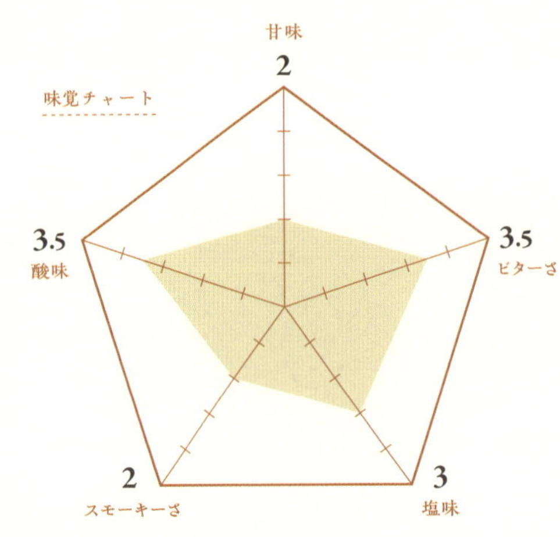

## **ストレート**で飲んでみる

| | |
|---|---|
| 色 | ・やや深みのあるゴールド |
| 香 | ・熟成感を感じる**モルティ**な香り。やや**柑橘**<br>・それでいて**潮**。スコッチっぽい |
| 味 | ・口に入れる、ひとときの静寂<br>・ほどなくして**麦**、**樽**、**潮**、**柑橘**……と要素が洪水となって襲う<br>・余韻は穏やかで長く残る。心地がいい |

構成要素

〈香ばしさ〉穀物

〈果物〉レモン

〈ピート〉潮

〈熟成〉木材

〈果物〉オレンジ

〈ピート〉干し草

## **ロック**で飲んでみる

| | |
|---|---|
| 香 | ・**酸味**っぽくなる。それと**モルティ**さ |
| 味 | ・香りの通り、やや**柑橘**が主張する<br>・ストレートほどお上品に佇んでなく、やんちゃめになる<br>・**樽**感もやや大きく出てくる |

構成要素

〈香ばしさ〉穀物

〈果物〉レモン

〈果物〉オレンジ

〈ピート〉潮

〈熟成〉木材

〈ピート〉干し草

## **ハイボール**で飲んでみる

| | |
|---|---|
| 味 | ・**樽から来るビター**さが厚みをもたせている、**モルティ**なハイボール……<br>・じゃなくて、ウイスキーソーダ<br>・まさしくウイスキーの、ソーダって感じ<br>・**麦**らしさを感じる、ハイランドらしいカントリーサイド的な味わい |

構成要素

〈香ばしさ〉穀物

〈ピート〉潮

〈熟成〉木材

〈感覚〉ビター

〈果物〉レモン

〈果物〉オレンジ

〈ピート〉干し草

### 総評　ザ・ハイランドモルト＋ややアイランズという感じ

やや長めの熟成年数だけあってストレートでは落ち着きがある。シルクのような口当たりのあとに口の中で開いていくさまは一飲の価値あり。……かと思えば加水以降では口に含んだときの一瞬の静寂がなくなり普通にウイスキーっぽくなる。こういう現象を「やんちゃになる」と称している……（2回目）。

### 所感　キャンベルタウン補欠 確かにそれっぽいかも

ピートスモークもほとんどなく、それでいてスコッチの要素をたくさん含んだお上品でエレガントなボトルです。なんというかいろいろな要素が複合した結果、飲みやすさが生まれているというか……要素が協調しあって『オーバン』として成り立っているのです!!　確かにキャンベルタウンっぽさありますね。

091

# キリン シングルモルト ジャパニーズウイスキー 富士

シングルモルト

ジャパニーズ

SINGLE MALT JAPANESE WHISKY FUJI

## 日米英の世界観をジャパニーズへと昇華させた横溢な果実味

DATA

蒸留所：富士御殿場蒸溜所（日本／静岡県）
製造会社：キリンディスティラリー株式会社
内容量：700mℓ
アルコール度数：46%
購入時価格：5,080円（税込）
2024年11月時市場価格：6,800円（税込）

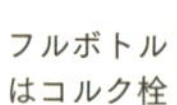

### 意外と珍しめなキリンのモルト原酒

富士御殿場蒸溜所の創業は1973年。『シングルモルト 富士』は2020年4月21日に『シングルグレーン 富士』、2022年6月7日に『シングルブレンデッド 富士』、2023年5月16日に『シングルモルト富士』と満を持して登場した通年販売のシングルモルトとしては実に8年ぶりの復活です。富士御殿場蒸溜所ではモルト、グレーンの原酒を製造することが可能で単一蒸留所にて完結するシングルブレンデッドウイスキーの製造が可能な、日本のみならず世界でも数少ない蒸留所となっています。

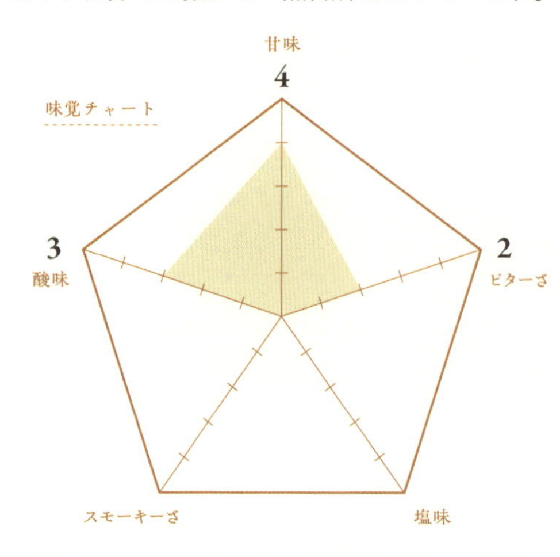

**香**
- 注いだ時点から広がる**ベリー**や**ぶどう**の**果実**味の強い**フルーティー**さ
- 奥には**バーボン**然としたふくよかな**バニラ**
- 熟成感がしっかりと出ている
- 直球ストレート、スタンダードなウイスキー感

**味**
- なんだか**古酒**を飲んでいるかのような上質な**モルティ**感
- **果実**感、**バニラ**、**ウッディ**さが同時に個性を発揮する
- 余韻には**ウッディ**さのみが残ってくれる

構成要素

〈熟成〉バニラ

〈香ばしさ〉トースト

〈果物〉ぶどう

〈果物〉チェリー

〈果物〉赤いりんご

**ロック**で飲んでみる

**香**
- **バニラ**感増幅
- 溶剤感のない**バーボン**
- いいとこどりだ、これは

**味**
- 味についても溶剤感のない**バーボン**
- **麦**と**樽**の香ばしさが鼻腔内に広がる
- なんだ、この、硬派な感じ

構成要素

〈熟成〉バニラ

〈香ばしさ〉穀物

〈香ばしさ〉トースト

〈熟成〉木材

〈果物〉ぶどう

〈果物〉チェリー

〈果物〉赤いりんご

**ハイボール**で飲んでみる おすすめ

**味**
- **ぶどう**然とした**果実**味が**バニラ**感とともに弾ける
- 薄まりを感じずに飲める、しっかりと美味しいハイボール
- **スコッチ**、**バーボン**、**ジャパニーズ**のそれぞれのテイストを感じ、融合させている完成度の高さ！

構成要素

〈熟成〉バニラ

〈果物〉ぶどう

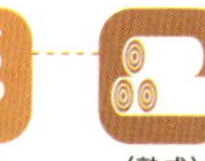
〈熟成〉木材

〈香ばしさ〉トースト

〈香ばしさ〉穀物

総評

## 伸び伸びとした世界観の広がりがすごい

ジャパニーズなので当然**バーボン**特有の溶剤感は一切なく、引っ掛かりもなくスルスルと受け入れられる。繊細でいて力強さがある。1杯目はぜひストレートで(サントリーの決まり文句)。ハイボールで飲んでも原酒が伸び伸びとして美味しい。こういう落ち着きを覚えるようなシングルモルトは大事な存在。

所感

## **バーボン**っぽいとだけ聞くと陳腐な評に聞こえるけれど

**バーボン**へのリスペクト、情熱、愛などを感じるもので、そこからそれをジャパニーズへ昇華させています。これがキリンウイスキーなのですよ（知ったかぶり）。前身のキリン、シーグラム、シーバス時代のスピリッツを受け継ぎ、日米英の融合感が素晴らしいです。値上がりしましたが、飲んでみて損はありません。

092

# グレンモーレンジィ オリジナル（12年）

シングルモルト

スコッチ

GLENMORANGIE THE ORIGINAL AGED 12 YEARS

## 崩れない甘さを蓄えた新・オリジナル

DATA

蒸留所：グレンモーレンジィ蒸留所（スコットランド／ハイランド）
製造会社：同上
内容量：700㎖
アルコール度数：40%
購入時価格：4,800円（税込）
2024年11月時市場価格：4,800円（税込）

ボトルシェイプに繋がるおしゃれなコルク栓！！！！！！！！

### まさかの2年増してのリニューアル

『グレンモーレンジィ』としての始まりは1843年。その基本型となるものが「オリジナル」。まさにすべての出発点となるボトルで、ファーストフィル&セカンドフィルのバーボン樽にて10年間熟成されたものが長年販売されていましたが……「12年」が「オリジナル」となり2024年8月24日から日本国内で販売が開始されました。「10年」を基本形とし、そこからさまざまな樽で後熟を施した探求心全開なシリーズが特徴ですが、ついに「オリジナル」が自己進化を遂げてしまったようです。

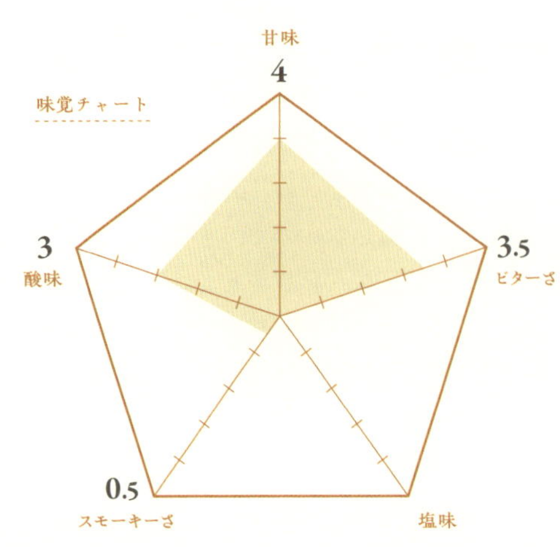

## ストレートで飲んでみる

**色**
- やや深いゴールド

**香**
- **芳醇**な**バニラ**香
- **甘さ**にマスクされがちな**柑橘**香も
- 遠くに**牧草**感、全体的に強化された**甘い**香りが軸

**味**
- **はちみつ**、**バニラ**、**柑橘**
- さらに**ビター**さや**干し草**っぽさが流れるように過ぎていく
- 厚みはあるものの、キャラクターは「10年」とさほど変わりはない？

構成要素

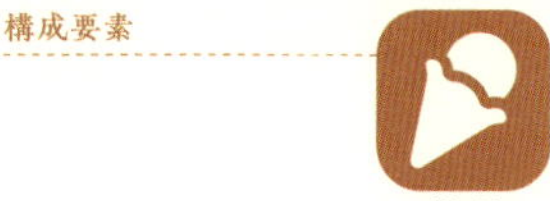

〈熟成〉バニラ

〈果物〉オレンジ

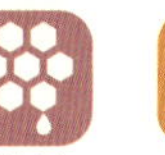

〈甘さ〉はちみつ

〈果物〉桃

〈感覚〉ビター

〈ピート〉干し草

## ロックで飲んでみる

**香**
- ねっとりとした**はちみつ**感
- 濃い**バニラ**感。奥には爽やかな**柑橘**香も見える

**味**
- リアルな**はちみつ**感
- やや**ビター**に振れるも**甘さ**と均衡していてちょうどいいバランス
- ここは「10年」とは違う点に見える
- 余韻に**柑橘**の香りがふわりと香るのもお上品

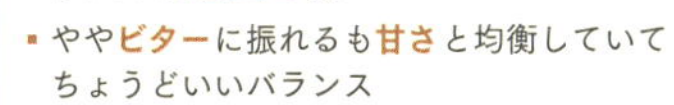

構成要素

〈熟成〉バニラ

〈果物〉オレンジ

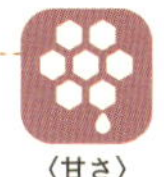

〈甘さ〉はちみつ

〈果物〉桃

〈感覚〉ビター

〈ピート〉干し草

## ハイボールで飲んでみる

**味**
- まだしっかり**甘い**
- それでいてシャープさがある
- 嫌味がまったくなく、**柑橘**もわざとらしくない
- これはこれでというバランス感

構成要素

〈熟成〉バニラ

〈果物〉オレンジ

〈甘さ〉はちみつ

〈果物〉レモン

〈感覚〉ビター

〈ピート〉干し草

総評

### たった2年、されど2年の大きな重みを感じる

追加2年の熟成でこんなに**バーボン**樽感出る？　というくらい「10年」と**甘み**が違う。大きく「10年」から乖離しているわけでもなく、特にロックでもしっかりと飲みごたえのある複雑さを備えるようになったので、そういう点でロックをおすすめしたい。ハイボールでもしっかりと美味しく、**フルーティー**さを感じる。

所感

### とはいえ「10年」も他にないキャラクターだった

**ドライ**で飲み飽きない、という面で非常に好きなシングルモルトです。そもそもウイスキーにのめり込むきっかけとなったボトルが『グレンモーレンジィ 旧10年』と『ザ・グレンリベット 旧12年』だったので、後継はあるにしろ存在自体がなくなってしまうのは寂しい気がします。復活は……どうですかねぇ……。

093

# グレンモーレンジィ 18年

シングルモルト
スコッチ

GLENMORANGIE 18 YEARS OLD EXTREMELY RARE

## 「原点」から正統進化したひとつの完成形

DATA

蒸留所：グレンモーレンジィ蒸留所（スコットランド／ハイランド）
製造会社：同上
内容量：700mℓ
アルコール度数：43%
購入時価格：12,000円（税込）
2024年11月時市場価格：14,450円（税込）

### 至高のハイランドモルト

スタンダードラインナップの中では最も熟成年数が高いフラッグシップモデルです。スペックはアメリカンオークのバーボン樽＋スパニッシュオークのオロロソシェリー樽らしいですが、きっちりとその内訳を開示していて、15年熟成したバーボン樽原酒の中の30%をシェリー樽に移し替えて両者をさらに3年熟成、熟成年数が18年となった段階でそれらをブレンドして完成……。つまりバーボン樽で18年の原酒が70%、バーボン樽で15年＋シェリー樽で3年の後熟の原酒が30%ということ。

味覚チャート

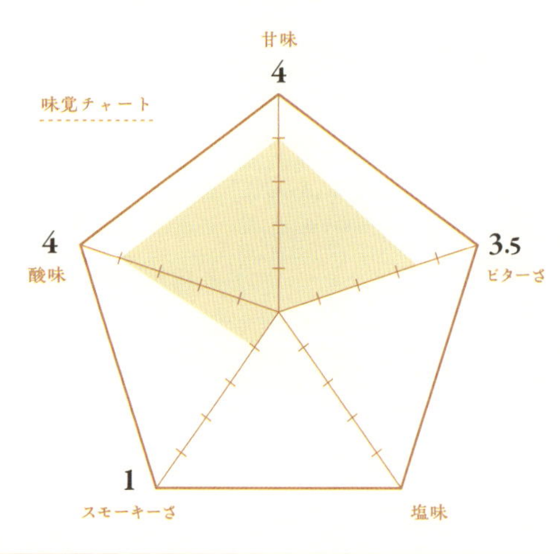

## ストレートで飲んでみる

おすすめ

| | |
|---|---|
| 色 | ・鮮やかなゴールド |
| 香 | ・落ち着いた深みのある**黄色い果実**感、ほのかに**牧草**の香り<br>・瑞々しい**オレンジ**、**甘く**広がった**バニラ**香 |
| 味 | ・**牧草**のようなほのかな**スモーク**感、**はちみつ**をかけた**バニラアイス**<br>・**シェリー**樽由来のものは余韻に、**フルーティー**感として現れる<br>・深くて、なめらかで、美味しい |

構成要素

〈果物〉フルーティー

## ロックで飲んでみる

| | |
|---|---|
| 香 | ・**甘い**香りが大きく出る<br>・**はちみつ**、**バニラ**、**スモーク**…… |
| 味 | ・飲みやすいものの、余韻の**渋さ**がちょっと目立つ<br>・各々の要素も薄れてしまっていて、あまりおすすめはできないかも…… |

構成要素

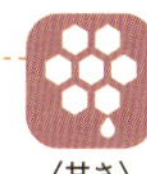

## ハイボールで飲んでみる

| | |
|---|---|
| 味 | ・**柑橘**系の**フルーティー**さがぶわっと開く<br>・余韻にかけて**レーズン**っぽさも感じられてバランスがいい<br>・なおかつ薄まりをあまり感じない。しっかりとした広がりを感じる |

構成要素

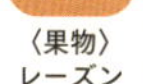

### 総評　『グレンモーレンジィ』のひとつの完成形

ややドライ気味だった「オリジナル」と比べ、熟成を経てしっかりとした香味を備えているのが印象的。いろいろな樽を使っている『グレンモーレンジィ』の長熟がきちんと正統派なのは、抑えるべきところは抑えている感があってすごく好き。おすすめは拾える要素の多いストレート。ハイボールも良き。

### 所感　名前とデザインは変わったけれどどうしても掲載したくて……!!

2024年8月より『グレンモーレンジィ インフィニータ 18年』と名前を変え、デザインも大きく変わりリニューアルしています。ただ、こちらの旧ボトルの美しさを掲載したく個人的なわがままで掲載させてもらいました。外見も中身も『グレンモーレンジィ』としてのひとつの完成系だと思っています。

# 094 ダルウィニー 15年

シングルモルト
スコッチ

Dalwhinnie 15 YEARS OLD

## 甘くやさしくライトなようでいてボディ感がある出色のモルト

DATA

蒸留所：ダルウィニー蒸留所（スコットランド／ハイランド）
製造会社：同上
内容量：700mℓ
アルコール度数：43％
購入時価格：5,500円（税込）
2024年11月時市場価格：6,880円（税込）

鈍いゴールドのトップが渋いコルク栓！！！！！！！！

### クラシックモルトの北ハイランド代表

始まりは1897年。当初は『ストラススペイ』という名でスタートしたのですが、翌98年に経営上の問題で早速売却、その時点で『ダルウィニー』に改名し今日に至ります。大きな特徴としてはスコットランドの蒸留所で2番目に標高の高い場所（326m）に位置している蒸留所だということです。ちなみに一番はブレイヴァル蒸留所（350m）。また、ディアジオ社が掲げる「クラシックモルトシリーズ」の北ハイランド代表です。ハイランド地方出身は『オーバン』（西ハイランド）と被ります。

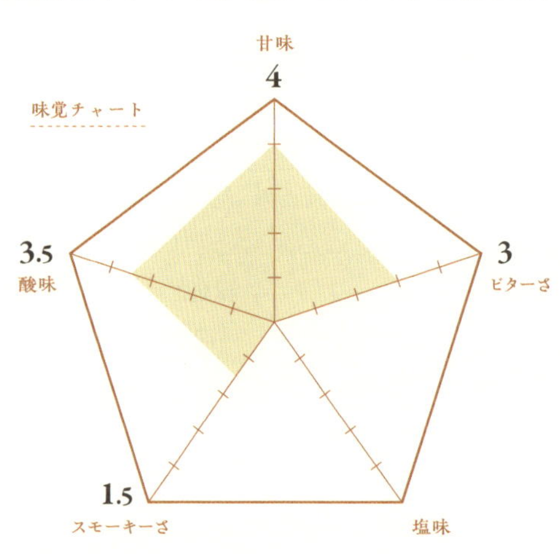

## ストレートで飲んでみる

**色**
- 明るく輝くゴールド

**香**
- 落ち着き払った**モルト**の香り
- どことなく**洋梨**や**青りんご**感がありスペイサイドっぽくもある
- 少し湿った温かみがある

**味**
- やはり味にも温かみがあり、ふんわり**甘く**やさしい
- ごくほんのりと**牧草**チックな**ピート**感、**柑橘**みが感じられる
- なんというか、飲んでいてほっとする

構成要素

〈香ばしさ〉穀物

〈甘さ〉はちみつ

〈ピート〉干し草

〈果物〉レモン

〈果物〉オレンジ

〈ピート〉スモーキー

## ロックで飲んでみる

**香**
- やや**果実**香が強くなる
- **蜜**入りの**りんご**、あるいは**メロン**のような香り

**味**
- コクが強まる、美味しい
- **はちみつ**、**柑橘**、柔らかな**ハーバル**さ
- 余韻に舌の奥で**ビター**さが残る

構成要素

〈香ばしさ〉穀物

〈甘さ〉はちみつ

〈ピート〉干し草

〈果物〉熟しかけのりんご

〈果物〉メロン

〈感覚〉ビター

〈ピート〉干し草

## ハイボールで飲んでみる

**味**
- さっぱり、と思わせて後味のコクが強い
- **ドライ**でいて、**甘み**もあって、土台がしっかりとしている
- しっかりとハイランド。**麦**感がやさしく、**甘さ**や香ばしさがついて回る

構成要素

〈香ばしさ〉穀物

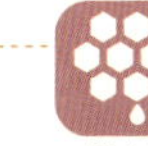
〈甘さ〉はちみつ

〈ピート〉干し草

〈果物〉メロン

〈感覚〉ビター

総評

### クラシックモルトの名にふさわしい伝統を感じられるような味わい

全体的なテーマはやさしく、おおらかみみたいな骨組みがあって、その中に力強さを感じるしっかりとした主張というものも潜んでいる。おすすめはロック。北ハイランドの冷涼な気候を否応なしに連想できるような味。けれどもストレートもハイボールも普通に美味しい。「15年」だけあって懐も広い。

所感

### クラシックなハイランドモルトのお手本

好きな銘柄にこれを挙げられたらなんだかウイスキー通に見えるボトル5選に入るような、いぶし銀な銘柄です。『オーバン』『ラガヴーリン』『ダルウィニー』あたりはオフィシャルスタンダードが「12年」より上からなのがクラシックというか、孤高っぽくていいですね。実力がしっかりと評価されている感。

095

# シングルモルトウイスキー 戸河内

シングルモルト
ジャパニーズ

SINGLE MALT JAPANESE WHISKY TOGOUCHI

## 大自然の奥行きを感じる湿度の高いシングルモルト

DATA

蒸留所：SAKURAO DISTILLERY（日本／広島県）
製造会社：株式会社サクラオブルワリーアンドディスティラリー
内容量：700㎖
アルコール度数：43%
購入時価格：6,600円（税込）
2024年11月時市場価格：6,600円（税込）

プラスクリュー

### SAKURAOのもうひとつのシングルモルト

『戸河内』と言えば同社同名のブレンデッドウイスキーが存在しますが、こちらはシングルモルトのほうです。蒸留所至近の貯蔵庫で熟成された原酒を使用している『シングルモルト 桜尾』に対して、『シングルモルト 戸河内』は西中国山地の山あいにある緑と清流に囲まれたトンネルである戸河内熟成庫の中で熟成された原酒が使用されています。樽はファーストフィルのバーボン樽1種のみの直球な構成となっており、むしろこっちのほうがナチュラルな『桜尾』原酒が味わえます。

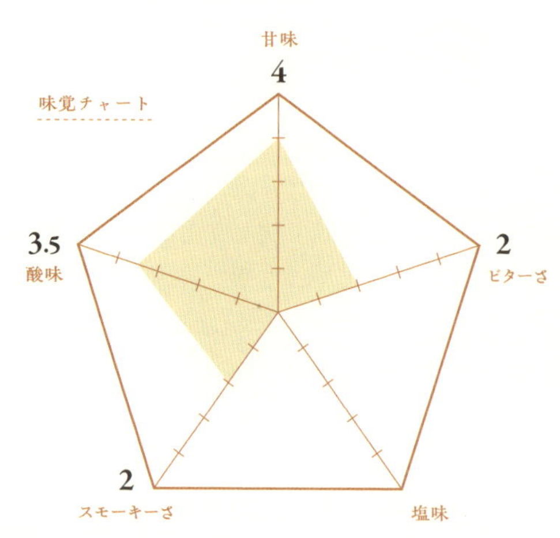

## ストレートで飲んでみる

| | |
|---|---|
| 色 | ・かなり明るめのゴールド |
| 香 | ・『桜尾』と同様に独特の**リーフィー**なハイランド感<br>・**柑橘**っぽい爽やかさ、それと**バニラ**感が印象的 |
| 味 | ・引っ掛かりもなく、軽快な飲み口<br>・大自然の中で熟成したことが窺える、奥行きを感じる<br>・原酒由来の**リーフィー**さ、透明感のある**甘さ**が心地いい |

構成要素

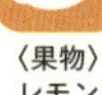

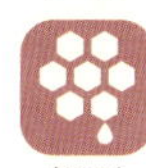

〈ハーブ〉森　〈果物〉レモン　〈果物〉オレンジ　〈甘さ〉はちみつ　〈熟成〉バニラ

## ロックで飲んでみる

おすすめ

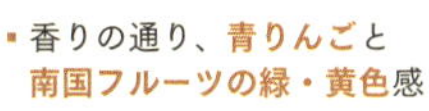

| | |
|---|---|
| 香 | ・**青りんご**っぽい**フルーティー**さが顔を出す<br>・**南国フルーツ**っぽい**黄色い果実**の香りも |
| 味 | ・香りの通り、**青りんご**と**南国フルーツの緑・黄色**感<br>・やはりほのかに**リーフィー**で大自然を感じる<br>・加水以降が味に広がりが見えて美味しいかも？ |

構成要素

〈ハーブ〉森　〈甘さ〉バニラアイス　〈果物〉レモン　〈果物〉オレンジ　〈果物〉青りんご　〈甘さ〉はちみつ　〈果物〉マンゴー　〈熟成〉バニラ

## ハイボールで飲んでみる

おすすめ

| | |
|---|---|
| 味 | ・これはねぇ、美味しい<br>・ロックの延長線上にあり、**フルーティー**でありながら軽快<br>・**柑橘**の爽やかさも持ち合わせ、薄すぎなく飲みやすい |

構成要素

〈ハーブ〉森　〈甘さ〉バニラアイス　〈果物〉レモン　〈果物〉オレンジ　〈果物〉青りんご　〈甘さ〉はちみつ　〈果物〉マンゴー　〈熟成〉バニラ

総評

### 潮風とはまた違う湿度の高いウイスキー

『桜尾』が潮風の湿ったニュアンスだとすれば、『戸河内』は**雨の上がった森林**の湿り気を感じ、熟成場所のイメージに沿った味わいを醸し出しています。おすすめは加水以降、スタンダードな樽構成でありながら少し独特な『桜尾』スタイルがわかりやすく楽しめるのでおすすめ。特にロックが個人的に好み。

所感

### 非常に完成度が高いものの販路の関係もあって……

入手が難しくなってきたイメージです。『戸河内』はもとより料飲店向けという触れ込みで流通していたような気がしますけれど、『桜尾』ですら近頃は見なくなってしまったので美味しい（けれど手に入るかは別問題）という括弧がついて回ります……。それでも最近はそこそこ見るようになってきました！

096

# シングルモルトウイスキー 山崎 12年

シングルモルト

ジャパニーズ

SINGLE MALT WHISKY THE YAMAZAKI AGED 12 YEARS

## やさしく深い余韻、卓越した「日本らしさ」

DATA

**蒸留所**：山崎蒸溜所（日本／大阪府）
**製造会社**：サントリーホールディングス株式会社
**内容量**：700㎖
**アルコール度数**：43％
**購入時価格**：9,900円（税込）
**2024年11月時市場価格**：16,500円（税込）

初出から変わらぬプラスクリュー

### ザ・ジャパニーズウイスキー

『山崎』としての始まりは1923年。日本で最初のウイスキー蒸留所として知られています。『シングルモルト 山崎』としての初出は1984年。2003年のISC（インターナショナル・スピリッツ・チャレンジ）にて『山崎 12年』が日本で初めてウイスキー部門での金賞を獲得することでジャパニーズウイスキーが世界的に認知されるようになった……という話は有名な話です。スペックはアメリカンホワイトオークのパンチョン樽、スパニッシュオークのシェリー樽、そしてミズナラ樽です。

味覚チャート

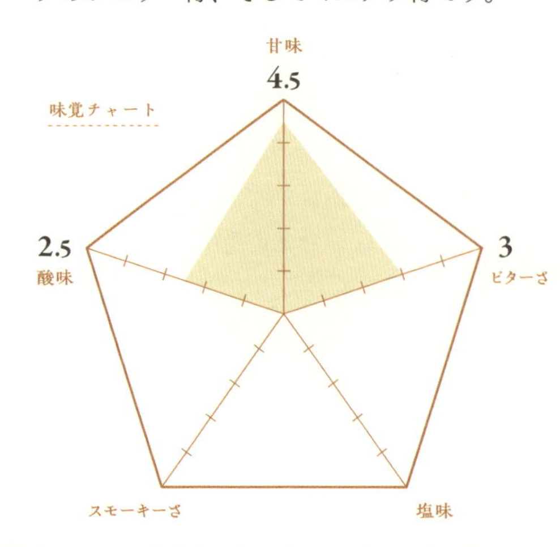

## ストレートで飲んでみる　おすすめ

**色**
- やや薄めのアンバー

**香**
- **青りんご**、**バニラ**、そして**日本**然とした**甘い香木**感
- 至極当たり前だけど『ローヤル』の**古酒**でも感じたこの『山崎』感
- アルコールアタックは少しだけある

**味**
- なんというか、豊か
- 味の押しはゴリゴリと強いものではないけれど、口の中でゆっくりと花開く
- **ビターチョコ**のような控えめでいて存在感のある**甘さ**、**樽**感
- 複雑なコク、まろやかな余韻が長く、やさしく続いていく

構成要素

〈熟成〉バニラ

〈熟成〉ミズナラ

〈甘さ〉ビターチョコ
〈果物〉青りんご
〈甘さ〉はちみつ
〈熟成〉木材

〈果物〉レーズン

## ロックで飲んでみる

**香**
- **甘く**、麗しい**香木**の香りが前面に

**味**
- なめらかにほどけた心地いい**樽**感
- 依然として**ビターチョコ**。ロックでも美味しい

構成要素

〈熟成〉バニラ

〈熟成〉ミズナラ

〈甘さ〉ビターチョコ

〈果物〉青りんご

〈甘さ〉はちみつ

〈熟成〉木材

〈感覚〉ビター

〈果物〉レーズン

## ハイボールで飲んでみる

**味**
- うぅ……馬鹿なことをした……
- 美味しいけれど、やっちゃいけないんだ……
- きれいなまとまりが崩れる感覚、でも余韻は『山崎』……

構成要素

〈熟成〉バニラ

〈熟成〉ミズナラ

〈果物〉青りんご

〈甘さ〉ビターチョコ

〈甘さ〉はちみつ

〈熟成〉木材

総評

### ジャパニーズウイスキーを代表する味わい

奥行きが深く、足を踏み入れるとその懐の広さを否応なしに感じさせられてしまう。べらぼうに長く、やさしく、心地いい余韻が印象的。余韻にこそ『山崎』の真骨頂がある、と思った。おすすめは圧倒的にストレート、次点でロック。ハイボールは……もったいない……。悪くはないけど、何かが潰れるような……。

所感

### できるだけ早めに一度は飲んでおきたい

手に入らなかったり、高額だったりするボトルですけれど、ジャパニーズウイスキーとして理想形といえる完成度ですので価値観を養うにはこれ以上ないボトルだと思います。**日本らしさ**をここまで洋酒に落とし込んでいるボトルは……やはり他にないですね。唯一無二中の唯一無二感。

097

# イチローズ モルト&グレーン クラシカルエディション

ブレンデッド

ワールド

Ichiro's Malt & Grain World Blended Whisky Classical Edition

## 廉価版「リミテッド」、強化版「ホワイトラベル」

DATA

蒸留所：秩父蒸溜所（日本／埼玉県）など
製造会社：株式会社ベンチャーウイスキー
内容量：700㎖
アルコール度数：48%
購入時価格：7,700円（税込）
2024年11月時市場価格：7,700円（税込）

木の温かみを感じるコルク栓！！！！！！！！

### 伝統的なブレンドを施した『イチローズモルト』の黒

通常ラインナップでは「青」に次ぐ立ち位置でしたが、「リーフシリーズ」が6,600円→8,800円に値上がりしたので値段的には下から2番目になりました。「クラシカル」の名の意味は、モルト比率の高かった古典的なブレンデッドウイスキーに倣ってブレンドしているからとのこと。ワールドブレンデッドの仕様は同じなので基本的には「ホワイトラベル」の上位モデルといった感じでしょうか。アルコール度数は高めの48%、ノンチルフィルター、ノンカラーなのはおなじみです。

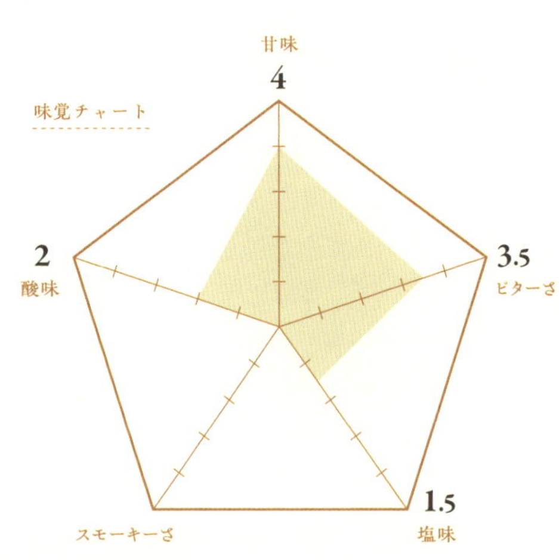

## ストレートで飲んでみる

おすすめ

**色**

- 鮮やかなゴールド

**香**

- **ミズナラ**の香りが割と
- 他には**バーボン**由来の**バニラ**感、香ばしい**モルト**の香りも
- アルコールアタックはほとんどなく穏やか

**味**

- 「リミテッド」でも感じたジュワぁと広がる味、これも
- 余韻にかけての香味の広がりがすさまじく、どっしりと、かつ繊細
- 自分の吐息にうっとりする(えぇ……)

構成要素

〈熟成〉バニラ
〈熟成〉ミズナラ
〈香ばしさ〉穀物
〈ピート〉出汁
〈甘さ〉はちみつ
〈熟成〉木材

## ロックで飲んでみる

**香**

- やさしく**ミズナラ**、次いで**はちみつ**
- かなりやさしめな香りになる

**味**

- やや**バーボン**感が強めになる。**南国フルーツ**感というか……
- あとはロック特有の**樽から来るビター**感が強くなる

構成要素

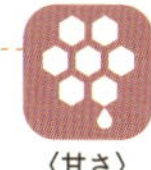

〈熟成〉バニラ
〈香ばしさ〉穀物
〈甘さ〉はちみつ
〈感覚〉ビター
〈熟成〉ミズナラ
〈ピート〉出汁
〈熟成〉木材

## ハイボールで飲んでみる

**味**

- 属性的にはロックの延長線上
- やや**ビター**感強めながら**フルーティー**さも感じる
- **バーボン**っぽい**バニラ**感が主体で**黄色い果実**の**フルーティー**さがある「ホワイトラベル」の強化版な趣き

構成要素

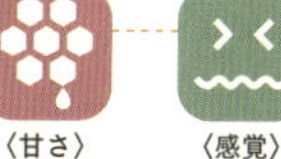

〈熟成〉バニラ
〈甘さ〉はちみつ
〈感覚〉ビター
〈果物〉フルーティー
〈香ばしさ〉穀物
〈熟成〉木材

総評

### 小細工抜きのストロングなブレンデッド

「クラシカル」の名のごとくちょっと**古酒**っぽさも感じる。ストレートでは「リミテッド」、ロック以降では「ホワイトラベル」の要素を感じられてまさしく中間点といったところかもしれない。おすすめはストレート。やはりこのジュワっと広がる味わいは初手に感じておきたい。ハイボールの強い味わいもおすすめ。

所感

### シリーズの中ではかなり入手しやすいボトル

ストレートでは「リミテッド」の濃厚さを、加水以降では「ホワイトラベル」の上位モデルのような味わいをしている……両者をつなぐ渡し船のようなボトルです。悪く言えば中途半端なのですけれど(悪く言うな)、器用貧乏ではなくしっかりとした働きを見せてくれます。飲み方で顔が変わるので、お得。

098

# イチローズ モルト&グレーン リミテッドエディション

ブレンデッド

ワールド

Ichiro's Malt & Grain World Blended Whisky Limited Edition

## 凝縮されたうまみが増幅していく別次元のワールドブレンデッド

DATA

蒸留所：秩父蒸溜所（日本／埼玉県）など
製造会社：株式会社ベンチャーウイスキー
内容量：700mℓ
アルコール度数：48%
購入時価格：11,000円（税込）
2024年11月時市場価格：11,000円（税込）

変わらずしっかりとしたつくりのコルク栓！！！！！！！！

### 通常ラインナップの中では最上級の立ち位置

もはや説明不要なレベルのクラフトディスティラリーである秩父蒸溜所が生み出すボトル。構成は「ホワイト」と同じくワールドブレンデッドなのですが、ウイスキー造りを開始した2008年から熟成させてきた秩父原酒も入っているとかいないとか。エントリーグレードが「ホワイト」、その上に「ブラック（クラシカル）」、その次が「レッド（WWR）」「グリーン（DD）」「ゴールド（MWR）」、最上位に「ブルー（リミテッド）」という立ち位置が例の『ジョニーなんたら』を彷彿とさせます。

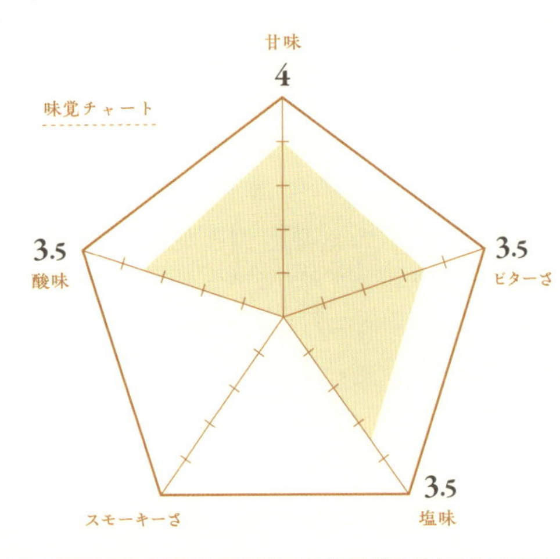

## ストレートで飲んでみる

| | |
|---|---|
| 色 | ・明るめのゴールド |
| 香 | ・スーッと**柑橘**系の香り。**モルト**の香ばしい香りも感じる<br>・落ち着くような**樽**香も感じ取れる<br>・アルコールアタックも落ち着いている |
| 味 | ・強い**酸味**。唾液と絡むと**モルト**の濃い**うまみ**が出てくる<br>・で、**ミズナラ**っぽい**ウッディ**な余韻に浸される |

構成要素

## ロックで飲んでみる

| | |
|---|---|
| 香 | ・香りはやや引っ込むけれど、**樽**感は依然として強く感じる |
| 味 | ・デフォルトで**うまみ**が表に出てきている<br>・余韻の**ウッディ**感も健在。これは美味しい！！！！！！！！<br>・**ミズナラ**感は後ろに控える。要素が渋滞している |

構成要素

## ハイボールで飲んでみる

| | |
|---|---|
| 味 | ・度数が高いおかげか割り負けずにしっかりと味を残している<br>・さすがに全体的に薄まりはするけれど、**うまみ**と**樽**感もはっきりと感じられる<br>・「ホワイト」「クラシカル」とは明らかに別格、レベルが違う |

構成要素

総評

### 当たり前だけど「ホワイトラベル」とは次元が違う

濃厚な**穀物**の**うまみ**が印象的。それと同時に**ミズナラ**由来？　の**樽**香が中盤から終盤にかけ強く出て余韻を固めている。おすすめはロック。時間が経つと冷えすぎ薄まりすぎになるので20〜30秒くらいで氷は引き上げるのがいいかも。凝縮された**穀物**の**うまみ**を存分に体感できる。**ミズナラ**感はストレートで。

所感

### ワールドブレンデッドをここまで癖なくまとめられるとは！

ワールドブレンデッドとして単純に完成度が高く、この要素がこの国などと判別がつかないほど、ひとつのウイスキーとしてすべてが馴染んでいます。それでいて高めの度数なのでジュワっと溢れる**穀物**の「**うまあじ**」がドン！　と溢れてくるので記憶に残るウイスキーだと思いました（作文）。

099

# ウエストコーク カスクストレングス

ブレンデッド

アイリッシュ

WEST CORK CASK STRENGTH

## ハイボール界のストロングでゼロなやつ……？

DATA

蒸留所：ウエストコーク蒸留所（アイルランド）
製造会社：同上
内容量：700㎖
アルコール度数：62%
購入時価格：3,064円（税込）
2024年11月時市場価格：3,600円（税込）

トップがしっかり木製のコルク栓！！！！！！！！

### アルコール度数62%のブレンデッドって……何？

ウエストコーク蒸留所のオープンは2003年。スプリングバンク蒸留所の元マスターディスティラーであるフランク・マッカーディをアドバイザーとして迎えているそうです。アイリッシュウイスキーの蒸留所らしく、モルトもグレーンもポットスチルウイスキーも製造できる設備を備えていて、こちらのボトルもシングルブレンデッドなのかもしれませんけれど、公式ではそう名乗っていないので真偽不明です。そんなことより度数が62%のブレンデッドです。ボトラーズみたい……。

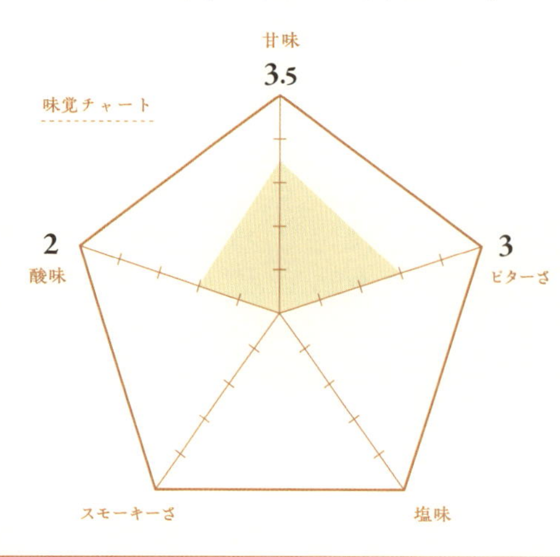

## ストレートで飲んでみる

| | |
|---|---|
| 色 | ・中庸なゴールド |
| 香 | ・ツンとは来ないもののアルコール臭が目立つ<br>・それとともに**モルト**香と濃厚な**バニラ**香 |
| 味 | ・アルコールのビリビリの1波を超えると<br>ぶわっと**バニラ**っぽい**甘み**が開く<br>・ただアルコールの強さでいろいろと<br>焼かれる気分なのでチェイサーは用意しようね…… |

構成要素

〈熟成〉バニラ

〈香ばしさ〉穀物

〈熟成〉スパイシー

〈果物〉バナナ

〈熟成〉木材

## ロックで飲んでみる

| | |
|---|---|
| 香 | ・アルコール臭はなくなり<br>濃厚な**バニラ**香が心地いい<br>・**バーボン**樽熟成らしく、**バナナ**っぽい |
| 味 | ・「カスクストレングス」だけあって<br>ロックでもアルコール刺激は少しだけ残る<br>・ただ格段に飲みやすくなる<br>・**バニラ**の**甘味**＋**樽**感で<br>バランスもとれていて美味しい |

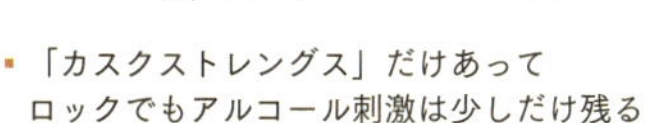

構成要素

〈熟成〉バニラ

〈香ばしさ〉穀物

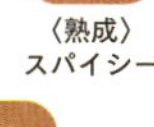
〈熟成〉スパイシー

〈果物〉バナナ

〈熟成〉木材

## ハイボールで飲んでみる

| | |
|---|---|
| 味 | ・「カスクストレングス」の割には<br>かなり薄まった印象を受ける<br>・ただそのせいでゴクゴクいけてしまう<br>・アルコール度数的には<br>普通のウイスキーの1.5倍なのに……<br>・ほのかな**甘さ**があと引く美味しさ。危険 |

構成要素

〈熟成〉バニラ

〈香ばしさ〉穀物

〈熟成〉スパイシー

〈果物〉バナナ

〈熟成〉木材

総評

### 濃厚なようなあっさりなような不思議な感覚

ストレートで飲んだときの身体を焼かれながらも口の中でぶわっと**甘さ**が花開いたあの感覚が印象的すぎてまた焼かれにいきたくなる。なんだそれ。おすすめはロック。薄まらない程度に**甘さ**を維持しつつも強烈なアルコール爆撃を抑え込める素晴らしい飲み方。ただ、酔いがすごいことになるかもしれない……。

所感

### ハイボールにしたらしたで危険になる

ロックですらアルコール刺激が残るといってハイボールにすると今度はゴクゴク飲めてしまいます……。4倍に薄めて飲んだとしてもアルコール度数は15.5度、3倍希釈だと……20度！　『ストゼロ』より高い度数がゴクゴク飲めちゃ……危険ですよ……。危険なアイリッシュもたまにいます。美味しいしなおさら危険。

100

# キリンウイスキー 陸

ブレンデッド
ジャパニーズ

KIRIN WHISKEY Riku

## 既存の枠から飛び出した新生ワールドブレンデッド

DATA

**蒸留所**：富士御殿場蒸溜所（日本／静岡県）など
**製造会社**：キリンディスティラリー株式会社
**内容量**：500mℓ
**アルコール度数**：50%
**購入時価格**：1,650円（税込）
**2024年11月時市場価格**：1,550円（税込）

メタルスクリューの「F」は富士御殿場蒸溜所のマーク

### 『樽熟50°』の系譜、ウイスキーの新大陸

そもそもは2020年5月19日に発売された銘柄で、2022年4月5日にラベルと中身を一新して新発売され今に至ります。キリンウイスキーにはかつて『富士山麓 樽熟50°』（2005〜16年）、『富士山麓 樽熟原酒50°』（2016〜19年）という廉価帯商品が存在し、度数や価格的にもそれらの流れを汲むウイスキーだとされています。スペックは富士御殿場蒸溜所の多彩なグレーン原酒と輸入グレーン原酒をブレンドしたものを主体にモルト原酒を加えているワールドブレンデッドとなっています。

味覚チャート

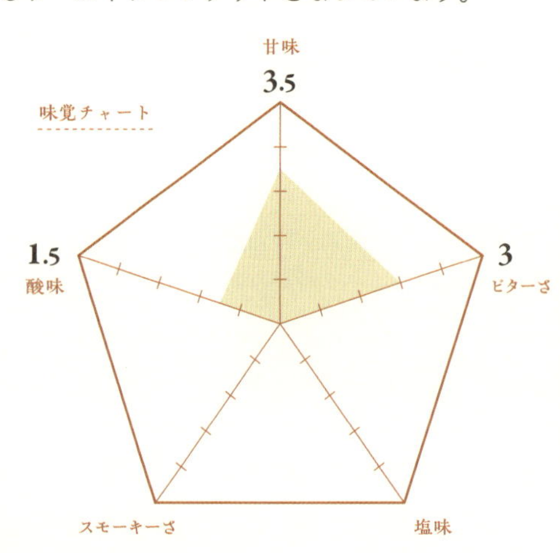

## ストレートで飲んでみる

構成要素

〈熟成〉バニラ　〈熟成〉木材

〈果物〉バナナ　〈果物〉オレンジ　〈熟成〉スパイシー

**色**

- ゴールド寄りのアンバー

**香**

- がっつり**バニラ**な**甘い**香り。
  それでも**バーボン**と違うような……
- 思ったよりダイレクトに来るので吸いすぎ注意
- 50度ながらアルコールアタックは感じない

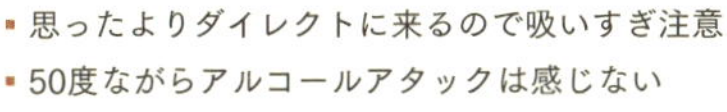
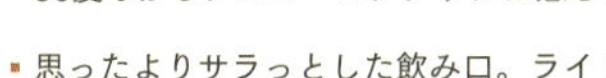

**味**

- 思ったよりサラっとした飲み口。ライト
- **バーボン**によく見られる特有の癖もない
  （**バーボン**じゃないから……）
- 余韻は**樽**っぽい。しっかりしている

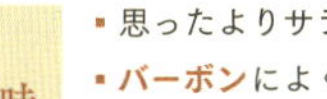

## ロックで飲んでみる

構成要素

〈熟成〉バニラ　〈熟成〉木材　〈香ばしさ〉穀物

〈果物〉バナナ　〈熟成〉溶剤　〈熟成〉スパイシー

**香**

- 香りはあまり変わらない
- ちょっとだけ**甘い**香りが強くなったかな……？

**味**

- 味に関しては結構開く
- **穀物**っぽい**甘さ**が目立つようになり、
  全体的に厚みが増す
- ちょっとだけ**バーボン**っぽい**溶剤**感も出るけれど
  気になるほどではない

## ハイボールで飲んでみる

おすすめ

構成要素

〈熟成〉バニラ　〈熟成〉木材　〈香ばしさ〉穀物

〈果物〉バナナ

**味**

- 見事にバーボンの癖を取り去って
  **甘く**穏やかなハイボール
- 度数が高めなのと加水で厚みが増すのもあって
  気持ちよく伸びる
- 和製**バーボン**の真髄をここに見たり

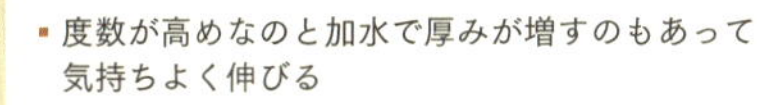

総評

### 既存のどの枠にもはまらない自由な新ジャンル

『旧陸』は随所に抜け切らない**バーボン**っぽさを残していたものの、『新陸』はそれを踏まえたのか癖を取り除いた軽快で嫌味のないものとなっていて、きれいなウイスキーになっている。おすすめはやはりハイボール。伸びよくコクあり飲みごたえもばっちり。ハイボール向けの高度数、増えてほしい（アル中）。

所感

### 廉価帯からジャパニーズスタイルが確立されているという発見

**バーボン**、**バーボン**うるさい頁ですけれど、ズンジャカ激しい印象の**バーボン**に対して「クリアで透き通っている……けど味わい深い」みたいなのがキリンウイスキーの特徴だと思いました。富士御殿場蒸溜所の理想とするところも「クリーン&エステリー」です。しっかりと体現できているのがすごいところです。

101

# サントリー ローヤル

ブレンデッド
ジャパニーズ

Suntory Whisky ROYAL

## ジャパニーズウイスキーとしてのわかりやすさを体現したボトル

DATA

蒸留所：山崎蒸溜所、白州蒸溜所、知多蒸溜所
製造会社：サントリーホールディングス株式会社
内容量：700㎖
アルコール度数：43％
購入時価格：3,500円（税込）
2024年11月時市場価格：3,900円（税込）

『ローヤル』の代名詞ともいえる鳥居をイメージしたコルク栓

『ローヤル』のスリムボトル。こちらの容量は660㎖

### サントリー創業者・鳥井信治郎が手掛けた最後のボトル

始まりは1960年。サントリーの前身である寿屋から数えて創業60周年を記念して造られました。これに限った話ではないのですけれど、流通していた年代ごとにラベルや内容の仕様がコロコロと変わっているのが面白いウイスキーです。例えば、黄色や青、黒や金のラベルだった時代や中身が「12年」だとか「15年」ものだった時代も存在したりします。ちなみに現行品は2008年からずっとこのデザインが続いているので歴代でも最長期間続いたラベルになっています……あぁ文字数が。

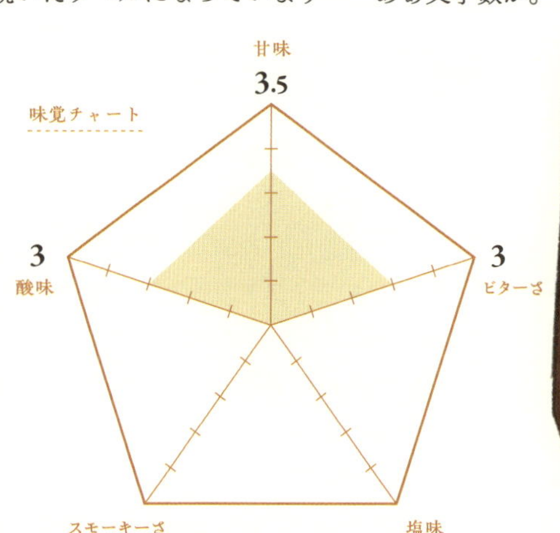

## ストレートで飲んでみる

| | |
|---|---|
| 色 | ▪明るい琥珀色 |
| 香 | ▪『響JH』にも通じる**香木**感がきちんとある<br>▪かつ**モルト**香の中に爽やかなニュアンスも感じ取れる<br>▪アルコール刺激は少しある |
| 味 | ▪はっきり・しっかりとした味わい<br>▪**香木**が香り、まろやかな印象<br>▪『山崎』系のやさしい**甘さ**が主体 |

構成要素

## ロックで飲んでみる

| | |
|---|---|
| 香 | ▪もはやあざといくらいの**香木**感<br>▪冷えるにつれ徐々に閉じていくものの、**モルト**の柔らかで**甘い**香りが心地いい |
| 味 | ▪ストレートほどはっきりとはしなくなるが芯はしっかりと通っている<br>▪アルコール刺激がなくなるのもあってありえんくらいスイスイと飲める |

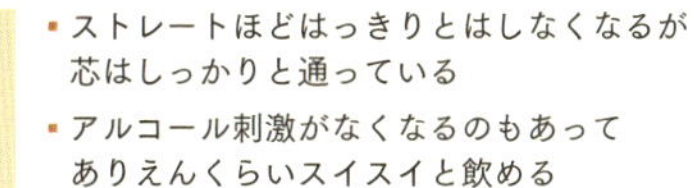

構成要素

## ハイボールで飲んでみる

| | |
|---|---|
| 味 | ▪意外と特筆すべき点はない<br>▪ロックでも感じたけれど『響』ほど伸びはなく、薄まった印象を受ける<br>▪反面、嫌味もまったくないので飲みやすいといえば飲みやすい |

構成要素

総評

### ジャパニーズウイスキーの在り方を示唆する存在

『オールド』は『山崎』シェリー、『リザーブ』は『白州』と各々個性を持っている陰で、現行の『ローヤル』は何かと酷評されがちなイメージがあるけれど、想像以上に熟成感を感じるウイスキー。おすすめは少量加水〜ロック。『響』とは対称的に押しを強くしたようなバランス。**ミズナラ**の感じももちろんあり。

所感

### このレベルが安定供給されているのは正直すごい

値上げが続き良いお値段になってきましたけれど、『響』も相応に大きく値上がりしていますので相対的に「まだ」安いといえます。また『オールド』『リザーブ』『ローヤル』のブレンデッド御三家は純ジャパニーズウイスキーと明記されるようになったのも追い風が吹いています。注目度高しですよ！

102

# サントリー ワールドウイスキー 碧 Ao

ブレンデッド

ワールド

SUNTORY WORLD WHISKY Ao

## 青の世界へ誘う、未経験の波が押し寄せる独創性

DATA

蒸留所：山崎、白州、ジムビーム・クレアモントなど
製造会社：サントリーホールディングス株式会社
内容量：700㎖
アルコール度数：43%
購入時価格：5,500円（税込）
2024年11月時市場価格：6,600円（税込）

サントリー汎用の形の碧いプラスクリュー

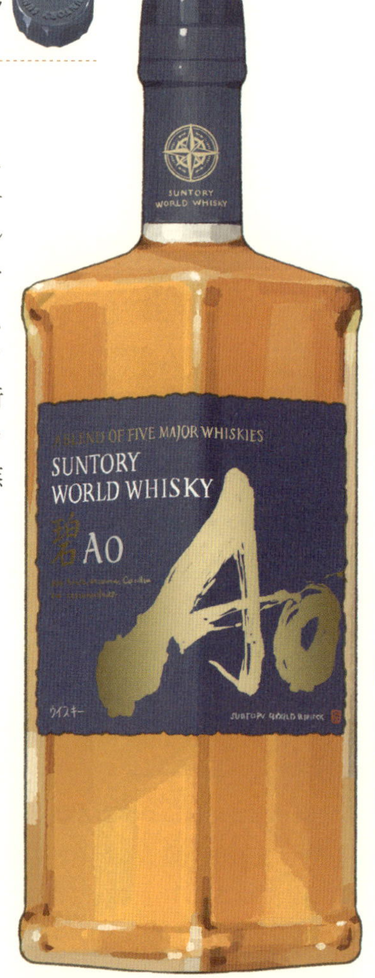


### 5つの原酒が集まって『碧』のブルーになる

初出は2019年。世界5大ウイスキーであるところのスコッチ、アイリッシュ、アメリカン、カナディアン、ジャパニーズすべてを使用したブレンデッドウイスキーです。スペックは、アードモア蒸留所／グレンギリー蒸留所（スコットランド）、クーリー蒸留所（アイルランド）、ジムビーム・クレアモント蒸留所（アメリカ）、アルバータ蒸留所（カナダ）、山崎蒸溜所／白州蒸溜所（日本）の7カ所の原酒を使用しています。サントリーが上記蒸留所を所有してるからこそできる芸当です。

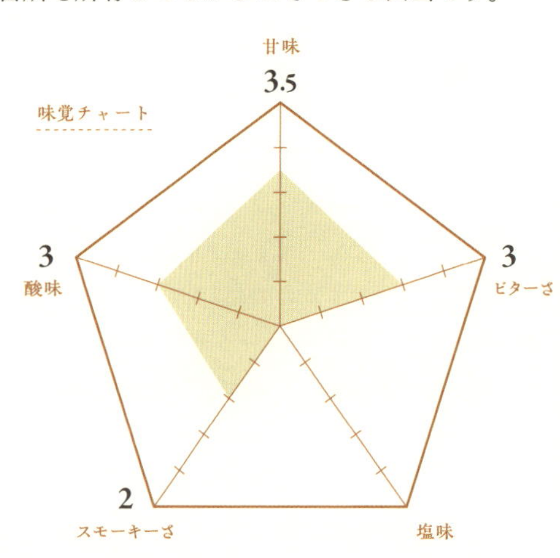

## ストレートで飲んでみる

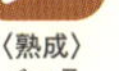

| | |
|---|---|
| 色 | ▪ やや明るい琥珀色 |
| 香 | ▪ **バーボン**然とした**甘い溶剤**感が支配的<br>▪ ……な、もののところどころにそれ以外の**スモーキー**だとか**青りんご**的な**フルーティー**な要素も見えてくる<br>▪ 君は一体誰なんだと脳がバグりだす |
| 味 | ▪ やっぱり**樽**感強めの**バーボン**っぽいなぁ……と思いつつ<br>▪ 次の瞬間には軽やかだったり**スモーキー**だったり<br>▪ 品の良い**大人しさ**だったりとコロコロと表情を変える<br>▪ 余韻は完全にバーボンのそれではなく、スコッチやアイリッシュの小気味いい**フローラル**感 |

構成要素

## ロックで飲んでみる

| | |
|---|---|
| 香 | ▪ やはり**バーボン**のニュアンスが支配的なものの、<br>▪ **バーボン**だけではない**モルト**香も感じられる |
| 味 | ▪ ロックは**バーボン**感が強まる<br>▪ 舌がきゅっと閉まるような**ビター**さは**バーボン**そのもの |

構成要素

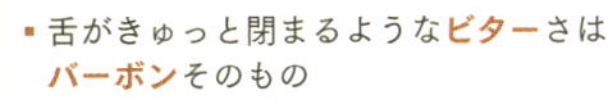

## ハイボールで飲んでみる

| | |
|---|---|
| 味 | ▪ とうとう形容しがたくなった……<br>▪ 5大ウイスキーが溶け合って、**酸味**があって、**甘く**て、<br>▪ やや**樽**感のある、余韻のやさしい、**穀物**っぽい……<br>▪ そんなハイボールと化している |

構成要素

総評

### なんとも筆舌に尽くし難い 経験したことのないこの感じ

大まかに、大雑把に、端的に言うなら**バーボン**なんだけれど、それだけではなくてきちんと他の原酒の個性も浮き上がってくるように構成されているように感じた。5大ウイスキーとしての要素を感じ取りたいならストレート。ハイボールもそれなりにおすすめ。ごちゃごちゃになっていないのはブレンドの妙。

所感

### 値段に見合った造り込み かつ原酒の熟成度もしっかり!

なんだか抱き合わせ売りなどによく使われ、不当にイメージが落ちている感じがしますけれど、飲んでみると安っぽくない味わいにそれなりの熟成感があり、これまでにないウイスキーとしての存在感をしっかりと放っています。**バーボン**感は強いですが。**日本らしい**ものづくり精神が感じられます。

# 103 シーグラム セブンクラウン

ブレンデッド
アメリカン

Seagram's SEVEN CROWN

## バーボンではない「アメリカンブレンデッドウイスキー」

DATA

蒸留所：ローレンスバーグ蒸留所（アメリカ）
製造会社：ペルノ・リカール社
内容量：750㎖
アルコール度数：40%
購入時価格：1,800円（税込）
2024年11月時市場価格：2,800円（税込）

プラ製のスクリューキャップ

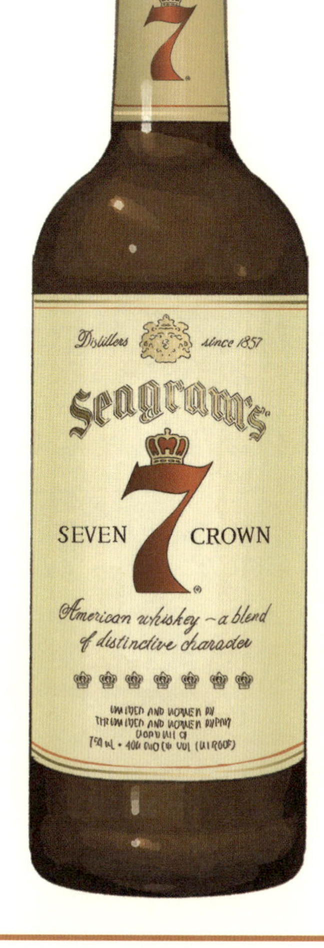


### 『シーグラム』の名を継承し続ける7つの王冠

始まりは1934年、アメリカ禁酒法解除の翌年です。名前の通りシーグラム社が製造していましたが、2000年に酒造部門をペルノ・リカール社に売却し今に至り、『シーグラム』の名前が今でも使用されています。また、バーボンが大半のアメリカンウイスキーの中では異色のアメリカンブレンデッドウイスキー。ブレンデッドといってもアメリカ独自の分類法になっていて、ややこしい定義の中で「分類外をとりあえずそこに分類した」みたいなところがアメリカンブレンデッドです。

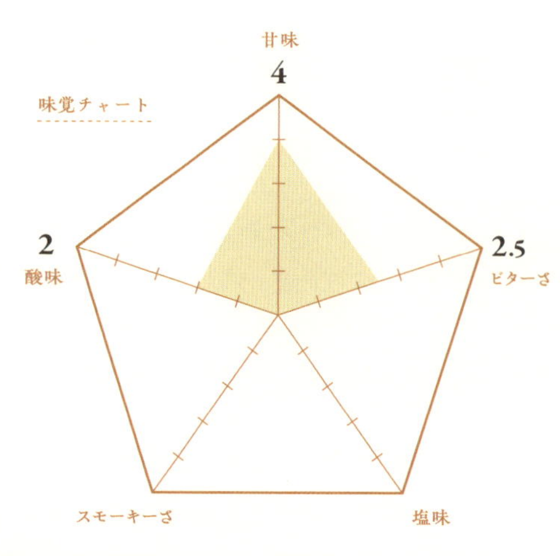

| | |
|---|---|
| 色 | ・琥珀色 |
| 香 | ・**バニラ**、**トロピカルフルーツ**、**蜜**の濃い香り<br>・アルコール感はほとんど感じない |
| 味 | ・**甘い**。**バーボン**特有の深いコク、あとから来る**南国フルーツ**感<br>・アルコール刺激はほのか<br>・**シロップ**のような**甘さ**も感じられる |

構成要素

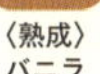
〈熟成〉バニラ

〈果物〉マンゴー

〈果物〉バナナ

〈甘さ〉メープルシロップ

**ロック**で飲んでみる

| | |
|---|---|
| 香 | ・**甘い**香りが強調される<br>・**バーボン**特有の**接着剤**感も出てくるが不快ではない |
| 味 | ・まったりとした**甘さ**に加え、やや**樽**感も出てくる<br>・余韻にも少し**渋み**が残るが終始**甘さ**がフォローに入る |

構成要素

〈熟成〉バニラ

〈果物〉マンゴー

〈果物〉バナナ

〈甘さ〉メープルシロップ

〈感覚〉樽から来る渋み

〈熟成〉溶剤

**ハイボール**で飲んでみる

| | |
|---|---|
| 味 | ・まったりとした**甘み**は加水でもよく伸びハイボールでも愉しませてくれる<br>・特に雑味もなく、バーボンより格段に飲みやすい<br>・**南国フルーツ**感が炭酸に乗って香ってくる、良い<br>・ただし少し薄まりを感じるね……？ |

構成要素

〈熟成〉バニラ

〈果物〉マンゴー

〈果物〉バナナ

〈甘さ〉メープルシロップ

〈熟成〉溶剤

総評

## 手抜きじゃないしっかりとしたアメリカンウイスキー

まさに**バーボン**のいいところだけを抜き出したかのようなブレンデッド。ネガティブ要素を徹底的に排除した味わいは**バーボン**が苦手な人でもとっつきやすい。おすすめはストレート。**南国フルーツ**っぽい**黄色**を連想する**フルーティー**さと**バーボン**らしい**バニラ**感が贅沢な味わいになっている。

所感

## 文字数が足りなかったので補足すると

バーボン、ライ、コーンのストレートウイスキー（2年以上熟成したもの）を、アルコール度数50度に換算して20%以上使用し、残りを他のウイスキーやスピリッツでブレンドしたウイスキー……をアメリカンブレンデッドウイスキーといいます。該当するものは実は少なく、ニッチなジャンルです。

104

# デュワーズ 12年

ブレンデッド
スコッチ

Dewar's Aged 12 Years

## 期待を裏切らないウッディ&メロウ

DATA

蒸留所：アバフェルディ、ロイヤルブラックラ、デヴェロン、オルトモアなど
製造会社：ジョン・デュワー&サンズ社
内容量：700㎖
アルコール度数：40%
購入時価格：2,300円（税込）
2024年11月時市場価格：2,800円（税込）

黒と金が輝くかっこいいコルク栓！！！！！！！！

### ハイボールの起源といわれるスコッチ

『デュワーズ』の始まりは1846年。創業者のジョン・デュワーは、初めてウイスキーをガラス製ボトルに入れて販売した人といわれています。上記5種のキーモルトは『デュワーズ』の5柱と呼ばれ、特に『アバフェルディ』はデュワーによって設立され、まさに『デュワーズ』のための蒸留所といえ使用比率も最も高いそうです。また、『デュワーズ』はハイボールの起源ともいわれ、「背の高い(high)グラスなら、もっと楽しめる(have a ball)」からハイボールが生まれたという逸話があります。

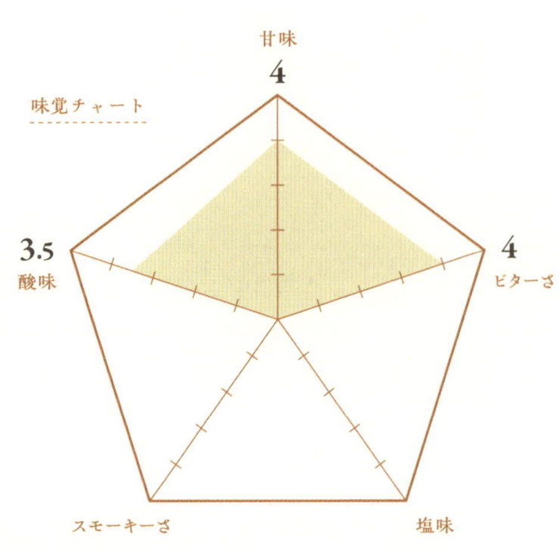

## ストレートで飲んでみる

**色**
- 鮮やかなゴールド

**香**
- **はちみつ**のような香りが目立つ
- **青りんご**のような爽やかな香りも
- アルコール刺激はほとんどない

**味**
- 意外にもライトな味わい
- **レーズン**のような**フルーティー**さ
- ふわっと軽い**甘さ**のあとに**樽**っぽい**ビター**さが支配する

構成要素

〈甘さ〉はちみつ

〈熟成〉バニラ

〈果物〉青りんご

〈熟成〉木材

〈感覚〉ビター

〈果物〉レーズン

## ロックで飲んでみる

**香**
- 珍しく香りが閉じ気味になる
- **はちみつ**より**モルト**香が目立ちだすのがわかる

**味**

- ストレートより**甘さ**、**樽**感が際立つ。本領はここからといったところか
- かなりはっきりとした**樽**感が感じられて面白い。**ビター**さもくどくない

構成要素

〈甘さ〉はちみつ

〈香ばしさ〉穀物

〈熟成〉木材

〈感覚〉ビター

〈熟成〉バニラ

〈果物〉青りんご

## ハイボールで飲んでみる

おすすめ

**味**
- ほんのり**甘くてほろ苦い**ハイボール
- 『デュワーズ』といえばコレを期待して飲んでいるフシがある
- ハイボールで『デュワーズ』を出している飲食店は「理解ってる」感がある
- （なんの感想だよ）

構成要素

〈甘さ〉はちみつ

〈感覚〉ビター

〈熟成〉木材

〈熟成〉バニラ

〈果物〉レーズン

### 総評　ウッディなビターさと甘さが調和する信頼感

期待したものを期待通りにお出ししてくれるものには大きな信頼感がある。**ウッディ**成分が欲しいときに活躍。おすすめは言うまでもなくハイボール。飲食の場でも素晴らしいバイプレイヤーっぷりを見せてくれる。糖分的な甘いものにも合うし、なんならうどんつゆみたいなものにも合うのでかなり万能。

### 所感　リニューアルからおよそ1年も経つけれど……

2024年1月より見慣れた茶色のボトルから透明なものへと生まれ変わり、樽構成もファーストフィルのバーボン樽へとなっています。期待する「『デュワーズ』らしさ」は変わらず、バランスの良いものへとなっています。個人的には旧ボトルの落ち着きのある上品さも好きでしたが、これはこれで。

105

# ハイランドクイーン1561 30年

ブレンデッド

スコッチ

HIGHLAND QUEEN 1561 AGED 30 YEARS

## なんでも器用にこなせるぶっ壊れウイスキー

DATA

蒸留所：タリバーディン蒸留所（スコットランド／ハイランド）など
製造会社：メゾン・ミッシェル・ピカール社
内容量：750㎖
アルコール度数：40%
購入時価格：13,350円（税込）
2024年11月時市場価格：22,000円（税込）

ちょっとチープだけどコルク栓！！！！！！！！

### 破格の値段の「30年」もの

マクドナルド＆ミュア社（現グレンモーレンジィ社）が1893年にブランドを創設。かつての同社はグレンモーレンジィとグレンマレイの2つの蒸留所を所有していたそうですが、『ハイランドクイーン』ブランドが2008年にピカール社へと売り渡されているためキーモルトは『タリバーディン』といわれています。スペックは「1982年蒸留のモルト」「1978年・1979年蒸留のグレーン」「シェリー樽で6カ月の追熟」「モルト比率75％以上」という、なろう系も真っ青のぶっ壊れ性能です。

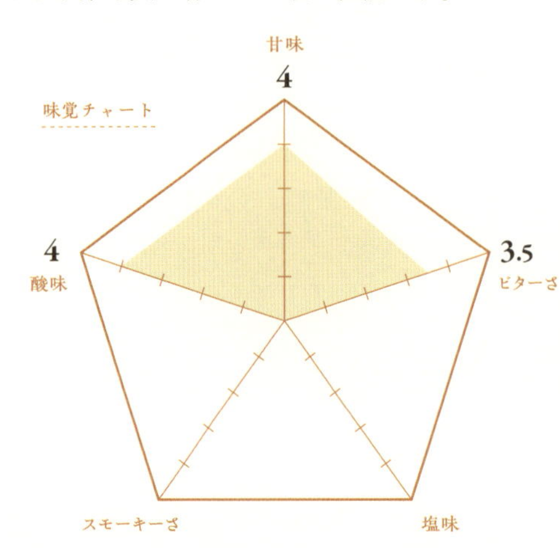

## ストレートで飲んでみる

構成要素

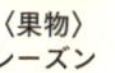

**色**

- 深みのある赤褐色

**香**

- 重厚……というよりはむしろさっぱり系
- かといって軽い香りではなく深みを感じる
- じきに**バニラ**、**レーズン**、**青りんご**のニュアンス
- あと**黒糖**。アルコールアタックはほぼ感じない

**味**

- サラっとしている
- **甘さ**だったり、**フルーティー**さだったりの要素要素がパッパッと浮かんでは消えていく……
- **デトックスウォーター**みたいな感じ
- 余韻に**樽**の**渋み**。それが結構来る

## ロックで飲んでみる

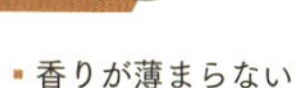

構成要素

**香**

- 香りが薄まらない
- 結構べっとりとした**黒糖**の**甘い**香りから**バニラ**っぽさまで残っている

**味**

- こっちのほうが飲みやすい。いや美味しいなこれ！
- **フルーティー**でいて、そこはかとなく**はちみつ**のように**甘い**
- ウイスキーというのはこうあるものなのだよ、と自然体で示している

## ハイボールで飲んでみる

構成要素

**味**

- **青りんご**感が増して爽快
- 「30年」をハイボールにして消費するのはいかがなものかとは思うけれど、
- 独自の深みがありかなり飲みやすい

総評

### 人間もかくあれかしと思ってしまうウイスキー

月日が経験を育み、どこででも実力を発揮できるようになった……そんな成熟した人間を彷彿とさせる器用な一本（ポエム）。おすすめはロック。やや軽めな感じを補ってウイスキーの複雑さの面白さを思いださせてくれる味。ハイボールもとても飲みやすい。こんな落ち着いた人間になりたいものである（？？？？）。

所感

### なんでこんな安いのか謎だなぁと思っていたら……

あれよあれよという間にそれなりの値段になっちゃいました。時折SNSにて紹介されて品薄に〜を繰り返していたので在庫が怪しくなったのでしょうか。ちなみに「1561」には「21年」ものも存在します。こちらはまだリーズナブルなほうなので興味があれば。実は「ノンエイジ」版も存在していたりします。

106

# バランタイン 17年

ブレンデッド

スコッチ

Ballantine's AGED 17 YEARS

## 言葉は不要、スコッチの真の理

DATA

蒸留所：スキャパ、ミルトンダフ、グレンバーギー、グレントファースなど
製造会社：ジョージ・バランタイン＆サン社
内容量：700㎖
アルコール度数：40％
購入時価格：6,000円（税込）
2024年11月時市場価格：7,800円（税込）

世にも珍しいコルク＋スクリュー仕様

### あいつこそがスコッチの王子様

初出は1937年。究極のスコッチを生み出すべくして造られた、当時では珍しい「17年」もののブレンデッドウイスキーとして誕生しました。今でも「ザ・スコッチ」として世界に君臨する、ウイスキーファンなら避けては通れない銘酒として知られています。『バランタイン 17年』と言えば、魔法の7柱というソロモン72柱みたいな名前で知られる、程よくばらけた地域のモルトが誕生以来レシピは変わらず使われている……という「都市伝説」があります。現在は変わっています。

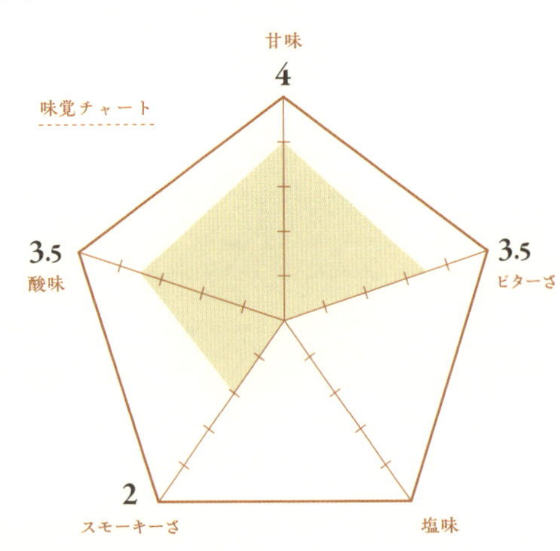

おすすめ

**色**
- 濃いめの黄金色

**香**
- **熟しかけのりんご**、サラっとした**はちみつ**
- 品のある爽やかで模範的なスコッチ感

**味**
- **フルーティー**でいて、**ビター**さも目立つ
- 背後にほのかな**スモーキー**さのバランスが心地いい
- 余韻は結構**ビター**

〈果物〉熟しかけのりんご

〈甘さ〉はちみつ

〈果物〉フルーティー

〈感覚〉ビター

〈ピート〉スモーキー

ロックで飲んでみる

**香**
- 爽やかな**フルーティー**感
- すぐそこに**スモーキー**な香りが迫る。豹変

**味**
- 意外にもストレートよりビター感が薄まり結構飲みやすい
- **フルーティー**で、やはり癖のない**はちみつ**感
- 余韻に舌の奥で**ビター**感を感じてキュッとなる。これもよい

構成要素

〈果物〉熟しかけのりんご

〈果物〉洋梨

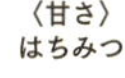
〈甘さ〉はちみつ

〈果物〉フルーティー

〈感覚〉ビター

〈ピート〉スモーキー

ハイボールで飲んでみる

おすすめ

**味**
- ここにきてもバランスが取れていてさらに美味しい
- **ビター**感はあるかないかくらいのアクセントに落ち着く
- トップノートは**フルーティー**感優勢になり飲みやすさが増す
- なんかいつものウイスキーの感じとは逆でビビる

構成要素

〈果物〉熟しかけのりんご

〈果物〉洋梨

〈甘さ〉はちみつ

〈果物〉フルーティー

〈感覚〉ビター

総評

## さすがの完成度にテンションが上がる

**青りんご**のような**フルーティー**さも備え、非常に上品。**樽**感、**スモーキー**感、**バニラ**感も満遍なく備え隙がない。これぞ「ザ・スコッチ」。加水で癖が収まる印象があるので、飲みやすさで言えばハイボールがおすすめ。ただストレートでも十分美味しいので飲み方を選ばない印象。安定感抜群で信頼が置ける。

所感

## 緑の瓶のウイスキー、ハズれのない集団

要素の品揃え的に**フルーティー**、飲みやすさに訴求したわかりやすさがあり、飲み方を選ばない万能さがあります。スコッチとしての要素を満遍なく備えているって意外と難しいんでしょうね。たぶん。今日、何飲もうか問題に対して、いつ飲んでも美味しいウイスキーは心の安定にもつながります。

107

# ロイヤルサルート 21年 シグネチャーブレンド

ブレンデッド
スコッチ

ROYAL SALUTE 21 YEARS OLD THE SIGNATURE BLEND

## お淑やかでありながらストレート一択、豪華絢爛・志操堅固

DATA

**蒸留所**：ストラスアイラ、ロングモーン、グレンキース、グレンリベットなど
**製造会社**：シーバス・ブラザーズ社
**内容量**：700mℓ
**アルコール度数**：40%
**購入時価格**：12,000円（税込）
**2024年11月時市場価格**：16,000円（税込）

やはり豪華絢爛な……コルク栓！！！！！！！！

### 英国女王エリザベス2世へ捧ぐウイスキー

初出は1953年。製造はあの有名なシーバス・ブラザーズ社です。当初は、クイーンエリザベス2世の王位即位後の就任宣明の儀式であるところの戴冠式のためだけに造られたウイスキーだそうです。かつては『ロイヤルサルート 21年』という名前で中身は一緒の3色のボトル展開（クイーンエリザベス2世の戴冠式で使用された王冠にあしらわれた宝石の色）をしていましたが、2019年頃から現行の「シグネチャーブレンド」としてリニューアルし、青ボトル固定となりました。

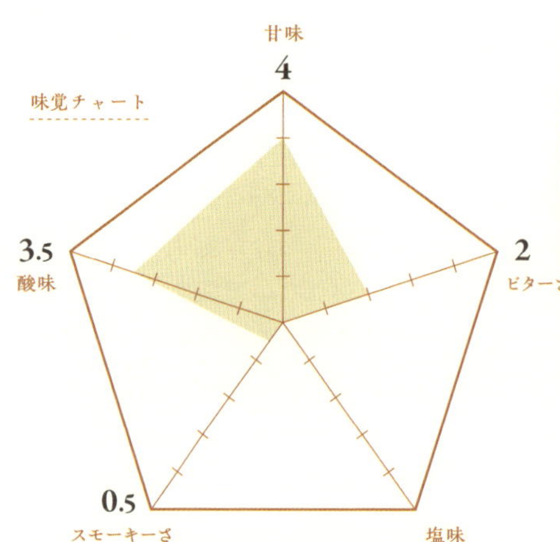

## ストレートで飲んでみる　おすすめ

**色**
- 赤みを帯びたアンバー

**香**
- スムースな**青りんご**、**フローラル**
- 熟成感のある**バナナ**や**バニラ**香。お淑やか

**味**
- 口当たりなめらかでありながら……
- さらりと**甘いはちみつ**や**洋梨**の爽やかさが広がる
- 余韻にはほんの少しの**スモーク**と**スパイス**、結構続く

構成要素

〈果物〉青りんご

〈熟成〉バニラ

〈果物〉バナナ

〈甘さ〉はちみつ

〈果物〉洋梨

〈果物〉レーズン
〈熟成〉スパイシー
〈ピート〉スモーキー

## ロックで飲んでみる

**香**
- **甘め**な香りが強くなる。次いで**木**感。これは……

**味**
- **甘さ**は強くなるものの、全体的に薄まった印象
- 余韻に喉の奥が**渋い**

構成要素

〈果物〉青りんご

〈熟成〉バニラ
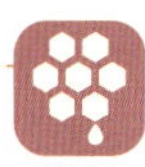
〈甘さ〉はちみつ
〈熟成〉木材

〈果物〉洋梨

〈果物〉レーズン

## ハイボールで飲んでみる

**味**
- ネガティブなニュアンスが一切なくスルスル飲める
- 悪く言えば薄い。ただ味がしないというわけではなく……
- 値段を度外視すれば普通に美味しく飲める

構成要素

〈果物〉青りんご

〈熟成〉バニラ

〈甘さ〉はちみつ

〈熟成〉木材

〈果物〉洋梨

〈果物〉レーズン

### 総評　ウイスキーを「嗜む」ことに没頭できるボトル

ストレート一択とは聞いていたものの、そうでなくてもある程度は崩れず飲める。年数相応の深い熟成度を感じられ、ウイスキーを「嗜む」ということに没頭できる、そんなボトル。ただ、結局は完成度を崩さないためにも上述の通りストレート一択。氷ひとかけら落とすくらいならロックもアリ、かも？

### 所感　存在するだけで華になるまさに「優雅」のひと言

『ロイヤルサルート』については、初めて読んだウイスキー本で一番最初に手に取ってみたいと思ったウイスキーです。鮮やかな陶器ボトル、どのレビューを見てもストレート専門……優雅であってアクの強い、こういうのっていいですよね。しっかりと実力を伴った乗りこなしにくさというか……説得力があります。

108

# ワイルドターキー 8年

バーボン

アメリカン

WILD TURKEY AGED 8 YEARS

## ガツンと来るのにしつこくない統制の取れたバーボン

DATA

蒸留所：ワイルドターキー蒸留所（アメリカ）
製造会社：同上
内容量：700㎖
アルコール度数：50.5%
購入時価格：2,450円（税込）
2024年11月時市場価格：3,200円（税込）

七面鳥が刻まれたコルク栓！！！！！！！！

### これぞ王道のプレミアムバーボン

前身となるリピー蒸留所は1869年の創業。『ワイルドターキー』というブランド名が生まれたのは1940年かららしいです。『ワイルドターキー』を語る上で外せないのが3代目マスターディスティラーであるジミー・ラッセルの存在です。54年に蒸留に携わるようになったラッセルはなんと現在まで現役を貫いています。ターキーというのは言わずもがな七面鳥で、ラベルにも大きく描かれているのと、バーボンでは珍しめな中長期熟成のリリースが存在することが特徴です。

味覚チャート

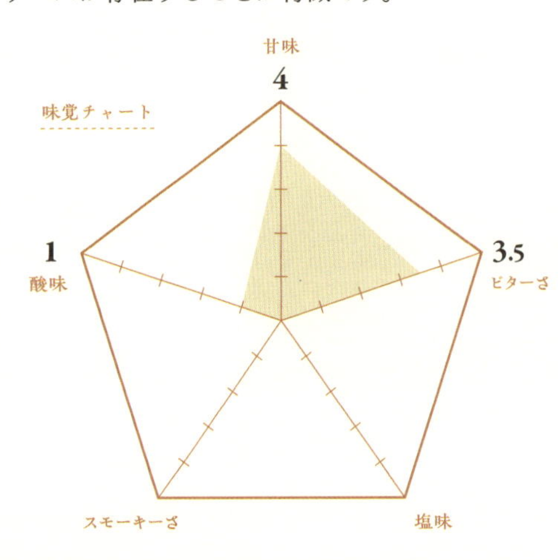

## ストレートで飲んでみる

おすすめ

| | |
|---|---|
| 色 | ・深い琥珀色 |
| 香 | ・**バーボン**特有の強い**バニラ**、**溶剤**<br>・ただ癖強っ！　ってわけでもなく、やさしく穏やか<br>・アルコールアタックもほとんどない |
| 味 | ・度数から来るアルコール刺激と**甘さ**が同時に強く来る<br>・なるほどガツンってこういうことかぁ……<br>・味わうように飲むとやや粘性を感じ**ウッディ**、それでいて**バニラ**<br>・いい方向に癖がある |

構成要素

〈熟成〉バニラ
〈熟成〉溶剤
〈熟成〉木材
〈香ばしさ〉トースト

## ロックで飲んでみる

| | |
|---|---|
| 香 | ・すげぇ**甘い**香り<br>・**キャラメルソース**のかかった**バニラアイス**のよう |
| 味 | ・驚くほど味の印象が薄くなる。なんだこれ<br>・……と、思いだしたかのように余韻に<br>・ふわりふわりと**ウッディ**さ、**ビター**さが出てくる |

構成要素

〈熟成〉バニラ
〈熟成〉溶剤
〈熟成〉木材

〈甘さ〉キャラメル
〈甘さ〉バニラアイス
〈感覚〉ビター

## ハイボールで飲んでみる

| | |
|---|---|
| 味 | ・ストレートとは打って変わってやや**ドライ**<br>・少しの**フルーティー**さと**バニラ**感がしつこくなくてちょうどよい<br>・余韻に**ウッディ**さが上がってきて飲みごたえが強い |

構成要素

〈熟成〉バニラ
〈熟成〉木材
〈果物〉フルーティー

〈感覚〉ビター
〈熟成〉溶剤

### 総評　「チカラ」の制御がきちんとできている**バーボン**

やや高い度数ゆえガツンとしたアルコール感はあるものの、**バーボン**のスタンダードなところをきちんと押さえたキャラクターで、かつそれが嫌味に見えないようになっているので非常に飲みやすい。おすすめはストレート。刺激と**甘さ**でドンチャカ騒がしくて楽しい。もちろんハイボールも飲みごたえ抜群で良き。

### 所感　『ワイルドターキー』から**バーボン**にハマるのもあり

**バーボン**と言えば強烈な**木**感とキツめの**溶剤**臭なのですけれど、**溶剤**臭のほうは（比較的）気にならない程度にまとまっていて**バーボン**初心者に薦めても大丈夫なのかなぁ、と思いました。40度の「スタンダード」も良いですけれど、「ハイプルーフ」も良いですよ……。**バーボン**はそういうの多めですね……。

109

# 岩井 トラディション

ブレンデッド

ジャパニーズ

IWAI TRADITION

## 伝統をしみじみと感じる真面目なウイスキー

DATA

蒸留所：マルス駒ヶ岳蒸溜所（日本／長野県）など
製造会社：本坊酒造株式会社
内容量：750㎖
アルコール度数：40%
購入時価格：2,200円（税込）
2024年11月時市場価格：2,420円（税込）

メタルスクリュー

### ジャパニーズウイスキー創世の一翼の名を冠したウイスキー

初出は2010年。商品名の『岩井』とは岩井喜一郎のことであり、ジャパニーズウイスキーの父として知られる竹鶴政孝がスコットランドでウイスキーを学ぶきっかけとなった人です。竹鶴がスコットランドでの実習を終えたのちに提出した「竹鶴ノート」を礎にして岩井が設計した蒸留設備が現在のマルスウイスキーのもととなっていることから『岩井』の名がつけられました。現在マルスウイスキーは『駒ヶ岳』『津貫』のシングルモルトが1年ごとに継続的にリリースされています。

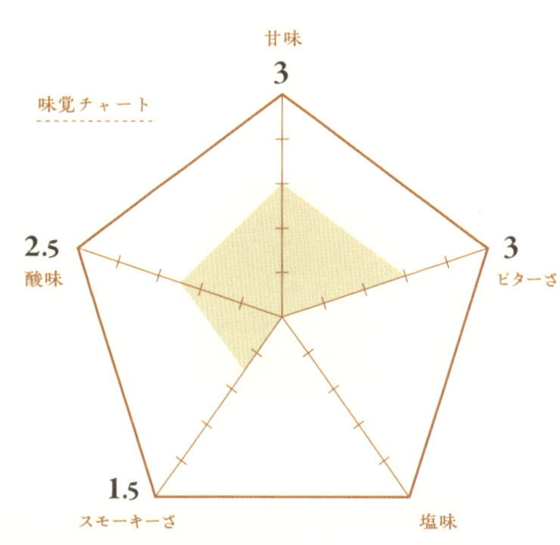

## ストレートで飲んでみる

**色**
- やや赤みを帯びた琥珀色

**香**
- やさしく香る**モルト**の**甘い**香り。ほのかに**レーズン**感もある
- アルコールアタックはほとんどなし

**味**
- 第一に**甘さ**が訪れる
- アルコール刺激はあるものの、未熟感は感じられない
- やはり**干しぶどう**のような**酸味**のある**フルーツ**感もある
- 余韻に**ビター**さがうっすらと残りバランスが良い

構成要素

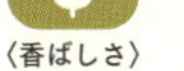

〈果物〉
青りんご

## ロックで飲んでみる

**香**
- **はちみつ**のような**甘い**香りが顔を出す
- **グレーン**特有の**溶剤**香もほんの少しだけ見えてくる
- まるで不快に感じないのがすごい

**味**
- とにかく**甘さ**が花開く
- こういう場合は余韻のビターさが深まるものだけどそうでもなく……
- やさしく溶け込むようにフェードアウトしていく

構成要素

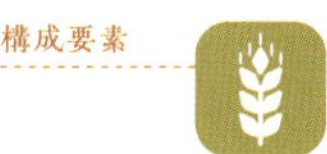

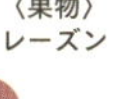

## ハイボールで飲んでみる おすすめ

**味**
- ここにきて心地いい**スモーキー**さが顔を出す
- 前述の**甘さ**、**フルーティー**さ、そして**スモーキー**さのバランスが取れた幸せなハイボール
- **モルティ**さだとか**はちみつ**だとかの**甘い**味わいが豊かでやさしい

構成要素

総評

### 限定品じゃない素体も相当に美味しい

七変化、というかさまざまな香味のハーモニーがただただ心地いい。それでいてどれが主張しすぎるでもなくまさしくバランスの取れた、それでいてどことなく繊細な日本らしさを感じる素晴らしい一本。ハイボールが気軽で、それでいて複雑で美味しい。スコッチ×ジャパニーズの特徴が表れていてしみじみと飲める。

所感

### 知る人ぞ知るという立ち位置なのは……

販売が特約店に限定されているため、スーパーや酒販チェーンではまず見かけないウイスキーです（なんなら本坊酒造公式通販にも売っていません）。ただ、その狭き門を潜って購入するほどの価値は間違いなくあるボトルです。限定品も同じく。あと、地味に750㎖なのもうれしく、お得感がすごいです。

110

# 響 ジャパニーズハーモニー

ブレンデッド
ジャパニーズ

HIBIKI JAPANESE HARMONY

## 『響』の片鱗が垣間見える繊細な若さ

DATA

蒸留所：山崎蒸溜所、白州蒸溜所、知多蒸溜所
製造会社：サントリーホールディングス株式会社
内容量：700mℓ
アルコール度数：43%
購入時価格：5,500円（税込）
2024年11月時市場価格：8,250円（税込）

このコルク栓がすんげぇんだ！！！！！！！！

### 24面カットが美しい『響』のエントリーモデル

『響』の誕生は1989年、サントリー創業90周年を記念して発売されました。初期は年数表記がなく、「17年」相当でした。ブラームスの「交響曲第1番」の第4楽章をイメージして造られたとされ、名前も交「響」曲から取った……と思いきや「人と自然が響きあう」というサントリーの企業理念かららしいです。『響 ジャパニーズハーモニー』は終売となった『響 12年』の後継としてのリリースで、「ノンエイジ」ながら平均酒齢がおよそ10年。ボトルはしっかりと24面カット仕様です。

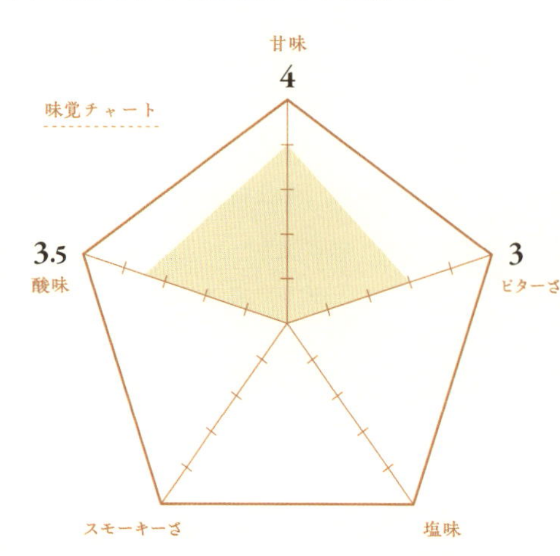

## ストレートで飲んでみる

おすすめ

構成要素

**色**

- ややゴールド交じりの琥珀色

**香**

- 『山崎』然とした**香木**を思わせるやさしい香り
- **青りんご**のようなニュアンスも感じられる
- 全体的に穏やかではあるけれど
アルコールアタックはややある

**味**

- アルコールの刺激が目立つ
- ひと口にモルトがどうのとかではない
多層的な味の広がりが感じられる
- **甘**、**酸**、**渋**が絡み合ったような。面白い

## ロックで飲んでみる

構成要素

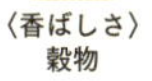

**香**

- 明確に**甘い**香りが目立つ。
**はちみつ**のような**甘い**香りが全開
- 香木感は後ろに下がる

**味**

- アルコール刺激が抑えられ飲みやすくはなる
- それと同時に味のほうも
ちょっとぼやっとしてしまう

## ハイボールで飲んでみる

構成要素

〈感覚〉
ビター

**味**

- 「ジャパニーズハーモニー」と言えど
気が引ける飲み方だけれど意外に悪くない
- むしろ相当いい!! 『山崎』の**香木**感は
失われず主張している
- 『白州』モルトがひっそりと支えているのか、
ソーダとの良好な親和性を見せている

総評

### サントリーブレンデッド 最高グレードの入口

若さゆえの刺激が目立つものの『響』というウイスキーのポテンシャルの片鱗を見るためにストレートでぜひ飲んでみてほしい。飲みやすさでいうとやはりハイボールが予想以上に美味しかった。もったいない気がするけどおすすめ。『響』としての繊細さと**ミズナラ**樽原酒の**日本らしさ**はこの時点からしっかりと。

所感

### ウイスキー初心者の頃 夢見て探し回っていたボトル

まぁ今も初心者みたいなもんですけれど………。『山崎』『白州』『知多』のブレンデッドって他にも存在するのにこんなにも幅をもたせることができるのって、サントリーはすごい。というか国内3蒸留所でこれだけ擦って造り分けてブレンデッド出しているのって世界的に見てもサントリーだけでは……？

111

# マルスモルテージ越百 モルトセレクション

ブレンデッドモルト

ジャパニーズ

MARS MALTAGE "COSMO" Malt Selection

## 『岩井』の系譜を感じる正統派ブレンデッドモルト

DATA

**蒸留所**：マルス駒ヶ岳蒸溜所（日本／長野県）など
**製造会社**：本坊酒造株式会社
**内容量**：700㎖
**アルコール度数**：43％
**購入時価格**：4,620円（税込）
**2024年11月時市場価格**：4,840円（税込）

マルス特有のラミネートコルク！！！！！！！！

### 国内では珍しめなジャンルのブレンデッドモルト

2015年7月1日から発売され、今日まで続く銘柄です。スペックは、マルス駒ヶ岳蒸溜所のモルト原酒と海外モルト原酒のヴァッティングです。つまりワールドブレンデッド「モルト」というわけです。名前の由来は、中央アルプスの山々のひとつである「越百山（こすもやま）」から取られています。年一限定品でフィニッシュ系のリリースもされており、マンサニージャシェリー樽やワイン樽でのフィニッシュのものが過去に限定販売されていました（2024年現在はまだみたいです……）。

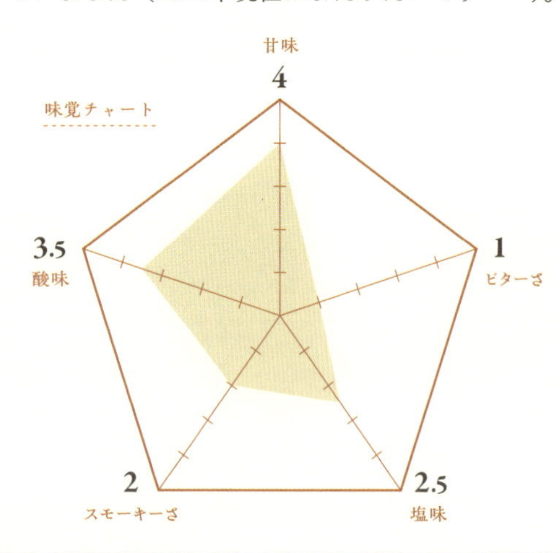

## **ストレート**で飲んでみる おすすめ

**色**
- 少し濃い、赤みを帯びたアンバー

**香**
- マルス特有？　の**スモーキー**な香り
- 意外にも**シェリー**っぽく**酸味**のある香り
- やさしい**麦**感、**トースト**の香り

**味**
- 一瞬の**潮**感。そして**甘い**
- かなりまろやかで一体感がある
- **スモーキー**さは余韻に顔を出してくる。いや〜美味しい

構成要素

## **ロック**で飲んでみる おすすめ

**香**
- 香りは控えめに。**はちみつ**
- **甘くフルーティー**なニュアンスもある

**味**
- **スモーキー**感が前に出てくる
- やはり**潮**感を舌先で感じる。ロックも美味しい
- 表情が変わってくる感じがよくわかる

構成要素

## **ハイボール**で飲んでみる

**味**
- どっしりと！！！！　それでいて**シェリー**っぽい華やかさがある
- 薄まらずに伸びが良い
- **スモーク**感は探そうと思えば感じる程度で、それがちょうどいい感じ
- **モルト**感の香ばしさが心地よく、**甘く**、**潮**もありとバランスが良い

構成要素

総評

### 『岩井 トラディション』の延長線上にあるようなブレンデッドモルト

ブレンデッドモルトならではの力強さがあり、スコッチっぽい**潮**感だの**スモーク**感といったニュアンスもあるため複雑！　飲んでいて飽きない。飲み方についてはどう飲んでも美味しい。スコッチっぽい要素が見えるのはストレート〜ロック。ハイボールは純粋に味わい深く美味しい。『岩井』の強化版な趣き。

所感

### なにやら言いがかりをつけられたりするけれど!!

縦に並べた『越百』の文字が『響』に見えるから誤認させようとしたネーミングだなどといわれのない疑いをかけられたりしていますけれど、別に誤認して飲んだとしても普通に美味しいウイスキーなのでがっかりすることはまずないと思いますよ（暴論）。とっても真面目に造られた真面目なウイスキーです。

COLUMN

4

## ウイスキーをコレクションするということ

酒好きにとって、ウイスキーは点滴です。オタクにとって、ウイスキーは天敵です（うまくない）。何を隠そう自分はオタクはオタクでも収集タイプのオタクなので、例に漏れずシリーズものなどは集めたくなってしまう病気みたいなものを永久に患っています。

### きっかけ

『サントリー ローヤル』（の古酒）です。それについては別コラムで書いている通りです。ボトルやラベルデザインまですべてが好きです。時代によってシュリンクが付きだしたり、コルク栓の封をしている紐やリボンがなくなったり、価格帯の変化によって値段なりの装飾に変わったり、時代時代で立ち位置とともに変化していることが伝わり、非常にコレクション性が高いです。

### 保管のポイント

これはコレクション関係なくウイスキーの取り扱い全般に言えることですけれど、基本的に「直射日光」「高温」「空気接触」の3つを避ければそれなりに品質を維持できます。実際は各々自分が信じることをやっている感じです。あんまり保管について情報はないので何が有効なのかは自分が信じているところが大きいと思います（本末転倒）。

### 個人的おすすめボトル

収集におすすめとか何を言っているのかわかりませんが『ザ・フェイマスグラウス』です。ブレンデッドスコッチであるため割合安価で、かつてより多少は値上がりしましたけれど、大体が1本3,000円以内で手に入ります。『フェイマスグラウス』の名の通り、ラベルに描かれた雷鳥のバリエーションも見ていて楽しく、何よりボトルの形が縦に細長いので場所を取らないのもポイント高しです。ラインナップが現行品でも7、8種ほどあり、やろうと思えばすぐに収集できるのもおすすめな理由です。興味が向いたら古酒のほうにも手をつけてみると楽しいです。沼から抜け出せなくなりますよ。

オタク心をくすぐる雷鳥の数々

# 5

# ライト

ウイスキーの普及にひと役もふた役も買っている、真の功労者たち。普段飲みに適した、軽やかでありながら、やさしさのある味わいはいつまでも変わらぬ安心感を与えてくれます。

112

# アーストン 10年 シーカスク

シングルモルト
スコッチ

AERSTONE AGED 10 YEARS – SEA CASK –

## 潮感と穏やかさが入り混じるローランドモルト

DATA

蒸留所：アイルサ・ベイ蒸留所（スコットランド／ローランド）
製造会社：同上
内容量：700㎖
アルコール度数：40%
購入時価格：3,300円（税込）
2024年11月時市場価格：3,850円（税込）

コルク栓！！！！！！！！

### 海と大地のシングルモルト

蒸留所の始まりは2007年。『グレンフィディック』などを手掛けるウィリアム・グラント＆サンズ社が所有するガーヴァン蒸留所に併設されました。同社所有の蒸留所はグレンフィディック、バルヴェニー、キニンヴィ、ガーヴァンそしてアイルサ・ベイと5つです。アイルサ・ベイ蒸留所は2007年設立ということで同蒸留所初の年数もののリリースです。「シーカスク」は海岸沿いにて熟成され、対としての「ランドカスク」は内陸の貯蔵庫で熟成しピーテッド麦芽を使用しています。

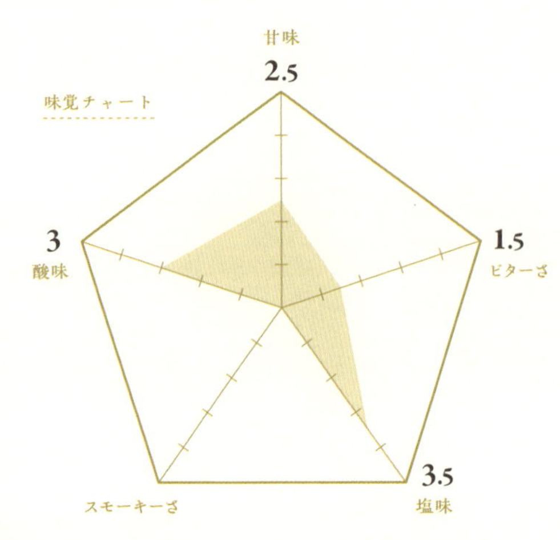

## ストレートで飲んでみる おすすめ

| | |
|---|---|
| 色 | ・明るいゴールド |
| 香 | ・湿った香り。雨の日を思いだす。なんだこれ!!<br>・奥に若干の金属臭、ほのかにモルトの甘い香り |
| 味 | ・潮っぽい。穀物の香ばしさ、ほんの少しレーズンっぽい<br>・基本はローランドモルトっぽく穏やかな味だけども潮っぽさが目立つ<br>・潮だね |

構成要素

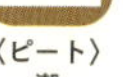

〈ピート〉海岸線　〈熟成〉湿った木　〈香ばしさ〉穀物
〈ピート〉潮　〈感覚〉大人しい
〈感覚〉金属　〈果物〉レーズン

## ロックで飲んでみる

| | |
|---|---|
| 香 | ・レーズンっぽさと金属っぽい香りがやや前へ<br>・依然として穏やかな感じは変わらない |
| 味 | ・とにかく潮っぽい。歯の裏に張り付くようなしょっぱさ<br>・なんだこれ!!　面白いこれ |

構成要素

〈ピート〉潮　〈果物〉レーズン　〈ピート〉海岸線
〈熟成〉湿った木　〈香ばしさ〉穀物　〈感覚〉大人しい　〈感覚〉金属

## ハイボールで飲んでみる おすすめ

| | |
|---|---|
| 味 | ・穀物と潮の味わい<br>・シェリー系ブレンデッド的なフルーティーな風味<br>・やさしく軽快なんだけれども、そこそこ複雑<br>・ピートのない潮感って結構新鮮かもしれない |

構成要素

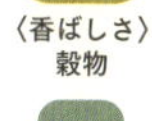

〈ピート〉潮　〈果物〉レーズン　〈香ばしさ〉穀物
〈感覚〉金属　〈ピート〉海岸線　〈感覚〉大人しい

### 総評　とにかく潮感が特徴的で面白い一本

これ単体がどうこうというのはともかく、こういうフレーバーを持った原酒が使えるという面では『グランツ』とかのブレンデッドにも幅をもたせられて面白いだろうなぁ、と思う。ストレートでの海感、ハイボールでの穏やかなフルーティー感は特におすすめ。ロックはなぜか潮感が強化して面白い。なんでだ。

### 所感　アイルサ・ベイ……語感が良くて素敵

名前とは裏腹に、「ランドカスク」のほうがピーテッドタイプとなっています（内陸ピートなので名前通りと言えば名前通りなんですけれども……）。よくよく考えると「SEA」と聞いてピートを連想するのはアイラ・アイランズ脳になっているのでは……（半分くらいは『タリスカー』に脳がもっていかれている感……）。

113

# ザ・グレンタレット トリプルウッド

シングルモルト
スコッチ

THE GLENTURRET TRIPLE WOOD

## 甘・酸・渋の要素をはっきり・さっぱり感じ取れる新生ボトル

DATA

蒸留所：グレンタレット蒸留所（スコットランド／ハイランド）
製造会社：同上
内容量：700㎖
アルコール度数：43%
購入時価格：5,400円（税込）
2024年11月時市場価格：6,200円（税込）

コルク栓
！！！！
！！！！

### 大きく様変わりした超老舗蒸留所

始まりは1775年、スコットランドで稼働している最古の蒸留所といわれています。かつては『フェイマスグラウス』を支える主要キーモルトとして有名だったのですが、2019年にフランスの高級クリスタルガラスメーカーであるラリックグループへとオーナーが代わり、高級シングルモルト路線へと舵を切りました。スペックはアメリカンオークとヨーロピアンオークのシェリー樽、バーボン樽の3種の原酒をヴァッティング。旧シングルモルトでも存在したトリプルウッドの名を継承。

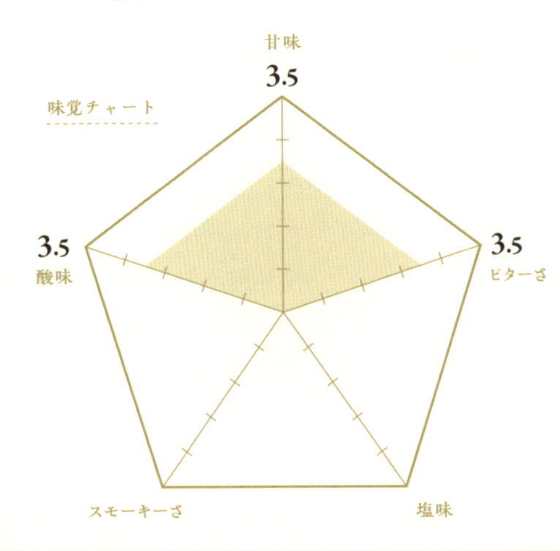

## ストレートで飲んでみる

**色**
- ほんのり赤みを帯びたような琥珀色

**香**
- 最大の特徴ともいえる**硫黄**的で**柑橘**的で**甘さ**的で……な香り
- 嗅いでいると**シェリー**樽のニュアンスも感じられる
- アルコールアタックはややある

**味**
- 口に含んでみると案外ボディはあっさりめ
- しかしながら味の要素は複雑め
- **甘酸っぱさ**の中に緩く**スパイス**があり、樽感の**ビター**さで〆る

構成要素

〈果物〉レーズン　〈果物〉オレンジ　〈甘さ〉はちみつ
〈熟成〉バニラ　〈ピート〉硫黄　〈感覚〉ビター
〈熟成〉スパイシー

## ロックで飲んでみる

**香**
- ストレートとほとんど変わらない
- 『グレンタレット』臭と言うべきか
- しばらくして冷えてくるにつれ香りが抑えられてくる

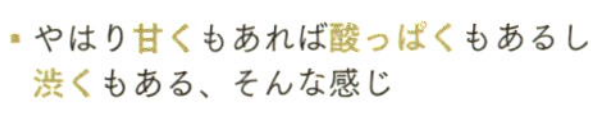

**味**
- やはり**甘く**もあれば**酸っぱく**もあるし**渋く**もある、そんな感じ
- **甘さ**がやや前面に出ることによって全体的に角が取れた味になる
- アルコールの刺激も抑えられ飲みやすくなる。良い

構成要素

〈果物〉レーズン　〈果物〉オレンジ　〈熟成〉バニラ
〈感覚〉樽から来る渋み　〈感覚〉ビター　〈ピート〉硫黄　〈甘さ〉はちみつ

## ハイボールで飲んでみる

**味**
- 思ったよりさっぱりとしている
- 飲み進めてみるとやっぱりさっぱりとしている
- 単純に薄いという意味でなく、とにかくキレが良い
- どっしりとしていないということもありキッパリと言うならさっぱりとしている

構成要素

〈果物〉レーズン　〈果物〉オレンジ　〈熟成〉バニラ
〈感覚〉ビター　〈甘さ〉はちみつ

### 総評　名は体を表すを地でいくこの感じ

旧『グレンタレット』と比較して、妙に伸びを感じる割り負けないコシの強さがあっさりめになっていて小ざっぱりとしている。ただ「トリプルウッド」として表したいコンセプトはしっかりと伝わってくる。おすすめは3つの要素をゆっくりと楽しめるロック。ボトルと同じく中身も都会的となっている！

### 所感　爽やかなイメチェンは高校生デビューの如し

元来「トリプルウッド」はそういう構成なのか、それとも新生『グレンタレット』から大きく「何か」が変わったのかは不明ですが、「面影は確かにあるのに別人のように変わってしまったが……フッ……いい感じだぜ」という後方腕組み彼氏ヅラオタクのような心を抱いてしまう、そんな一本です。

114

# シングルモルト 松井 ピーテッド

シングルモルト
ジャパニーズ

THE MATSUI THE PEATED

## かぜ薬のシロップのような不思議な甘さ……

DATA

蒸留所：倉吉蒸溜所（日本／鳥取県）
製造会社：松井酒造合名会社
内容量：700㎖
アルコール度数：43%
購入時価格：4,950円（税込）
2024年11月時市場価格：4,950円（税込）

ミニボトルではメタルスクリュー仕様

### 社名を冠したシングルモルト

何かと言われる倉吉蒸溜所ですが、自社蒸留の原酒のシリーズもきちんとありその名も『松井』。初出は2018年頃であり、当時は「JAPANESE WHISKY」の表記もありました。現在は日本洋酒酒造組合に属しているのもあり「JAPANESE」表記は撤廃しているようですが……初出から6年ほど経っているのにジャパニーズウイスキーの定義に沿うボトルのリリースがいまだにない、なんだか不思議なシリーズです。『松井』シリーズは現在「ミズナラ」「サクラ」「ピーテッド」の3種展開。

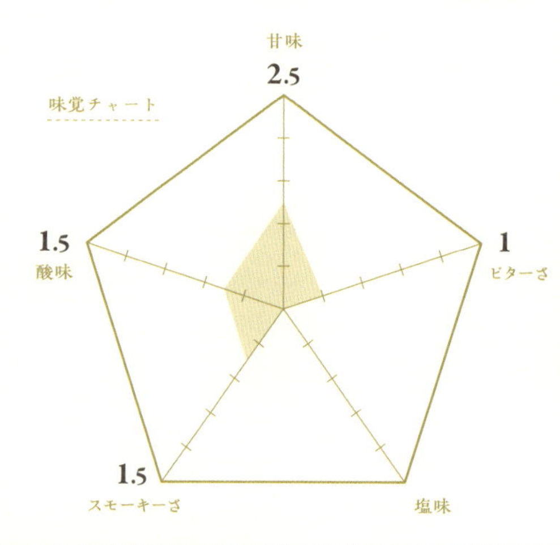

## ストレートで飲んでみる

| | |
|---|---|
| 色 | ・明るめのゴールド |
| 香 | ・やはり香り立ちはピートを感じず……？<br>・**かぜ薬**の**シロップ**のような**人工的**な**甘い**香り……？ |
| 味 | ・アルコール刺激はそこそこ。香りのまま、**かぜ薬シロップ**的な**甘さ**<br>・そこからごくほんのりと**スモーキー**さを感じるけれど……<br>・「ピーテッド」らしさは……ちょっとないかなぁ……？ |

構成要素

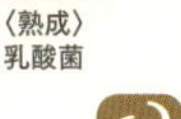

〈甘さ〉人工的シロップ　〈熟成〉乳酸菌　〈感覚〉大人しい
〈果物〉洋梨　〈ピート〉スモーキー

## ロックで飲んでみる

| | |
|---|---|
| 香 | ・やっぱり**かぜ薬シロップ**感<br>・冷却されてややサラっとした感じになる |
| 味 | ・**ピート**というか余韻の**渋み**がグッと増すので印象は強くなる<br>・味わい的にはストレートより補強されたものを感じる |

構成要素

〈甘さ〉人工的シロップ　〈熟成〉乳酸菌　〈感覚〉ビター

〈果物〉洋梨　〈感覚〉大人しい

## ハイボールで飲んでみる

| | |
|---|---|
| 味 | ・終始**甘み**をまとっていてハイボールでもほんのりと香ってくる<br>・不思議感が強い……？？？？<br>・なんっっっとなく**果実**感<br>・**乳酸**的な香りをまとっている |

構成要素

〈甘さ〉人工的シロップ　〈感覚〉大人しい

〈熟成〉乳酸菌　〈果物〉洋梨

総評

### ひとつ質問いいかな「ピーテッド」、どこに行った？

あんまり偉そうなことは言えないけれど、**乳酸菌**感から見ても未熟感が拭えないのは事実としてあると思う。好意的な意見を述べると不思議な**甘み**は唯一無二。これが『松井』味なのだとしたら「ミズナラ」「サクラ」のほうが合っているかも……？　おすすめはほんのり**甘い**ハイボール。ロックもアリな感。

所感

### 世界的品評会で評価されているボトル

世界3大ウイスキー品評会のひとつである「サンフランシスコ・ワールドスピリッツ・コンペティション2022」にて『シングルモルト 松井 ピーテッド』はなんと最高賞であるダブル金賞を受賞しています。どでかい主張がなく、上品と言えば上品な味わいは**日本的**なのかもしれません。

115

# アーリータイムズ ホワイトラベル

ブレンデッド
アメリカン

EARLYTIMES WHITE LABEL

## 何もかもが変わったひたすらライトなアメリカンブレンデッド

DATA

蒸留所：バートン1792蒸留所（アメリカ）
製造会社：サゼラック社
内容量：700㎖
アルコール度数：40%
購入時価格：1,180円（税込）
2024年11月時市場価格：1,300円（税込）

メタルスクリュー

### 「開拓時代」を冠したウイスキー

始まりは1860年、アメリカ・ケンタッキー州アーリータイムズ・ステーションという村で製造が開始されました。昭和のスーパースターである松田優作が愛したウイスキーでもあり、今でも下北沢のバーに飲みかけのボトルが残されているそうです……というのは2020年までの話で、かつてのブラウンフォーマン社からサゼラック社にブランドが売却され名前以外はすべて別物へと生まれ変わっています。2022年9月20日に世界に先駆けて日本先行発売という形が取られていました。

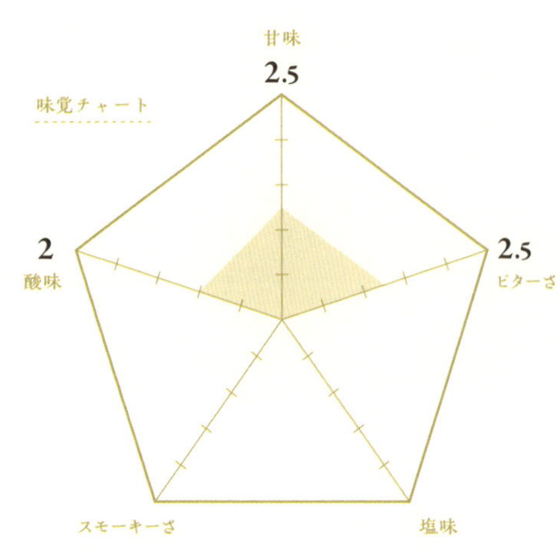

## ストレートで飲んでみる

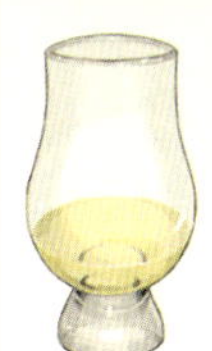

**色**
- やや明るめのゴールド

**香**
- かなりクリーンでマイルドさを感じる
- バーボン特有の溶剤感の一歩手前で踏みとどまっている感じ
- もともと『アーリー』はそんな感じだったけれどさらにそれが増している

**味**
- バーボン風の、何か
- ストレートでもかなり薄味。やや甘い
- 余韻にバーボン特有のバニラっぽさが上がってくる

構成要素

## ロックで飲んでみる

**香**
- バーボンっぽさがより強くなる
- 甘いバニラ香

**味**
- バニラ感、薄く青りんご感がある
- というかストレートよりも濃く感じる。なんで?
- 余韻には渋みが残る

構成要素

## ハイボールで飲んでみる

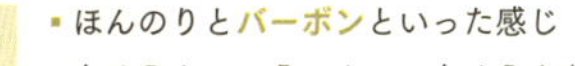

**味**
- ほんのりとバーボンといった感じ
- なめらか……う～ん……なめらかねぇ……
- 圧倒的に飲みやすくはある
- バーボン特有の溶剤感はなく、軽快なバニラ感があるので、そういう面では強みがある

構成要素

総評

### カテゴリーの通り、バーボンに擬態している、何か

かなりマイルドなアメリカンウイスキー。それがプラスかマイナスかどうかはわからないけれど、アメリカンウイスキーの入門としては非常に好ましく思う。おすすめはロック。ストレートより味が濃くなるという謎の現象により飲みごたえは随一。ハイボールにしてスルスルと飲むのもいいかもしれない。

所感

### バーボンじゃないじゃん!! とはいうものの……

実は、ブラウンフォーマン社時代からアメリカ本国版はバーボン80%、リフィルオーク樽での熟成原酒20%でのアメリカンブレンデッド仕様だったので先祖返りしているといえる存在です（日本他国外輸出仕様はバーボン）。また、あとを追う形で1年後にバーボン仕様の「ゴールドラベル」も発売されました。

116

# アーリータイムズ ゴールドラベル

バーボン

アメリカン

EARLYTIMES GOLD LABEL

## やはり「ホワイト」がチラつく新生ストレートバーボン

DATA

蒸留所：バートン1792蒸留所（アメリカ）
製造会社：サゼラック社
内容量：700㎖
アルコール度数：40％
購入時価格：1,880円（税込）
2024年11月時市場価格：1,980円（税込）

やっぱり
メタルス
クリュー

### 帰ってきたバーボン仕様の『アーリー』

2023年9月に日本国内で販売が開始されました。そもそもバーボン自体には熟成年数の決まりはなく、2年以上熟成すればストレートバーボンを名乗れるくらいのレギュレーションなので、例の「トウモロコシ51％以上、蒸留80％以上、新樽使用62.5％以下熟成」を守ってさえいればバーボンとしては出せるはずです。それを「ホワイト」の時点でやらなかったのは「ゴールド」への布石だったというわけですね。とにかく、バーボンとしての『アーリータイムズ』が日本に帰ってきました。

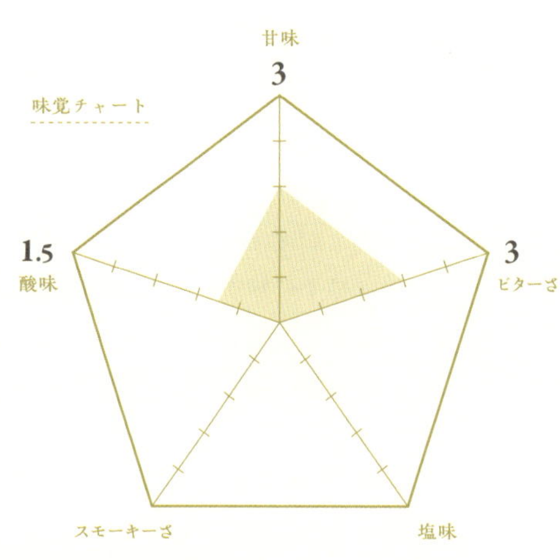

## ストレートで飲んでみる　おすすめ

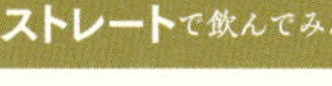

| | |
|---|---|
| 色 | ・中庸なアンバー |
| 香 | ・そうそうこれだよというきちんとした**バーボン**感<br>・「イエロー」時代の特有のトースト感はないものの……<br>・**甘いバニラ**感、**樽**の香りなどは疑いようもなく**バーボン** |
| 味 | ・ちょっとまだ**クリーン**に舵切ってる？割り切れない気持ち<br>・味は「ホワイト」に毛が生えたくらい……かなぁ？ |

構成要素

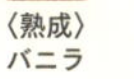

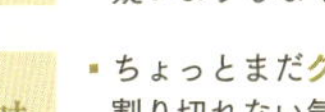

〈熟成〉バニラ　〈熟成〉木材　〈果物〉青りんご　〈熟成〉スパイシー　〈感覚〉大人しい

## ロックで飲んでみる

| | |
|---|---|
| 香 | ・香りは**バニラ**感を維持<br>・**バーボン**っぽさは失われない。意地がある |
| 味 | ・う〜ん、やっぱり薄い<br>・樽感はそこまで出てこなくて、アルコールの余韻<br>・香りはいいんだけれど…… |

構成要素

〈熟成〉バニラ　〈熟成〉木材　〈果物〉青りんご　〈熟成〉スパイシー　〈感覚〉大人しい

## ハイボールで飲んでみる

| | |
|---|---|
| 味 | ・………………………<br>・「何もない」がある<br>・とはいっても「**クリーン**な**バーボン**としては」飲みやすく美味しい<br>・**バニラ**感が主として、なんとなく**フルーツ**と**樽**感 |

構成要素

〈熟成〉バニラ　〈果物〉青りんご　〈熟成〉スパイシー　〈熟成〉木材　〈感覚〉大人しい

### 総評　名前を見なければこういう**バーボン**もあるよねと思える

よりによって『アーリータイムズ』の名前が足枷になっている感。**バーボン**として帰ってきた割には……なんというか「ホワイト」がチラつく。おすすめはストレートかハイボール。変な癖がないのでハイボールにするとすっきり・はっきりとして飲みやすい。ストレートの香り、結構好きなところである……。

### 所感　もっと待つから今度は「プラチナムラベル」はよ

待たされた割には……感は拭えませんが、同じくバートン1792蒸留所の原酒を使用していた『ケンタッキージェントルマン』や『ケンタッキータバーン』がひっそりと終売しているようなので、それらのポジションとして『アーリータイムズ』が収まったとか？　にしても「ホワイト」と似ていたら役割が……。

117

# イチローズ モルト&グレーン

ブレンデッド

ワールド

Ichiro's Malt & Grain World Blended Whisky

## 加水でほどけて顔を出す強烈な個性

DATA

蒸留所：秩父蒸溜所（日本／埼玉県）など
製造会社：株式会社ベンチャーウイスキー
内容量：700㎖
アルコール度数：46％
購入時価格：3,850円（税込）
2024年11月時市場価格：4,235円（税込）

最廉価帯からコルク栓仕様！！！！！！！！

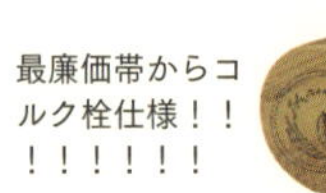

### いわゆる「ホワイトラベル」

今や愛好家の中で知らない人はいないほどの知名度と存在感を誇る『イチローズモルト』の通称「ホワイトラベル」です。初出は不明ですけれど、2011年7月時点で取り扱っているとアマゾ……とある通販サイトに書いてあったのでその頃にはすでに存在しています。最大の特徴はアメリカン、カナディアン、スコッチ、アイリッシュ、ジャパニーズの5大ウイスキー、合計9蒸留所のモルト原酒と2蒸留所のグレーンウイスキーをブレンドしたワールドブレンデッドウイスキーということです。

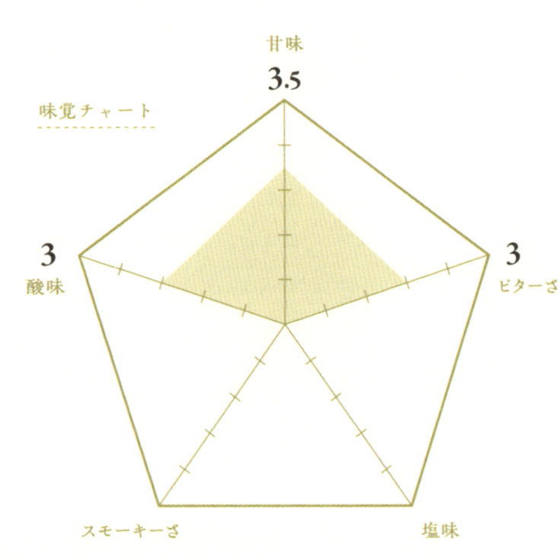

## ストレートで飲んでみる

構成要素：〈甘さ〉花の蜜／〈熟成〉バニラ／〈熟成〉溶剤／〈熟成〉木材

**色**
- 透明感を感じるゴールド

**香**
- 花の蜜のようなほのかな甘い香り
- なんだろう、香りがそれ一点に集約され一体化しているよう
- 香りの複雑さは感じない。思ったよりアルコールアタックは小さい

**味**
- グレーン特有の溶剤っぽさを感じるがやさしい甘みで覆っていて苦にならない
- ブレンドの妙。やや人工的な甘さ。バーボン感が強い？
- 余韻はパッと消えるドライさがある

## ロックで飲んでみる

構成要素

〈甘さ〉花の蜜／〈熟成〉バニラ／〈感覚〉ビター／〈甘さ〉はちみつ／〈熟成〉木材／〈熟成〉溶剤

**香**
- 少し樽っぽさが出てきた？甘い香りの中にウッディな香りを感じる
- ここまでくると多層的なものを感じられてくる

**味**
- 味は激変した
- 樽からのビターさが終始支配し、傍らにやさしい甘さが添えられている

## ハイボールで飲んでみる　おすすめ

構成要素

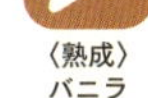

〈甘さ〉花の蜜／〈熟成〉バニラ／〈感覚〉ビター／〈甘さ〉はちみつ／〈熟成〉木材

**味**
- ウッディさが主張する面白いハイボール
- 甘みも伸びが良いので樽からのビターさに追随してくる、といったイメージ
- 軽やかでいて深みもある。面白い
- いわゆるバーボン感がメインなものの、花の蜜のようなフローラルな甘さが他になく美味しい点

### 総評　加水で増幅する、甘く華やかな香りの中のウッディさ

ストレートではお上品にすべてを隠しているので加水前後での二面性が面白い。ブレンデッドの構成上グレーン原酒の比率が高くなるので、バーボンが顔を出す割合が多くなるのでこういう感じになる？　割り負けずに広がるハイボールがやはりおすすめ。ちょっと贅沢なデイリーハイボールに使われるのがよくわかる。

### 所感　ロットナンバーによる違いも大きいそう

ラベル裏右下に番号が振られていますが、これがロットナンバーで、現在は4桁に届いているそうです。「ワールドブレンデッド」としては相対的に安価な部類になりましたし、ロットナンバー違いを複数飲み比べてみるのも非常に面白いことだと思います。「もう飲んだよ」ってボトルがまた飲む目標になる、良きです。

118

# ザ・フェイマスグラウス ウィンターリザーブ

ブレンデッド
スコッチ

THE FAMOUS GROUSE WINTER RESERVE

## ドライなジンジャーを感じてポカポカする雷鳥

DATA

蒸留所：ザ・マッカラン、ハイランドパーク、タムデュー、グレンロセスなど
製造会社：マシュー・グローグ＆サン社
内容量：700mℓ
アルコール度数：40%
購入時価格：2,100円（税込）
2024年11月時市場価格：2,580円（税込）

意外にも「ルビーカスク」の流用っぽい

### スパイス感をプッシュした冬向けのボトル

『フェイマスグラウス』の「ブレンダーズエディション」第2弾……以外に情報がほとんどないウイスキー。同じく第1弾の「スモーキーブラック」は『グレンタレット』のピーテッド原酒を使用したピートを効かせた『フェイマスグラウス』。対してこちらの「ウィンターリザーブ」は……おそらくスパイス感をプッシュした、品名の如く冬向けのボトルと推測します。ボトルを飲み進めていくと裏ラベルが表から見えるようになり、雪山が背景に現れるという芸コマ仕様です。

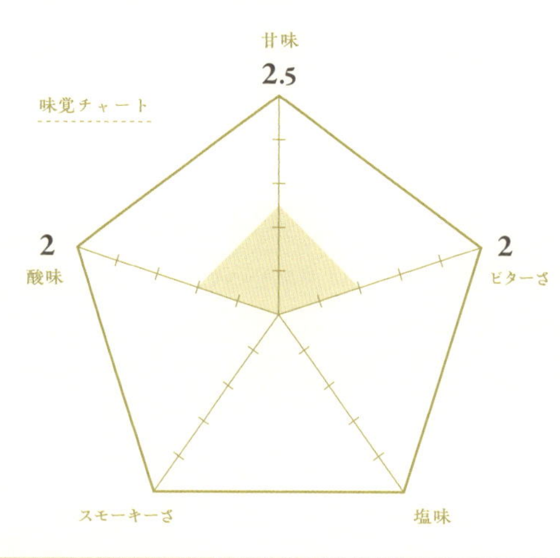

## ストレートで飲んでみる

構成要素

**色**
- 赤みを帯びたやや薄い琥珀色

**香**
- やや控えめな香り立ちの中に確かに**スパイス**感がある
- アルコール刺激はツンと来る。奥にはいつもの**レーズン**香

**味**
- 「ファイネスト」と比べるとやはりやや控えめな主張の味
- やはり特有の**甘さ**があり、それに加えてじんと来る**スパイス**感が目立つ

## ロックで飲んでみる

構成要素

**香**
- 隠れていた**甘い**香りが開く
- 香りからはスパイス感は消える

**味**
- **モルト**由来の**甘い**飲み口
- その中に**辛口ジンジャーエール**のようなじんと来る**スパイス**感がある
- というか実際に**スパイス**が入ってんじゃないの？ってくらいじんじん来る
- 冷たいのに温まるような。なるほどそういう……

## ハイボールで飲んでみる

構成要素

〈香ばしさ〉穀物　〈甘さ〉はちみつ

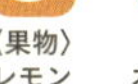

**味**
- 雷鳥にしては珍しく薄まりを感じた
- これはこれで悪くはないが、スパイス感は薄まりすぎて感じられない
- ほのかな**甘み**と**樽**感を残すのみ
- それでもなんとなく『フェイマスグラウス』で独特の**レーズン**感は残っている

総評

### ビビるくらい コンセプト通りの冬仕様

　ウォームってなんだ？　と思っていたが確かに**スパイス**から来る？　温かみ？を感じる一本。**スパイス**感とは**山椒**のようなじんじん来る刺激のこと。確かにこれは冬にゆっくりと飲みたいウイスキーだと感じた。特にロックがコンセプトに合っていて良かったと思う。気付け薬としてウイスキーを飲むってそういう……。

所感

### ぶっちゃけ**スパイシー**という概念が一番難しい

　**スパイス**感というのはなんというか表現のしづらい領域なのです。若さから来るアルコールを**スパイシー**と評する人もいるし、そのアルコール感もひとつの要素としつつ**樽**感、酒質などの複合的な要素と捉える人もいます。表記揺れというか……人によって意味が変わってくるといいますか……。

119

# サントリーウイスキー 角瓶

ブレンデッド
ジャパニーズ

Suntory Whisky Rectangular Bottle

## やっぱり頼れるハイボール特化型

DATA

蒸留所：山崎蒸溜所、白州蒸溜所、知多蒸溜所
製造会社：サントリーホールディングス株式会社
内容量：700mℓ
アルコール度数：40%
購入時価格：1,590円（税込）
2024年11月時市場価格：1,910円（税込）

見慣れた黄色いスクリューキャップ

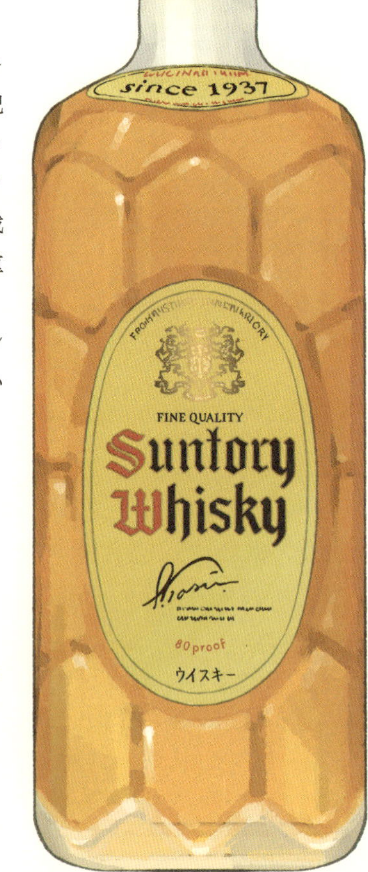


### 言わずと知れたハイボールの鉄板

始まりは1937年。当時は『サントリーウヰスキー 12年』として発売されました（ただし年数表記は単純に12年熟成の原酒も一部使っているというだけだったらしい……）。とにかく寿屋（サントリーの前身）の社運を懸けた商品であり、当時の戦時体制による舶来ウイスキーの輸入規制なども重なった結果、大ヒットを収めることになります。「実は、サントリーブレンデッドは『角瓶』ラインからジャパニーズウイスキーの定義に合致している」ということで再注目されたりしました。

味覚チャート

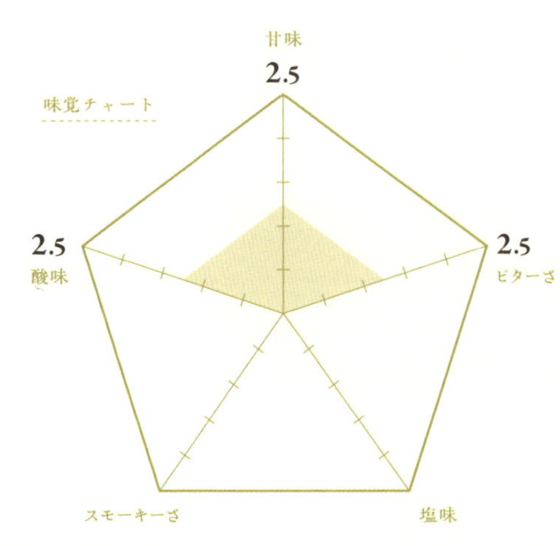

## ストレートで飲んでみる

**色**
- やや薄めのゴールド

**香**
- うっすらとした香り。サントリーっぽさを感じる。多分『知多』
- 香りの要素で言えば**バニラ**っぽさが目立つ。きちんとウイスキー

**味**
- 一応飲める……ものの薄い
- そして余韻に**ビター**感が広がる。それだけ

構成要素

## ロックで飲んでみる

**香**
- おっ……!? 『白州』めいた香り
- これは良い感じに開いてくる

**味**
- いろいろと開く
- ほんのりと爽やかだったり、ほんのりと**樽**感が見える
- 余韻の**ビター**さは相変わらず

構成要素

## ハイボールで飲んでみる

**味**
- ははぁ〜角ハイ……さすがですなぁ
- ここにきて**青りんご**っぽさがようやく乗ってくる
- それにしてもハイボール前提のブレンドってどうやっているのかが気になる
- **ウッディ**でいて**ビター**、**青りんご**の**フルーティー**さのバランス感が芸術的な域

構成要素

総評

### ハイボールで2ランクくらいステージが上がる感

この、程よく**ドライ**な感じは食中酒としてこの上ない。誰が飲んでも飲みやすい、まさにサントリー味。「普通」が欲しくなったときは期待を裏切らない、頼れる。おすすめは言うまでもなくハイボール。わざわざそれ以外で飲む意味はあんまりないかな……。冷凍庫に常備しておきたいウイスキーナンバー1。

所感

### ジャパニーズウイスキーの定義についておさらい

ざっくりと「①原材料は麦芽、穀類、日本国内で採水された水のみ、②糖化、発酵、蒸留は日本国内の蒸留所で行う。③日本国内にて700ℓ以下の木製樽で3年以上の熟成をする。④日本国内にて瓶詰めし、アルコール度数は40%であること。」となっています。3年以上熟成というところが注目されがちなラインですね。

120

ブレンデッド

ジャパニーズ

# サントリーウイスキー スペシャルリザーブ

Suntory Whisky SPECIAL RESERVE

## 名実ともに国産品

DATA

蒸留所：山崎蒸溜所、白州蒸溜所、知多蒸溜所
製造会社：サントリーホールディングス株式会社
内容量：700㎖
アルコール度数：40%
購入時価格：2,300円（税込）
2024年11月時市場価格：3,020円（税込）

サントリー汎用の黒いプラスクリュー

### サントリーブレンデッドの『白州』担当

誕生は1969年。「国産品と呼ばずに、国際品と呼んでください」というキャッチコピーのもと、海外からの船来ウイスキーと同水準のものというアピールで売り出されたといわれています。『リザーブ』のキーモルトは『白州』といわれていますが、リリース当初は白州蒸溜所がまだ存在していなかったので初期のものは『山崎』原酒がメインに使われているらしいです。また、ジャパニーズウイスキーの定義に合致するボトルであり、「国産品」として注目されたのは時のいたずらか……。

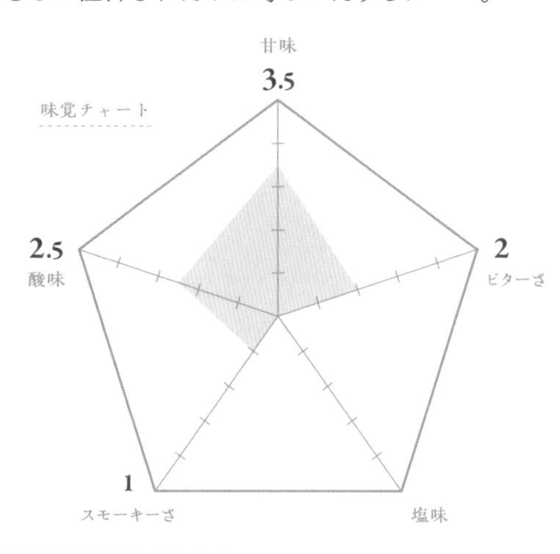

## ストレートで飲んでみる

**色**

- 琥珀色とまではいかないゴールド

**香**

- 青りんご。爽やかな果実の香り
- アルコールの刺激は思った以上に強い

**味**

- ふわっとしたフルーツ感の直後に強烈にアルコール刺激が来る
- その中に柔らかな甘みも感じ取れる

構成要素

## ロックで飲んでみる

**香**

- アルコール刺激がほぼなくなりまともに嗅げるようになる
- 甘さ主体の香りになりもったりとしたグレーン感が主張する

**味**

- 青りんごの風味、一瞬の甘みのあとに余韻を残さず消える
- 雑味はないのでこれはこれでよい

構成要素

## ハイボールで飲んでみる

**味**

- 『白州』のニュアンスを残した爽やかな香り
- 『白州』特有のスモーキーさはなく、甘さがややもったりしている
- やはり『白州』ハイボールの代用になり得るポテンシャルは十分にある
- 余韻で微かに樽のビターさが感じ取れてバランスがいい

構成要素

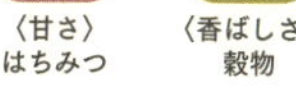

**総評**

### ブレンデッドならではの甘さ、まろやかさプラス感

フレッシュで、爽やかなキャラクターは『白州』に通ずるものがあり、そこに柔らかな甘さが加わっているイメージ。『白州』という唯一無二の個性を得た、これもまた唯一性の高いブレンデッド。飲み方に関しては言うまでもなくハイボールが抜群におすすめ。食中酒としての使い勝手も御三家の中では一番。

**所感**

### じつは、かつて年数ものも存在していたボトル

『オールド』とは違い、『ローヤル』よろしく過去に年数ものが販売されていました。時代によって年数が変わりますけれど、「10年」「12年」「15年」そして「10年 シェリー樽仕上げ」が存在します。特に「10年」は二次流通で割かし、まだ手に入るイメージです。当時からプラスクリューなので状態も良い印象。

## 121 サントリーウイスキー 季

ブレンデッド
ジャパニーズ

Suntory Whisky “TOKI”

### 飲みやすさ重視、ライト！ ライト！ ライト！

DATA

**蒸留所**：山崎蒸溜所、白州蒸溜所、知多蒸溜所
**製造会社**：サントリーホールディングス株式会社
**内容量**：700mℓ
**アルコール度数**：43％
**購入時価格**：4,500円（税込）
**2024年11月時市場価格**：4,600円（税込）

『リザーブ』『知多』でも見られる黒いスクリューキャップ

### 日本未発売のジャパニーズウイスキー

初出は2016年、アメリカ・カナダ市場向けにリリースされました。2018年にはイギリスでも発売されるようになっています。というわけで未発売地域である日本には「逆輸入」という形で出回っています。中身については、『白州 12年』をキーモルトに『山崎』「ヘビータイプの『知多』」をブレンドしているとのことです。ボトラーズならまだしも、オフィシャルリリースで年数ものの銘柄を直接指定してブレンドしていると明言しているのは珍しいのではないでしょうか？

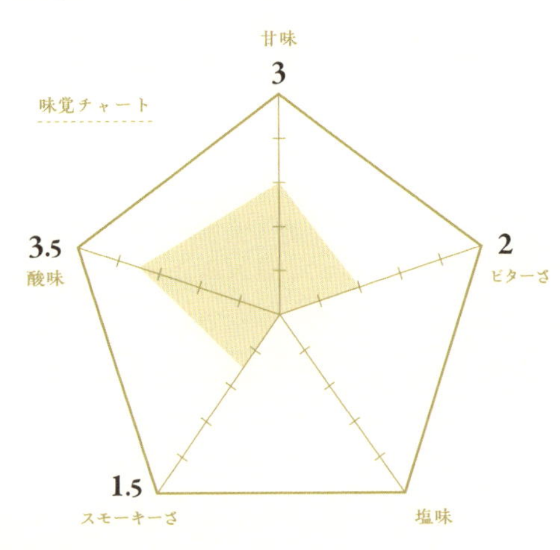

## ストレートで飲んでみる

| | |
|---|---|
| 色 | ・かなり淡いゴールド |
| 香 | ・香り立ちは**バニラ**、**メロン**っぽさ<br>・『知多』感強め？<br>**モルティ**な**穀物**感や**フルーティー**さ<br>・アルコールアタックは弱め |
| 味 | ・若干の**柑橘**感、微かな**洋梨**感……<br>・いろいろなフレーバーがぽつりぽつりと出てくる<br>・最終的に「**甘い**」に帰結し、程よい**樽**感<br>・アルコール刺激はややある |

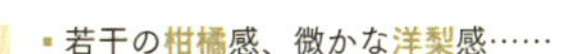

構成要素

〈熟成〉バニラ　〈果物〉青りんご　〈香ばしさ〉穀物
〈熟成〉溶剤　〈果物〉洋梨　〈熟成〉木材

## ロックで飲んでみる

| | |
|---|---|
| 香 | ・**バニラ**っぽさが大きく開く<br>・ちょっと**柑橘**っぽい**酸っぱい**香りも |
| 味 | ・う～～ん、『知多』。<br>『角』や『リザーブ』っぽい<br>・**甘く**、やや**柑橘**。**ビター**っぽさもある |

構成要素

## ハイボールで飲んでみる

おすすめ

| | |
|---|---|
| 味 | ・**バニラ**感が最後まで残っている<br>・爽やかめな仕上がりながら<br>しっかりと味わい深い<br>・ほんの少しの**森**の感覚<br>・**グレーン**のもったり感はあまりなく、<br>割合**ドライ**めなのが良い点 |

構成要素

総評

### 『白州』寄りのブレンデッド その中身、結構『知多』

『リザーブ』のアッパーバージョン的な趣き。『白州 12年』の特徴は見えたり見えなかったり。爽やかな感じでいてしっかりとした飲み口なのは43%の度数からか、ヘビータイプの『知多』のおかげか……おすすめは断然、爽やかでどっしりなハイボール。『知多』のハイボールの良いところも継承しているこの感じ。

所感

### 相対的にコスパが良くなってきたボトル

逆輸入の関係上そこまで値段の変動が見られず、ハイボールにすると活躍を見せてくれるのでなかなか面白い価格帯に落ち着いています。ちなみにこれもきちんとジャパニーズウイスキーの定義に合致したものとなっています。すごい。値段的には『ローヤル』以上、『響』未満でなんとなく相応な味わいだと思います。

# 122 サントリーウイスキー トリス クラシック

ブレンデッド
ジャパニーズ

Suntory Whisky TORYS CLASSIC

## ジャパニーズウイスキーの深淵〜アビス〜

DATA

蒸留所：白州、知多など
製造会社：サントリーホールディングス株式会社
内容量：700㎖
アルコール度数：37％
購入時価格：990円（税込）
2024年11月時市場価格：990円（税込）

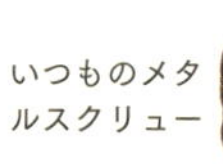
いつものメタルスクリュー

### Tory's（鳥井の）という名前を冠したウイスキー

ウイスキーとしての初出は1946年。『トリス』としての初出はなんと19年。ただ、初代『トリス』は「海外から買い付けたウイスキー原酒……とは名ばかりの粗悪なアルコールを仕方なく葡萄酒用の酒に貯蔵し放置していたらなんだかウイスキーっぽくなったのでウイスキーとして売り出した」ものなので厳密に言わなくてもウイスキーではありません。「クラシック」の初出は2015年と比較的最近です。キーモルトはスパニッシュオーク樽モルトとオイリーな香味の『白州』モルト。

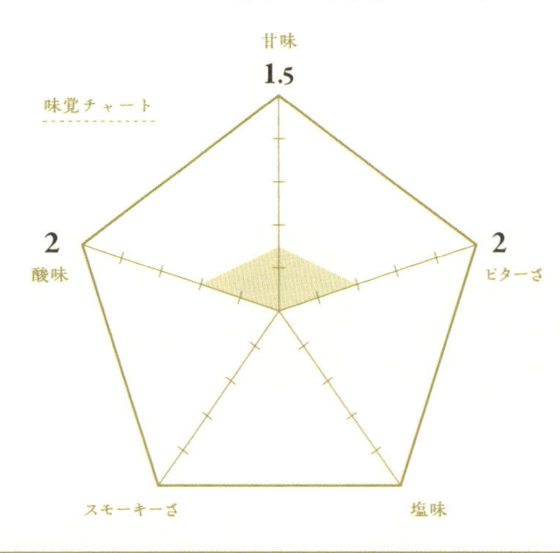

## ストレートで飲んでみる

| | |
|---|---|
| 色 | ・明るめのゴールド |
| 香 | ・弱々しい香り立ち、儚げ……<br>・根気強く嗅いでいると**ケミカル**な…… |
| 味 | ・『レッド』ほどではないにしろ<br>こちらも**人工的な甘さ**を感じる<br>・余韻は若干の**ビター**さを残して去っていく |

構成要素

〈甘さ〉
人工的シロップ

〈熟成〉
溶剤

〈甘さ〉
はちみつ

〈感覚〉
ビター

## ロックで飲んでみる

| | |
|---|---|
| 香 | ・ちょっとだけ香りが出てくる<br>・それでもまだわかりづらいけれど……<br>やはり**ケミカル**チック |
| 味 | ・**人工的な甘さ**感は薄れるものの<br>全体的に薄まって何が何やら……？<br>・余韻に一瞬だけウイスキーっぽい<br>香りが抜けていく |

構成要素

〈甘さ〉
人工的シロップ

〈果物〉
メロン

〈熟成〉
溶剤

〈甘さ〉
はちみつ

〈感覚〉
ビター

## ハイボールで飲んでみる

おすすめ

| | |
|---|---|
| 味 | ・ウイスキー風味の、何か<br>・ロックとキャラクターは<br>あんまり変わらないかも？<br>・**ビター**感は依然として残るので<br>確かに食中酒としては良好かも？ |

構成要素

〈甘さ〉
人工的シロップ

〈果物〉
メロン

〈熟成〉
溶剤

〈甘さ〉
はちみつ

〈感覚〉
ビター

総評

### 『トリス』は『トリス』としての楽しみ方がある

「サントリー深淵三兄弟」（『トリス』『レッド』『ホワイト』）の中では一番度数が低く、明確にライトさを感じる。公式のハイボール缶よろしく、ハイボールにレモンでも絞って入れるのを強くおすすめしたい。ライトだからといって、薄くつくると地獄を見そうなので、ライトなまま楽しむのが良さげである。

所感

### つい最近まで『トリス』にはシリーズがあった

「え？　『トリス エクストラ』でしょ？」と思う方もいらっしゃるかもしれませんけれど、2024年3月にて終売になっています。あちらはアルコール度数40%、終売と言いつつレギュラーラインナップとして広く流通していたので今でも購入できるかも？　最近では『トリス』の限定品も発売されていました。

## 123 サントリーウイスキー レッド

ブレンデッド
ジャパニーズ

Suntory Whisky RED

# ジャパニーズウイスキーの混沌〜カオス〜

DATA

蒸留所：不明
製造会社：サントリーホールディングス株式会社
内容量：640㎖
アルコール度数：39％
購入時価格：970円（税込）
2024年11月時市場価格：970円（税込）

真っ赤なメタルスクリュー

### 『碧』『翠』に並ぶサントリーの『緋』

始まりは1930年、前年の『サントリーウヰスキー（白札）』に続いて発売された『赤札』が前身。つまり、日本で2番目に生まれたウイスキーということです。ただ、スコッチライクに造られた両者は当時の日本人の口に合わず、すぐに製造は中止となっています。『RED』として世に再び出たのが1964年、当時勢いのあった『ハイニッカ』に対抗する形で市場に舞い戻って現在に至ります。現行品のスペックに関しては完全に不明で、グレーンスピリッツのみ国産品という情報のみです。

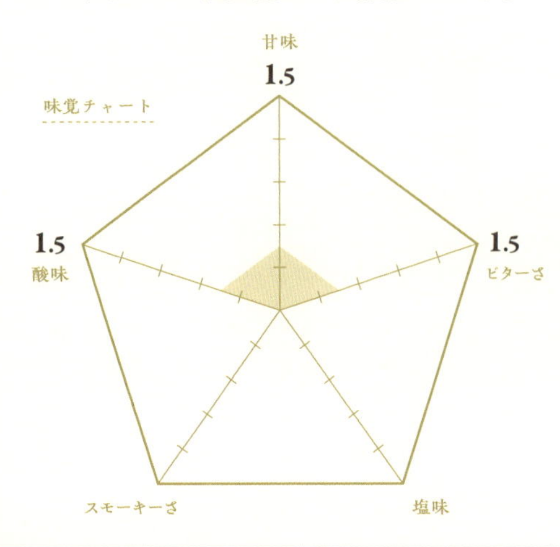

## ストレートで飲んでみる

色
- 明るめのゴールド

香
- 弱々しい香り。ほのかに**穀物**感
- アルコールアタックはそこまでない

味
- えっ……無味!?
- ……と思ったところで時間差で**人工的な甘さ**が
- なんだろう、薄い**メロンシロップ**みたいな

構成要素

## ロックで飲んでみる

- ほんの少しだけ香りが強まる
- **甘い**香りが顔を出してくる

味
- やはり**人工的な甘さ**。**甘味料**
- それ以外には特に嫌味もなく飲めないこともない、感じ

構成要素

## ハイボールで飲んでみる

おすすめ

味
- 想像通り薄い……ものの最もウイスキーらしさが出る飲み方
- 少なくともきちんとウイスキーとして認識できるライン
- ウイスキーというより**焼酎**のような趣き。晩酌用

構成要素

〈感覚〉
ビター

総評

### 『トリス』と比べると度数の高さは大正義

『トリス』と同じく、**人工的な甘さ**が支配的なストレート・ロックに対し、ハイボールで飲むとウイスキーと認識できるようになる。ハナっから食中酒向けとして造られているので、素直に水で割ったり炭酸で割ったりするのがベスト。むしろ割り切っていて清々しい。いわゆる**辛口**な味わいが**昭和日本らしく**て良い。

所感

### どんなウイスキーでも存在する以上必要とされる力がある

価格的には『トリス』とどっこいな位置に存在し、『トリス』のように缶ハイボールとして売り出されているわけでもない『レッド』ですけれど、『レッド』は『レッド』でバランスを取るため日夜ブレンドし続けている人がいると思うと感謝して飲みたくなりますよね……。これも、いつまでもいてほしいです。

# 124 サントリーウイスキー ホワイト

ブレンデッド
ジャパニーズ

Suntory Whisky WHITE

## 良い意味で期待を裏切る国産ウイスキー界の「生きた化石」

DATA

**蒸留所**：（たぶん）知多蒸溜所（日本／愛知県）など
**製造会社**：サントリーホールディングス株式会社
**内容量**：640㎖
**アルコール度数**：40%
**購入時価格**：1,180円（税込）
**2024年11月時市場価格**：1,410円（税込）

真っ白なメタルスクリュー

### 日本最古のウイスキー

初出は1929年。発売当初は『サントリーウヰスキー』という名前で発売され、通称が「白札」。のちのニッカウヰスキー創業者である竹鶴政孝が寿屋（現サントリー）のもとで手掛けた、国産本格ウヰスキーの第1号です。「着色、着香にてウイスキーっぽくしている」いわゆるイミテーションウイスキーを山崎蒸溜所竣工の1923年以前に一応販売していたそうです。「白札」としてコケたのち、1964年に『レッド』とともに現在の『ホワイト』へと改称され市場に戻ってきています。

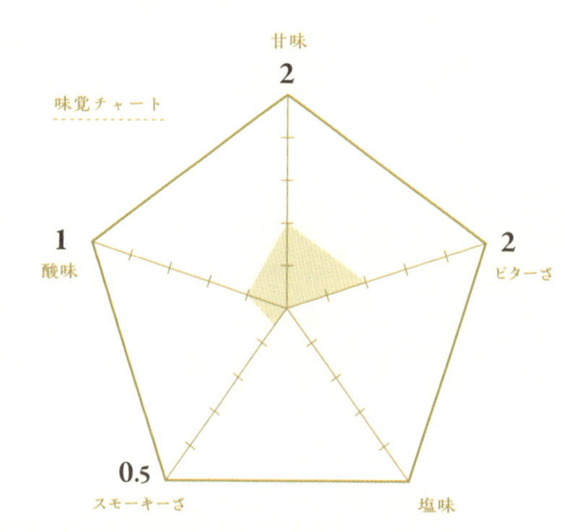

## ストレートで飲んでみる

色
- 明るめのゴールド

香
- 軽く**木材**チックな香り
- **粉**っぽい。**木造建築現場**のような感じ

味
- ほぼ**グレーン**な**穀物穀物**した味
- ほのかな**甘み**と、ごくほんの少しの**ピート**感（プラシーボ？）
- 余韻は少しだけ**ビター**で、当然ながら全体的に薄味
- 飲めないことはなく、きちんとウイスキーはしている

構成要素

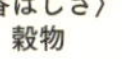

〈感覚〉粉

〈甘さ〉はちみつ　〈熟成〉木材

〈感覚〉ビター

## ロックで飲んでみる

香
- 依然として難しい香り拾いが続く
- やや**穀物**チックな**甘い**香りが出てきた……？

味
- べったりとした**甘み**が歯の裏に張り付く
- **スモーキー**さもやや大きく感じられるようになってきた
- ロックからは普通に飲めそう感が出てきたぞ！！！！

構成要素

〈香ばしさ〉穀物

〈甘さ〉人工的シロップ

〈ピート〉スモーキー

〈熟成〉木材

〈感覚〉ビター

## ハイボールで飲んでみる

味
- 濃いめにつくったものの何が何だか……
- 余韻に**ほろ苦さ**は感じる
- けれどもわざわざハイボールにして飲む意味はないかも……？
- 『トリス』『レッド』よろしくライトなものとして飲むのであればこれもよし？

構成要素

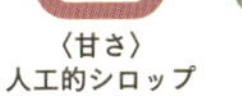

〈感覚〉ビター

〈熟成〉木材

総評

### 現代風にきちんとチューンされた「生きた化石」

サントリー廉価帯には珍しく**スモーキー**なフレーバーがある温故知新なウイスキー。その**スモーキー**さにも嫌味がなく、雰囲気づけとして良いベクトルに作用して『レッド』や『トリス』と比較すれば格段にしっかりとウイスキーしています。ロック、水割りが良さげ。ハイボールはなんだかいまいち合わない気がする。

所感

### 廉価帯で『ホワイト』だけポケットボトルが存在しない

2024年の値上げにおいて『レッド』や『トリス』は10%の値上げにとどまっているところ、『ホワイト』は20%の値上げがなされています。ポケットサイズのボトルも唯一存在していないあたり、サントリーからの並々ならぬ愛を感じるような感じないようなそんな存在です。サントリーウイスキーの始祖ですからね。

125

# シーグラム VO

ブレンデッド
カナディアン

Seagram's VO

## 所有権が二転三転した激動のカナディアンウイスキー

DATA

蒸留所：不明
製造会社：サゼラック社
内容量：700㎖
アルコール度数：40%
購入時価格：1,850円（税込）
2024年11月時市場価格：2,000円（税込）

プラスチックのスクリュー

### カナダ→イギリス→アメリカ……

始まりは1924年、218頁の『シーグラム セブンクラウン』のあの『シーグラム』です。現在シーグラム社のワイン・スピリッツ部門はペルノ・リカール社（フランス）とディアジオ社（イギリス）に買収されていて、「セブンクラウン」は前者、「VO」はディアジオ社が所有することになりました。さらに2018年にはサゼラック社（アメリカ）に『シーグラム VO』のブランドを売却しているので国籍移動が激しいブランドといえます。使用されている原酒は6年以上熟成されたものだとか。

味覚チャート

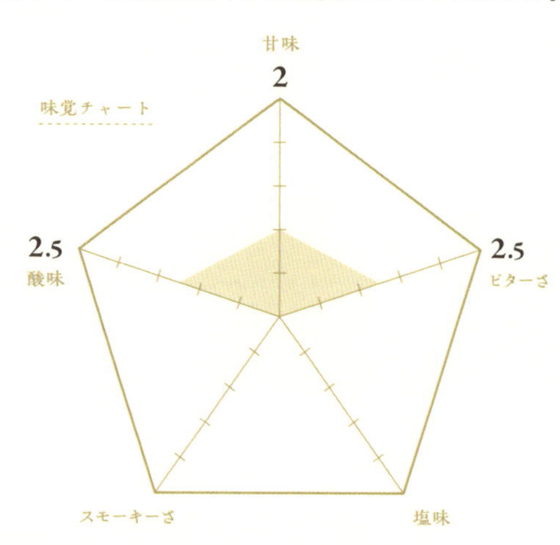

## ストレートで飲んでみる

| | |
|---|---|
| 色 | ・やや深みを帯びたゴールド |
| 香 | ・バナナのような甘い香り、南国フルーツを連想させる<br>・柑橘系の香りもある？ |
| 味 | ・スパイシーさの中にうっすらと甘みと渋みが存在している、といった感じ<br>・あんまり印象に残らない？ |

構成要素

〈果物〉バナナ

〈感覚〉樽から来る渋み

〈香ばしさ〉穀物

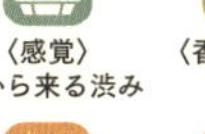

〈果物〉レモン

〈果物〉オレンジ

## ロックで飲んでみる

| | |
|---|---|
| 香 | ・香りが薄まった？ほのかな甘い香りのみを感じる<br>・アルコールの刺激はまったくなくなったけれど…… |
| 味 | ・余韻に渋みが残る。以上 |

構成要素

〈果物〉バナナ

〈感覚〉樽から来る渋み

〈香ばしさ〉穀物

〈果物〉レモン

〈果物〉オレンジ

## ハイボールで飲んでみる

| | |
|---|---|
| 味 | ・ここへきて本領を発揮か<br>・ふわっとした南国フルーツの香りが炭酸に乗り心地いい<br>・ロックの段階では見せなかったが意外にも加水で伸びる |

構成要素

〈果物〉バナナ

〈果物〉マンゴー

〈香ばしさ〉穀物

〈果物〉レモン

〈果物〉オレンジ

〈感覚〉ビター

総評

### カナディアンウイスキーその難しさを感じる

フレーバリングウイスキーという独自性を持つ原酒の働きなのか、香り立ちの良さが印象的と同時に味との乖離がすごい。ただ、その香りの良さはハイボールにて真価を発揮し、飲んでいるときのふわりと香る南国感を心地よく感じた。おすすめ。味わいはライトになったバーボン的。ただ樽の感じはあまりない。

所感

### と、言いつつ入手性は若干難ありかも

並行品がぽつぽつと入ってきているのみなので手にしようとすると結構難儀かも。また、蒸留所不明とはなんだよサボるな！　と思われるかもしれませんが、サゼラック社以降になってからはマジで情報がありません。ディアジオ社時代はギムリ蒸留所といわれていました。調べてみれば意外と謎の多い銘柄です。

126

# ジェムソン

ブレンデッド

アイリッシュ

JAMESON IRISH WHISKEY

## アイリッシュウイスキー界の優等生

DATA

蒸留所：新ミドルトン蒸留所（アイルランド）
製造会社：アイリッシュ・ディスティラリー社
内容量：700㎖
アルコール度数：40%
購入時価格：1,900円（税込）
2024年11月時市場価格：1,900円（税込）

メタルスクリュー

### 入手性に優れたアイリッシュウイスキー

『ジェムソン』の歴史は1780年に遡り、アイルランドの首都であるダブリンのボウ・ストリート蒸留所にて製造されていました。こちらはいわゆる『ジェムソン スタンダード』と呼ばれ、アイルランドにて造られるアイリッシュウイスキーで断トツのシェアを誇る銘柄です。発芽した大麦麦芽と未発芽の大麦を使ったポットスチルウイスキーと、グレーンウイスキーをブレンド。原酒は単式蒸留器で3回蒸留しているのが特徴です。原酒は新ミドルトン蒸留所ひとつですべて完結しています。

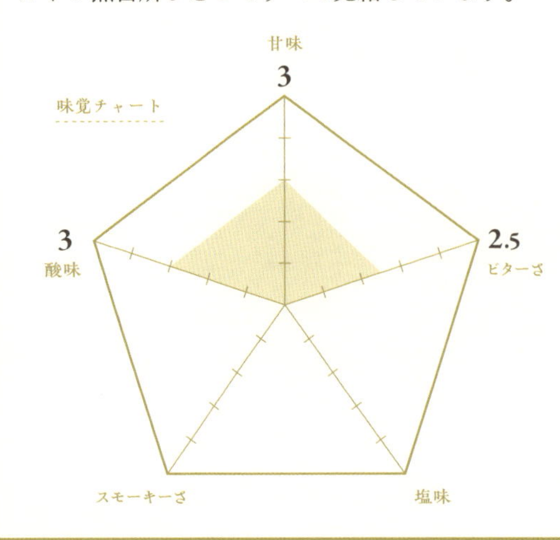

## ストレートで飲んでみる

色
- 輝く黄金色

香
- 洋梨や青りんごのような爽やかで甘い果実感
- アルコール刺激がちょびっと来る

味
- ライトかと思いきや
  意外とモルティな甘みを感じる
- 鼻腔に樽の木の香りが抜けていく

構成要素

## ロックで飲んでみる

香
- モルトの甘い香りが突出する
- 心地いい！　これこそウイスキーといった感じ

味
- 香りに対して味わいは意外と薄まる
- アイリッシュウイスキーに漠然と抱いていた
  イメージ通りのライトな味わいになる
- 余韻にビターさが出てくる

構成要素

## ハイボールで飲んでみる

味
- これこそが『ジェムソン』ソーダ！
- フルーティーな甘みと
  オーキーなビターさの競演
- ふわりと香る緑色のフルーティーさ、
  穀物の香ばしさが広がりスタンダードに美味しい

構成要素

〈果物〉
洋梨

〈熟成〉
木材

### 総評　3回蒸留らしからぬ しっかりとした香味

とにかくウイスキー・スタンダード的な味わいなので嫌味がまったくなく、モルトの香味で魅了してくれる。製造の過程でピートも使っていないので特有のピート感も一切なし。ウイスキーとはなんぞや？　という人にもやさしく接してくれるオールラウンドプレーヤー。ハイボールは特におすすめな飲み方。

### 所感　コンビニでも買える 手に取りやすさも◎

近年は『バスカー』が置いてあるコンビニも増えましたけれど、それまではコンビニで手に入る唯一のアイリッシュウイスキーでした。きっかけとしては非常に優秀で、手に取りやすくて、嫌味がなくて、きちんと美味しいと三拍子そろっているのは優等生ですね。アイリッシュはどれも優等生感がありますけれど。

127

# ジェムソン スタウトエディション

ブレンデッド

アイリッシュ

JAMESON STOUT EDITION

## コク深さが印象的なスタウトカスクフィニッシュ

DATA

蒸留所：新ミドルトン蒸留所（アイルランド）
製造会社：アイリッシュ・ディスティラリー社
内容量：700㎖
アルコール度数：40%
購入時価格：2,300円（税込）
2024年11月時市場価格：2,680円（税込）

黒くなった『ジェムソン』のメタルスクリュー

### 黒ビールの樽でフィニッシュした『ジェムソン』

『ジェムソン スタウトエディション』はEight D Brewingというクラフトブルワリーとのコラボ商品で、『ジェムソン』を熟成させた樽をスタウトビールの熟成に使い、さらにその樽で『ジェムソン』を後熟させた……というもの。スタウトビールとは平たく言うと黒ビールのことで、木樽熟成を伴うこの場合の呼び名は「バレルエイジド・スタウトビール」というらしいです。かつてはおそらく別のブルワリーの樽を使用したと思われる『ジェムソン カスクメイツ』という名称でした。

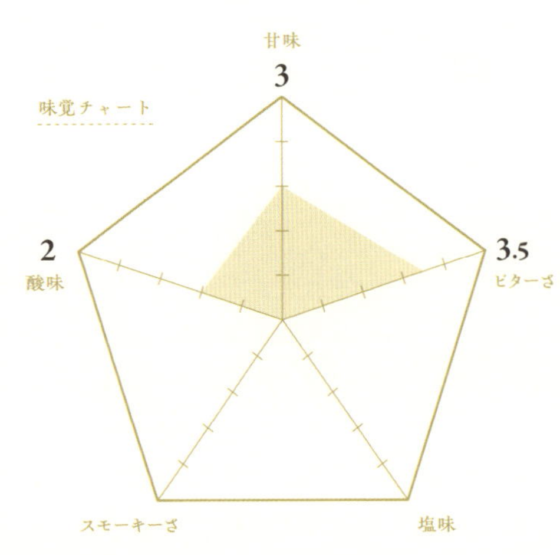

## ストレートで飲んでみる　おすすめ

**色**
- ややオレンジがかったゴールド

**香**
- 『ジェムソン』特有の**甘いモルト**香
- その中には確かに**スタウトビール**を思わせる香ばしさを感じる

**味**
- **苦み**走った香ばしいコク、やさしい**甘さ**
- **カカオチョコレート**のような印象
- なるほど〜！ 『ジェムソン スタンダード』の軽快さに深みが加わった感じ

構成要素

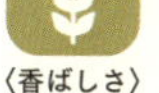
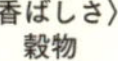

〈香ばしさ〉穀物　〈香ばしさ〉カカオ

〈感覚〉ビター　〈甘さ〉チョコレート

〈果物〉青りんご

## ロックで飲んでみる

**香**
- 『ジェムソン』特有のベーシックな**モルト**の**甘い**香りに戻った

**味**
- **スタウトビール**由来の**苦み**と**樽由来の苦み**が協調している
- **モルト**のやさしい**甘さ**と合わさって絶妙なバランスを生み出している
- **ビター**さの余韻が長い

構成要素

〈香ばしさ〉穀物　〈香ばしさ〉カカオ　〈感覚〉ビター

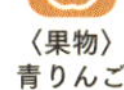

〈甘さ〉チョコレート　〈果物〉青りんご

## ハイボールで飲んでみる　おすすめ

**味**
- やはりスタンダードの軽快さにボディ感が加わって印象深いハイボールになる
- 加水での伸びはややいまいちなような気がする
- **スタウトビール**の存在感は確かにある
- 『ジェムソン』本来の**フルーティー**で**モルティ**な味わいプラス、**甘く**コクのある層をまとっている

構成要素

〈香ばしさ〉穀物　〈感覚〉ビター

〈香ばしさ〉カカオ　〈甘さ〉チョコレート　〈果物〉青りんご

**総評**

### 欲しいところに的確に補強が入っているこの感じ

「ちょっとココが物足りないな〜」と思っているところに**スタウトビール**のカスクフィニッシュがバチッ！！！！　とハマって全体的な完成度を高めてくれている。香りのストレート、味のハイボールといった感じで、どう飲んでも美味しく飲めると思った。モルトのやさしい味わいがさらに広がりを見せてくれる良酒。

**所感**

### 別のお酒同士で樽の交換とかいう尊みが深い行為

シェリー樽とかワイン樽をウイスキーの熟成に使うのはよく見られる光景ですが、その逆はあまり見ない光景です。実は、国内でも同じような試みがあり有名どころでいくと大阪府の『箕面ビール』と『イチローズモルト』がコラボした商品が発売されていたりします。木樽熟成、実はいろいろなお酒と親和性がある？

128

# ジムビーム デビルズカット

バーボン
アメリカン

JIM BEAM DEVIL'S CUT

## スコッチライクな「悪魔の取り分」

DATA

蒸留所：ジムビーム蒸留所（アメリカ）
製造会社：サントリーグローバルスピリッツ社
内容量：700㎖
アルコール度数：45%
購入時価格：2,200円（税込）
2024年11月時市場価格：2,450円（税込）

平たいプラスクリュー

### 「悪魔の取り分」を横取りしたバーボン

言わずと知れた世界ナンバー1の販売数量を誇るバーボン『ジムビーム』のひとつです。ウイスキーの熟成過程でアルコールの蒸発、樽の呼吸により空気中に霧散して目減りする現象を「天使の分け前（エンジェルズシェア）」と呼称するのは広く知られていますが、同様に原酒が樽材に染み込んでしまい目減りする現象を「悪魔の取り分（デビルズカット）」と呼称するらしいです。その悪魔の取り分を無理やり抽出し、6年ほど熟成した原酒などとブレンドしたのが「デビルズカット」です。

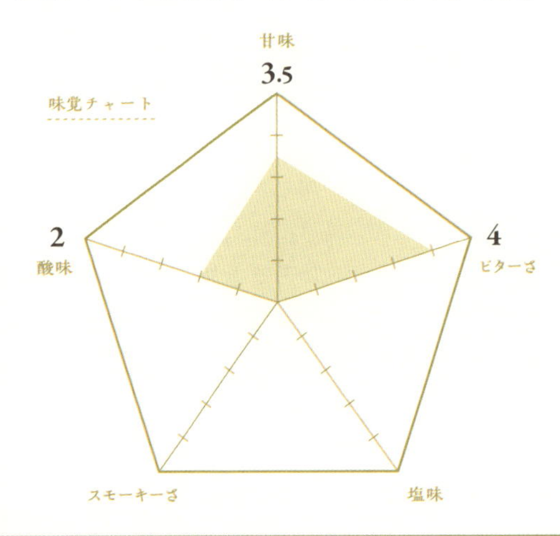

## ストレートで飲んでみる

**色**
- ほんのりゴールド寄りのアンバー

**香**
- **バーボン**特有の軽い**溶剤**感。それと**樽**感
- **溶剤**チックではあるけれど不快な香りではない
- **バーボン**らしく**バニラ**感もしっかりとある

**味**
- **甘く**て、**樽**。ほのかな**バニラ**や**はちみつ**
- さっき樽から引っ張り出してきましたと言わんばかりの**樽**感
- これはこれでとても良いものである

構成要素

## ロックで飲んでみる

おすすめ

**香**
- **溶剤**オンリーな香りになる
- そしてやはり**樽**っぽさもある

**味**
- う～ん、**甘く**て、**樽**
- アルコール刺激が抑えられて飲みやすい
- 余韻にふわ～っと**バニラ**感は抜けていくのが心地いい

構成要素

## ハイボールで飲んでみる

おすすめ

**味**
- **バーボン**に不慣れでもとっても飲みやすい
- **樽**感が強いからかな？ **溶剤**っぽくなくスコッチライク
- **青りんご**や**バニラ**、**ウッディ**さが交わった感じ
- これ、相当良い！
- 樽熟成はこうでなければ

構成要素

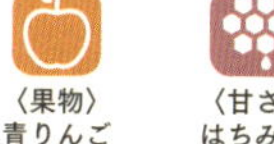

総評

### 癖がマイルドな**バーボン**らしくない**バーボン**

**バーボン**特有の**溶剤**感が強烈な**樽**感で抑えられているような感じで、**バーボン**慣れしていなくてもおおむね問題なく受け入れられる。おすすめはロック。飲みやすさに加えて余韻に抜けていく香りが**バーボン**感を補強してくれる。ハイボールもおすすめ。**樽**の**ウッディ**さに酔いしれる、安価帯でこれはすごい。

所感

### 悪魔とはかなり気が合いそうな気がする

**ウッド**感が強烈で、樽熟成するウイスキー「らしさ」を存分に感じられる**バーボン**。それでいて**ビター**に振れすぎていないのは**バーボン**らしい**甘さ**が中和しているのでしょうか……？　まあ本来の「悪魔の取り分」はもっと渋いものだと思われます。だがこのブレンドは見事だった……いいセンスだ。

129

# ハイニッカ

ブレンデッド
ジャパニーズ

Hi NIKKA

## ほのかな香ばしさとスモーキーさ、煎餅特効スキル持ち

DATA

**蒸留所**：宮城峡蒸溜所（日本／宮城県）など
**製造会社**：ニッカウヰスキー株式会社
**内容量**：700㎖
**アルコール度数**：39%
**購入時価格**：1,100円（税込）
**2024年11月時市場価格**：1,320円（税込）

金色のメタルスクリュー

### ニッカの名を冠するかつてのエース

初出は1964年、かつての酒税法にあった級別制度による2級ウイスキーとして発売されました。当時のウイスキーの価格としては安価な500円で販売され、サントリーが危機感をもって『赤札』を『レッド』として急遽復活させるほどに大人気な銘柄だったそうです。晩年の竹鶴政孝が好んで飲んだウイスキーといわれており、1：2の水割りで極薄焼の醤油煎餅をアテにひと瓶飲むのが日々のルーティンだったそうです。実際、この組み合わせは現代においても神のごとく美味しいです。

味覚チャート

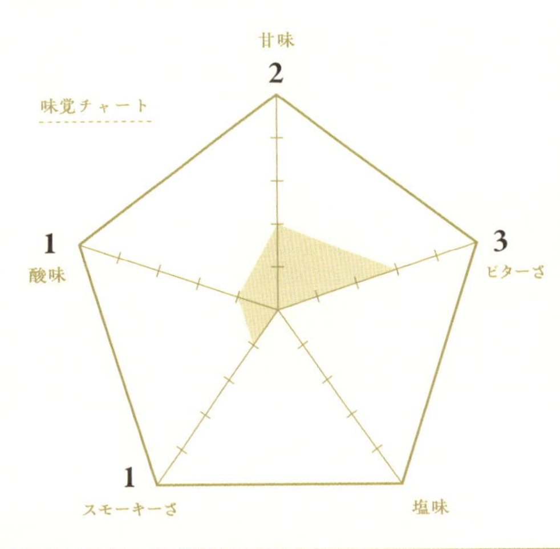

## ストレートで飲んでみる

**色**
- 明るめのゴールド

**香**
- かなりライトでくぐもった香り
- **金属**っぽい香りがするのは気のせいか……
- 少し置くと**バニラ**っぽい**甘い**香りが

**味**
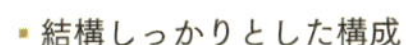
- 結構しっかりとした構成
- 穏やかながら香ばしく、**ピート**感もほのかにある
- 余韻は長いようでいて、スパッと切れる

構成要素

〈熟成〉バニラ

〈感覚〉金属　〈香ばしさ〉穀物　〈ピート〉スモーキー

## ロックで飲んでみる

**香**

- やや**甘い**香りが開く
- 依然として**金属**っぽい香りも

**味**
- ほのかに**ピーティ**で**モルティ**
- それと同時にずっと**ビター－－－－－**
  という構成（好意的）
- いやこの値段でこれは美味しいかも

構成要素

〈熟成〉バニラ　〈甘さ〉はちみつ　〈感覚〉ビター

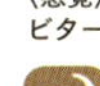

〈感覚〉金属　〈香ばしさ〉穀物　〈ピート〉スモーキー

## ハイボールで飲んでみる

**味**

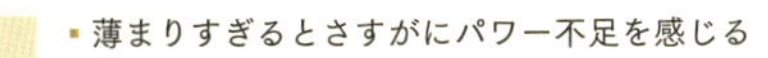
- 薄まりすぎるとさすがにパワー不足を感じる
- 『ブラックニッカ クリア』の
  ちょい上くらいに収まる
- ピート感もビターさもほとんど感じられなく
  なるので、今までの味を見ていると
  物足りなさはあるかも……

構成要素

〈熟成〉バニラ

〈甘さ〉はちみつ　〈感覚〉ビター　〈ピート〉スモーキー

総評

### 竹鶴翁の飲み方がベスト・オブ・ベスト

さすが自社のことは完璧にわかっていらっしゃる。ロック～水割りくらいがほのかな**モルト**感、**ピート**感、**ビター**感が一体となった味わいとなり美味しい。炭酸が加わると途端に勢いをなくすので、上記の通りおすすめはロック～水割り激推し。お酒のアテが非常に欲しくなる。香ばしいものが望ましい。

所感

### 予測ができない時代のうねり、人の夢

『ハイニッカ』の由来はオーディオ用語である「Hi-Fi」（原音の高忠実、高再現）から取られており、実は「Wi-Fi」と由来が同じです。現代においてはアングラミュージックやレトロ文化を懐かしむオタクの存在により「Lo-Fi」の名前のほうをよく聞くようになったのは時のいたずらか、奇妙なものを感じます。

130

# フォアローゼズ

バーボン

アメリカン

Four Roses

## 甘い情緒を内包した気品あるバーボン

DATA

蒸留所：フォアローゼズ蒸留所（アメリカ）
製造会社：同上
内容量：700mℓ
アルコール度数：40%
購入時価格：1,400円（税込）
2024年11月時市場価格：1,400円（税込）

シンプルなメタルスクリュー

### ロマンチックな逸話を持つバーボン

始まりは1888年。1920〜33年の間に施行された禁酒法ではフランクフォート蒸留製造社という企業と合併することで、「薬用」ウイスキーの製造の名目で法に抵触せず稼働を続けていた数少ない蒸留所です。『フォアローゼズ イエロー』というのは俗称で、公式的には『フォアローゼズ バーボン』、すなわち『フォアローゼズ』そのものの呼び名と同じです。原酒は平均5年以上熟成されたものを使用していて、マッシュビル2種×酵母5種からなる同銘柄最多の10種の原酒のヴァッティング。

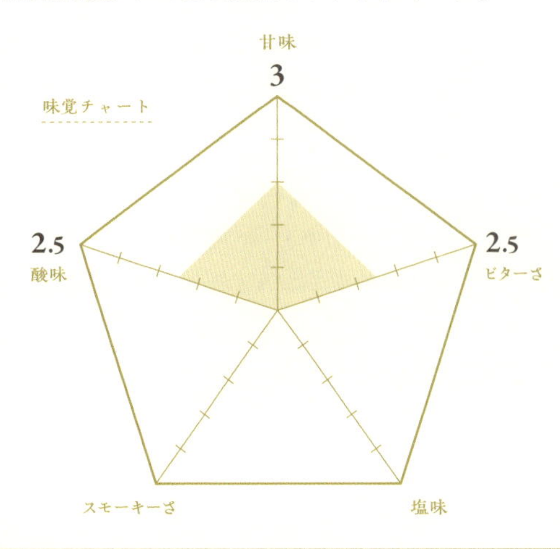

## ストレートで飲んでみる

| | |
|---|---|
| 色 | ・深みのあるゴールド |
| 香 | ・**バーボン**然とした**バニラ**と**溶剤**臭<br>・ただ、そこまで**溶剤**臭が強くなく、嫌味がなく、上品<br>・アルコールアタックもなく品格のある**アロマ** |
| 味 | ・**樽の渋み**、**草**っぽさを感じる**フローラル**さ<br>・**穀物**由来の**甘さ**もやさしく感じる<br>・余韻にはやはり**花**を思わせる**フローラル**さが抜けていく |

構成要素

〈熟成〉
バニラ

〈甘さ〉
はちみつ

〈甘さ〉
花の蜜

〈香ばしさ〉
穀物

〈熟成〉
溶剤

## ロックで飲んでみる

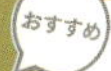

| | |
|---|---|
| 香 | ・**湿った木**、**溶剤**感が少し増す<br>・**紙**っぽくもある？　奥のほうに**甘いバニラ**の香り |
| 味 | ・癖を感じさせないスムースさ<br>・余韻に**渋み**がやや来るもののこれはアリ<br>・甘いものが欲しくなる |

構成要素

〈熟成〉
バニラ

〈熟成〉
湿った木

〈甘さ〉
花の蜜

〈感覚〉
樽から来る
渋み

〈ピート〉
紙

〈熟成〉
溶剤

## ハイボールで飲んでみる

| | |
|---|---|
| 味 | ・ここにきて**甘さ**が引き立ってくる<br>・当然、飲みやすさで言えば随一<br>・薄まらずにしっかりと主張が残っている<br>・**花の蜜**を思わせる**フローラル**な**甘さ**がきちんと感じられ、一貫したキャラクター性をヒシヒシと感じる |

構成要素

〈熟成〉
バニラ

〈甘さ〉
はちみつ

〈甘さ〉
花の蜜

〈感覚〉
樽から来る渋み

総評

### 軽やかな**バーボン**ながら芯の強さを感じる

4本の薔薇の花言葉は「死ぬまで気持ちは変わらない」……そんな強い意志を感じずにはいられない**バーボン**ではありますけれど、その実、味わいは割とすっきり。おすすめはロック。余韻の**渋み**が全体を引き締めていて美味しい。**甘く**スムースになるハイボールも大いにアリ。薄いわけでもない、というバランスの良さ。

所感

### 文字数が足りないので逸話についてざっくりと

生みの親であるポール・ジョーンズがひと目惚れした女性にプロポーズをしたところ「OKなら薔薇のコサージュをつけて次の舞踏会に参ります」と言われ、約束の舞踏会には4輪の薔薇のコサージュをつけた件の女性が現れ愛が実った……というお話です。で、花言葉は左記の通りというロマンチックさです。

131

# ブラックニッカ クリア

ブレンデッド

ジャパニーズ

BLACK NIKKA Clear

## 「まだ」ウイスキーとしての自覚を感じる、最廉価帯

DATA

蒸留所：（たぶん）宮城峡蒸溜所（日本／宮城県）など
製造会社：ニッカウヰスキー株式会社
内容量：700㎖
アルコール度数：37％
購入時価格：990円（税込）
2024年11月時市場価格：1,090円（税込）

やっぱり
メタルス
クリュー

### 軽やか・すっきりなジャパニーズウイスキーの先駆け

初出は1997年、『ブラックニッカ クリアブレンド』として発売されました。2011年に今の名称である『ブラックニッカ クリア』に改称、今日に至ります。最大の特徴はノンピートモルトを使用した徹底した癖抜き。**スモーキー**感をネガティブに感じる……主に初心者への配慮です。また低価格なのでコンビニ、スーパー、居酒屋に至るまでどこででも見かけ、ウイスキーをよく知らない人にとっての『ブラックニッカ』は大体これが頭に浮かぶと思います（主にマイナス方面で……）。

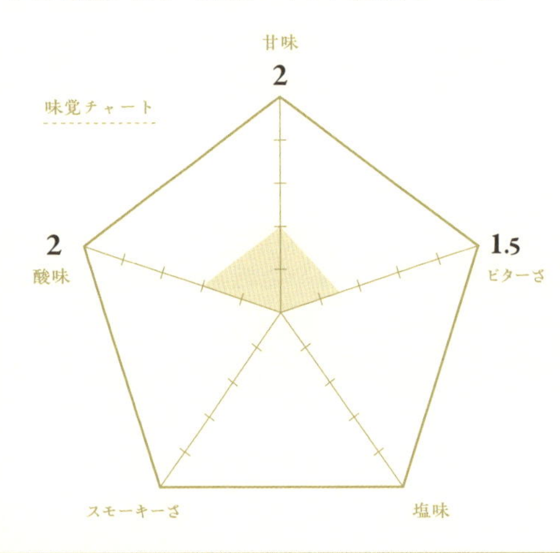

## ストレートで飲んでみる

| | |
|---|---|
| 色 | ▪薄めのゴールド |
| 香 | ▪意外と**穀物穀物**している香りが立っている<br>▪ノンピートを謳っているだけあって嫌味がない |
| 味 | ▪本当に、ほんの少しだけ、**溶剤**っぽい<br>▪ただ悪目立ちするようなフレーバーもなく純粋に飲みやすい<br>▪**クリア**な飲み口、名前に偽りなし |

構成要素

〈甘さ〉
はちみつ

## ロックで飲んでみる

| | |
|---|---|
| 香 | ▪少しだけ香りが開く。少しだけ<br>▪**甘い**香りをさらに感じる |
| 味 | ▪若干**ビター**さが出る？　くらい<br>▪むしろ**甘み**も増していて厚みが出る<br>▪変な味は一切なくきちんとウイスキーしている |

構成要素

## ハイボールで飲んでみる

おすすめ

| | |
|---|---|
| 味 | ▪程よく**酸味**っぽさが出て軽快<br>▪**甘さ**もほんの少し浮き上がってきてさっぱりめのハイボール<br>▪**居酒屋**の味ですなぁ<br>▪飲み慣れているものを改めて評価するのって難しい |

構成要素

総評

### ウイスキーとしての最低限のラインをしっかり把握している

「サントリー深淵三兄弟」と比べるとストレートの時点からウイスキーとしてのスタートラインに乗っかっている。さすがニッカというべきか、どう飲んでも違和感がない。ただこの価格帯でいけば真っ当な飲み方はやはりハイボールかな、と……。『角瓶』ほどではないけれど、炭酸でかなり化ける。

所感

### で、『ブラックニッカ』ってどれがおすすめなの？

個人的には度数も一番高く、飲みごたえもばっちりな「ディープブレンド」。公式サイトにも紹介記事がなく、なんと本書にも紹介ページのない（事故）『ブラックニッカ スペシャル』も値段に見合わぬ超完成度の高いブレンデッドでおすすめです（バレてほしくないから未掲載というわけではないです！　神に誓って！）。

132

# ホワイトオーク あかし スペシャルブレンド

ブレンデッド

ジャパニーズ

White Oak AKASHI Special Blend

## 中道を進むおりこうさんな地ウイスキー

DATA

蒸留所：江井ヶ嶋酒造株式会社（日本／兵庫県）
製造会社：同上
内容量：700㎖
アルコール度数：40％
購入時価格：660円（税込）※200㎖ボトル
2024年11月時市場価格：2,200円（税込）

のっぺりとしたメタルスクリュー

### ブレンデッドラインでは上位に位置する『あかし』の「青」

蒸留所の設立は1884年。ウイスキーの製造免許を取得したのは1819年と山崎蒸溜所よりも早いといわれています。「地ウイスキー」として脈々と受け継がれ、シングルモルトの販売も積極的に行うようになっています。廉価帯の『あかし レッド』『地ウイスキー あかし』については本当にどこでも見られるレベルで販路が広く、ウイスキーに明るくない人でも一度は見たという経験があるのではないでしょうか。例のごとく「赤」が下で「青」が上というのは『ジョニー』っぽさを感じます。

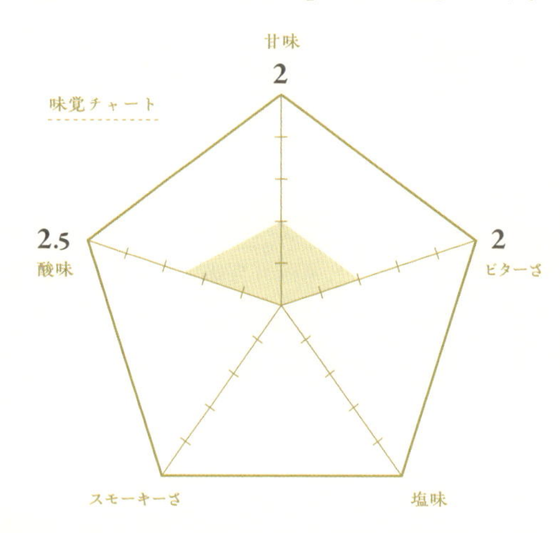

## ストレートで飲んでみる　おすすめ

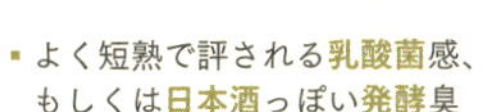

**色**
- やや赤褐色を帯びたゴールド

**香**
- よく短熟で評される**乳酸菌**感、もしくは**日本酒**っぽい**発酵**臭
- ほのかに**ベリー**系の香り
- アルコールアタックはないものの**穀物**感もあまり感じない？

**味**
- 結構飲み口がサラっとしている。飲みやすい
- 薄めの**レーズン**、**ベリー**感もそこはかとなく感じる
- それで、**大根の漬物**のような、**発酵**感、**ピリ辛**感

構成要素

〈熟成〉乳酸菌

〈香ばしさ〉穀物　〈熟成〉バニラ

〈果物〉レーズン　〈果物〉チェリー

## ロックで飲んでみる

**香**
- **発酵**感が強まる
- **果実**のような**野菜**のような中間の**酸い**香り

**味**
- 香りとは裏腹にウイスキーらしさが出てくる
- **樽**熟っぽさというか、**ウッディ**さがようやく見える
- それでもちょっと主張は弱め
- 余韻に**樽**感がほのかに香る以外は全体に薄さが否めない、かな……

構成要素

〈熟成〉木材　〈感覚〉ビター　〈熟成〉乳酸菌

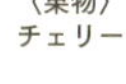

〈香ばしさ〉穀物　〈熟成〉バニラ　〈果物〉レーズン　〈果物〉チェリー

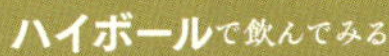

## ハイボールで飲んでみる　おすすめ

**味**
- **樽**熟っぽい**ビター**感が感じられる
- 廉価ウイスキー特有のなんとなくな不快感がないので優秀
- 可もなく不可もなくを地でいくような感じ

構成要素

〈熟成〉木材　〈感覚〉ビター　〈熟成〉乳酸菌

〈香ばしさ〉穀物　〈熟成〉バニラ　〈果物〉レーズン　〈果物〉チェリー

### 総評　これが「地ウイスキー」だ！と個性を見せてくる

**乳酸菌**っぽさを残しつつも、**レーズン**や**ベリー**や**バニラ**っぽさが混じり合って混沌としている。混沌としながらもウイスキーとしてまとまっていて、このバランス感が独自性があって面白いと感じた。ストレートからハイボールまでいろいろ飲み比べるのがおすすめかも。それでもやっぱり**たくあん**っぽい。

### 所感　いろいろ調べてみたけれど蒸留所名ってないの……？

旧名がホワイトオーク蒸留所というのはわかっているものの、現在は江井ヶ嶋蒸留所だとか江井ヶ嶋酒造ウイスキー蒸留所だとかコレといった名称が見つかりませんでした。江井ヶ嶋酒造はウイスキーだけを造っているわけではないので定めていないのでしょうか？　詳細求ム（丸投げ）。

133

# 山桜 安積蒸溜所 &4

ブレンデッド

ワールド

YAMAZAKURA ASAKA DISTILLERY &4 WORLD BLENDED WHISKY

## 名前通りに『安積』が主役、方向性が鮮明なワールドブレンデッド

DATA

蒸留所：安積蒸溜所（日本／福島県）など
製造会社：笹の川酒造株式会社
内容量：700mℓ
アルコール度数：47%
購入時価格：4,400円（税込）
2024年11月時市場価格：4,400円（税込）

ラミネートコルク。ペリペリするアレがない

### 「あさか」と読みます

『安積＆4』の初出は2023年1月頃。現在ではシングルモルトのリリースもしている笹の川酒造・安積蒸溜所のモルト原酒を使用したワールドブレンデッドウイスキーです。というわけで日本の安積蒸溜所＋スコッチ、アイリッシュ、アメリカン、カナディアンの合計5カ所の蒸留所の原酒のヴァッティングです。5大ウイスキーを5種ぴったりで揃えているのは意外と初なのかもしれません。原料原産地名の表記、その独特の味わいから、おそらく安積原酒の含有比率が最も高いと読み取れます。

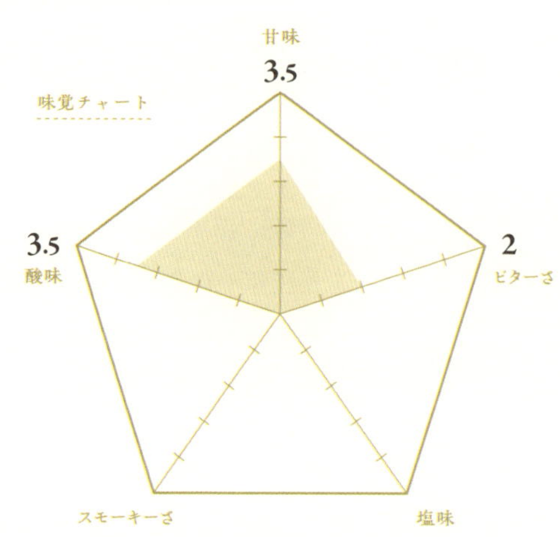

## ストレートで飲んでみる

構成要素

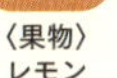

**色**
- 明るめなゴールド

**香**
- 形容しがたい未知の感じ。やや**乳製品**っぽい香り
- しばらくすると**エステリー**な**果実**香。
  やや湿った香り
- アルコール刺激は強し

**味**
- 第一印象は**木**感が強い。ほんのりと**はちみつ**感
- それと湿り気のある**柑橘**っぽいフレーバー
- **バーボン**樽熟成中心の
  スタンダードど真ん中な構成に見える

## ロックで飲んでみる

構成要素

**香**

- **柑橘**系の香りが強く拾えるようになる
- それと**バーボン**っぽい**バニラ**、**樽**感

**味**
- **フルーティー**で、**柑橘**っぽくて、**ビター**
- この味わいのどれかが
  『安積』モルトっぽさなのかな？
- 加水で急に個性が出だす
- **レモンピール**と形容してもいいくらいの**酸味**と**渋み**

## ハイボールで飲んでみる

構成要素

**味**
- **柑橘**系を強く感じるハイボール
- **フルーティー**で飲みやすい
- 奥には**はちみつ**っぽさが垣間見え、
  軽快かつほんのり**甘い**出来上がり
- **バーボン**由来の**甘く**香り高いところが
  炭酸で弾けて良い香味につながっている

総評

### 加水でがらりと変わる ワールドブレンデッドらしさ

ワールドブレンデッドの常として、**バーボン**感が強いのは自然の摂理として、加水で（おそらく）『安積』モルトが個性を発揮しだす印象。おすすめはロック。『安積』モルトの**柑橘**っぽさ、**クリーン**さが主体となっており他にはない個性という面で突出していて飲んでいて面白い。**柑橘**が主役なのはかなり個性強し。

所感

### 『安積』モルトを知るという面でも 確かにコスパ良し

明らかに『安積』原酒の存在が感じ取れる、主役を明確に据えたワールドブレンデッド。現在に至るまでいまいち手に取りやすい商品がなく肝心の『安積』モルトの特徴がわからないままだった中で現れた、『安積』の宣伝隊長ともいえる立ち位置といえます（実際、自分もここから『安積』入門しました。にわかです！）。

134

# 鳥取 金ラベル

ブレンデッド

ジャパニーズ

THE TOTTORI Aged in BOURBON BARREL

## バニラ・はちみつをまとった飲みやすいブレンデッド

DATA

蒸留所：倉吉蒸溜所（日本／鳥取県）など
製造会社：松井酒造合名会社
内容量：200mℓ
アルコール度数：43%
購入時価格：738円（税込）
2024年11月時市場価格：2,530円（税込）※フルボトル

メタルスクリュー

### ゴールデンなブレンデッド上位ライン

初出は不明ですが、2019年頃にはすでに登場していたようです。『鳥取』は今のところブレンデッド専用ラインで、他の銘柄と棲み分けています。現在4タイプを展開していて、どれも年数表記なしの「ノンエイジ」タイプとなります。『鳥取』4種の中ではこの「金ラベル」が値段的には最上位となり、ラベルについてもコテコテ真っキンキンな豪華なものとなっています。公式サイトによるとスペックはホワイトオークの新樽で熟成、国内製造のグレーン、モルトウイスキーとなっています。

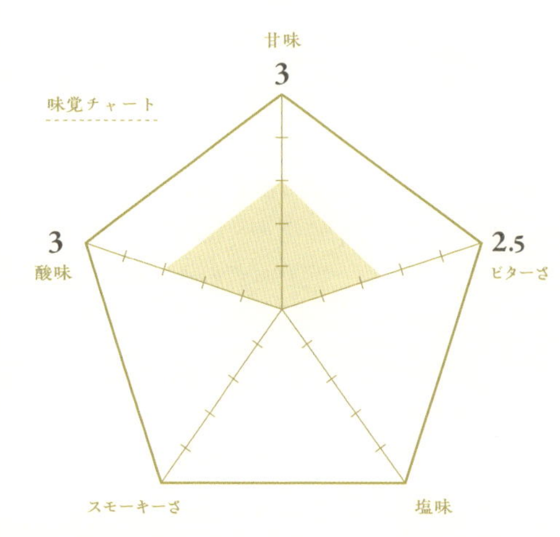

200mℓボトル

## ストレートで飲んでみる

構成要素

〈熟成〉バニラ

〈香ばしさ〉穀物

〈果物〉レモン

〈果物〉オレンジ

〈熟成〉木材

**色**
- やや明るめのアンバー

**香**
- 『倉吉』でも感じるハイランド的な**柑橘**感
- それと**バーボン**樽から来る**バニラ**っぽさが互いに相殺している感じ
- 調和というかはせめぎ合っている、ような

**味**
- 香りから感じる印象より深みがある。いい
- ハイランド的な軽快な**穀物**感と、
- ややまったりとした**バーボン**樽由来の**甘さ**が出ていて飲みやすい

## ロックで飲んでみる

構成要素

〈熟成〉バニラ

〈香ばしさ〉穀物

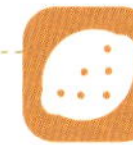
〈果物〉レモン

〈果物〉オレンジ

〈感覚〉ゴム

〈感覚〉樽から来る渋み

**香**
- ハイランド的**柑橘**感のほうが強くなる
- それとやや**ゴム**っぽさが出てくる

**味**
- ちょっとまろやかさが消える
- 余韻に**渋み**。ハイランドっぽいといえばそうなんだけど
- それでも**甘やか**な**バーボン**感がよく乗っている

## ハイボールで飲んでみる

おすすめ

構成要素

〈熟成〉バニラ

〈香ばしさ〉穀物

〈果物〉レモン

〈果物〉オレンジ

〈感覚〉樽から来る渋み

**味**
- ハイランドだねって感じの味、爽やかで美味しい
- **バーボン**樽由来の覆うような**甘さ**が良いアクセントとなっていて飲みやすい
- ラベルが日本語だから脳がバグる
- あの、かなり良いです、これ

総評

### シンプルに正統派 初心者でもとっつきやすい

ハイランド系特有の癖が、**バーボン**樽由来の柔らかな**甘み**で緩和されていて癖がとても少なく感じた。普段ウイスキーと関わっていない人でもこれなら飲める、と感じるのでは？　個人的なおすすめはストレート。もしくは軽快に飲めるハイボール。**バーボン**樽の良さが十二分に出ていて、フレンドリーなのは好印象。

所感

### 原料原産地名の国内製造表示について

例えば「原料原産地名：国内製造（モルトウイスキー）」とあったとしても、「最終的に実質的な変化をもたらした行為」が行われた地域が表記できるので、海外から輸入した原酒を国内で追加で熟成すれば国内製造を名乗れるわけです。全然関係ない話でした。結構抜け穴の多い制度ですね、ハハ。

135

# 倉吉 ピュアモルト

ブレンデッドモルト
ジャパニーズ

THE KURAYOSHI PURE MALT

## サラリと柑橘が香るヤングなハイランド感

DATA

蒸留所：倉吉蒸溜所（日本／鳥取県）など
製造会社：松井酒造合名会社
内容量：700mℓ
アルコール度数：43%
購入時価格：1,188円（税込）※200mℓボトル
2024年11月時市場価格：3,960円（税込）

メタルスクリュー

### 過去にどうこうあったとかいう話は置いておいて……

マツイウイスキーは現在ブレンデッドモルトの『倉吉』、シングルモルトの『松井』、ブレンデッドの『鳥取』『山陰』『大山』と展開しています。「ピュアモルト」というのは日本独自の化石的な表現で、かつてシングルモルトに対して使われていたり今でいうブレンデッドモルトに使われていた（いる）表現です。要は「純粋にモルト原酒だけだよ」という話なのですが、それだけでは単純に説明不足なのであまり使われない印象です。というわけで複数のモルト原酒のヴァッティングです。

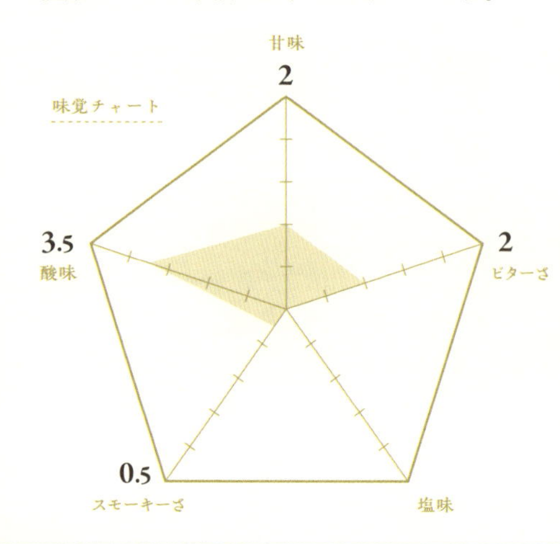

## ストレートで飲んでみる

| | |
|---|---|
| 色 | ・明るいゴールド |
| 香 | ・ハイランドモルトチックな、やや癖のある、くぐもったような**柑橘**感<br>・というかすごく『グレンタレット』を彷彿とさせる<br>・アルコールアタックはほとんど感じない |
| 味 | ・モルトにしてはサラっとしている。香り通りの味<br>・軽快な**柑橘**感、微かな**スモーク**<br>・飲みやすさアリ!! |

構成要素

〈果物〉レモン　〈果物〉オレンジ

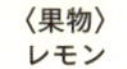

〈香ばしさ〉穀物　〈ピート〉干し草　〈ピート〉スモーキー

## ロックで飲んでみる

| | |
|---|---|
| 香 | ・完全に『グレンタレット』と誤認するくらい似ている<br>・ストレートとあまり香りの変化はない、かなぁ |
| 味 | ・ちょっと**渋み**が前面に出てくる<br>・ただ要素としてはストレートより増えているため、味わいとしてはロックのほうが深いと思う |

構成要素

〈果物〉レモン　〈果物〉オレンジ　〈感覚〉樽から来る渋み

〈香ばしさ〉穀物　〈ピート〉干し草　〈ピート〉スモーキー

## ハイボールで飲んでみる

| | |
|---|---|
| 味 | ・『グレンタレット』のような「伸び」はあまりなく、若干薄まりを感じる<br>・ただ、特徴的な**柑橘**感は依然として残っていて**フルーティー**<br>・面白みに欠けるなんてことは、ない、と、思う |

構成要素

〈果物〉レモン　〈果物〉オレンジ

〈感覚〉樽から来る渋み　〈香ばしさ〉穀物　〈ピート〉干し草

総評

### まさか『グレンタレット』のボトラーズ????

……というのは冗談として、ヤング『グレンタレット』のようなイメージ。詰まるところ、普通にウイスキーをしている。価格に対しての熟成度も納得できる範囲。飲み方によってあんまり表情は変わらないし、ストレートからして相当に飲みやすいのでどう飲んでもいいと思う。個人的にはロックが一番楽しめると思った。

所感

### ウイスキーとして生まれてきたからにはウイスキーとして楽しもう

そもそもバックボーンを探るのもウイスキーの楽しみ方のひとつなので、過去にあったことも積み重ねた歴史のひとつとして語って楽しむべきなのです。ただ、目の前のウイスキーを味わうときくらいはしっかりと目を合わせて飲みたい、と私は思います（話のタネになるなんてある意味おいしいですしね……）。

136

# サントリーウイスキー 知多

シングルグレーン
ジャパニーズ

THE CHITA SINGLE GRAIN JAPANESE WHISKY

## 風が薫る、グレーンらしからぬ骨太さ

DATA

蒸留所：知多蒸溜所（日本／愛知県）
製造会社：サントリーホールディングス株式会社
内容量：700㎖
アルコール度数：43%
購入時価格：4,400円（税込）
2024年11月時市場価格：6,600円（税込）

サントリー共通形のプラスクリュー

### 意外と存在がないジャパニーズシングルグレーン

始まりは1972年。白州蒸溜所竣工の1年前に愛知県・知多半島に設立されました。狙ったかどうかはわかりませんが、場所的には山崎蒸溜所（大阪）と白州蒸溜所（山梨）のちょうど中間あたりです。言わずと知れたサントリーブレンデッドの屋台骨で、下は（少なくとも）『ホワイト』から上は『響』までほとんどのサントリーブレンデッドに使用されています。『知多』としてのボトルの初出は割かし最近で、2015年。実は、ジャパニーズシングルグレーンは貴重なジャンルです。

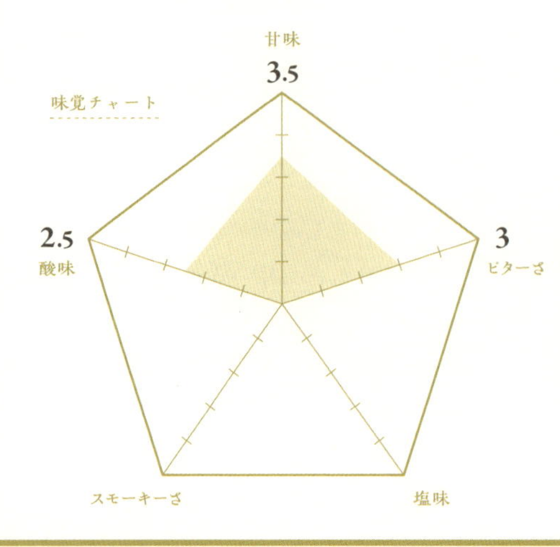

## ストレートで飲んでみる

| | |
|---|---|
| 色 | ・明るめなゴールド |
| 香 | ・**バーボン**っぽい**バニラ**感。**穀物**由来の香ばしさがほのかに<br>・それとほんのりと**フルーティー**。アルコール刺激はそれなりに |
| 味 | ・結構**甘い**<br>・**樽から来る渋み**もしっかり感じられる<br>・**グレーン**らしからぬ骨太さ<br>・ストレートでもしっかりと飲める |

構成要素

〈熟成〉バニラ

〈香ばしさ〉穀物

〈甘さ〉はちみつ

〈感覚〉樽から来る渋み

〈果物〉青りんご

## ロックで飲んでみる

| | |
|---|---|
| 香 | ・**バニラ**感全開<br>・それ以外に特に要素はなくなる |
| 味 | ・よくあるサントリーブレンデッドみが出る<br>・ロックのほうが**溶剤**っぽいというか……<br>・**グレーン**特有の香味が出るような気がする<br>・味自体は**甘い**ものの、結構**ビター**感が強い |

構成要素

〈熟成〉バニラ

〈香ばしさ〉穀物

〈甘さ〉はちみつ

〈感覚〉ビター

〈果物〉青りんご

〈熟成〉溶剤

## ハイボールで飲んでみる

| | |
|---|---|
| 味 | ・なるほど美味しいですね～～<br>・爽やかな**甘さ**、**穀物**感が取っかかりなくスムーズに流れ込む<br>・『角』以上のすっきりハイボールの使い手<br>・グレーンウイスキーにも造り分けやブレンドがあるんだなぁというのを実感できる |

構成要素

〈熟成〉バニラ

〈香ばしさ〉穀物

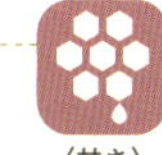
〈甘さ〉はちみつ

〈果物〉青りんご

総評

### 『知多』のポテンシャル、正直舐めてた

本当に、**グレーン**らしからぬどっしりとしつつも軽妙な味が積み重なっていてすごい。それなりの熟成原酒が使用されていることは味からして明らかで、「この」『知多』にしかない味わいがあるので他サントリーブレンデッドとかで代用は……不可。ポテンシャルを味わってほしいという面でストレートがおすすめ。

所感

### よくよく考えるとこの値段にも理由があるんだろうなぁ、と

『山崎』『白州』という二大巨頭と不幸にも値段が近いばっかりに割に合わないなどといわれてきた『知多』ですけれど、シングルモルト2つと同様に樽熟成を経ている原酒をどうして安売りしようかという話ですよね。180mℓや350mℓがひっそりと終売している……もっと飲んでおけばよかったとちょっと後悔です。

EX 1

シングルモルト
ジャパニーズ

# シングルモルトウイスキー 白州 Story of the Distillery 2024 EDITION

SINGLE MALT WHISKY HAKUSHU Story of the Distillery 2024 EDITION

## どっしりとした酒質、新しい風が吹く『白州』

DATA

蒸留所：白州蒸溜所（日本／山梨県）
製造会社：サントリーホールディングス株式会社
内容量：700㎖
アルコール度数：43%
購入時価格：16,500円（税込）
2024年11月時市場価格：16,500円（税込）

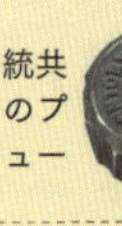

『白州』系統共通カラーのプラスクリュー

### 新たに加わった2024年限定の『白州』

2024年5月28日に発売された限定商品です。従来の西暦を冠した限定品のラインナップは『山崎』『響』のみだったものが、満を持してラインナップに加わりフルコンプを目指すコレクターの財布を破壊して回りました。スペックはスモーキータイプの『白州』モルトをバーボン樽で熟成させた原酒のみのブレンドということで、初陣らしくシンプルな構成でやってきました。「ノンエイジ」はドライでスモーキーな新緑、『白州 12年』は瑞々しく爽やかな甘さの印象ですが、いかに。

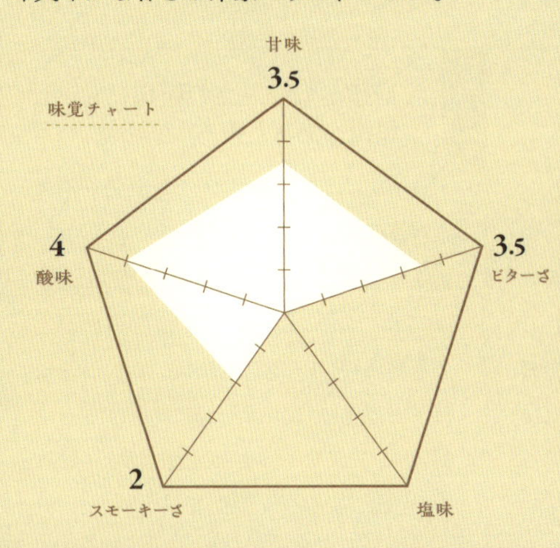

## **ストレート**で飲んでみる

| | |
|---|---|
| 色 | ・深みのあるゴールド |
| 香 | ・驚くほど**クリーン**な香り<br>・視界がよく開けた**森**、**新緑**<br>・**バーボン**樽熟成らしい、軽快な**バニラ**香 |
| 味 | ・ほんのり**ビター**でやや**スモーキー**<br>・そこそこの重みをもったコクのある味わい<br>・**深く緑に染まった葉**をイメージする**森林感**<br>・余韻は**煎茶**のような**ほろ苦さ**で〆る |

構成要素

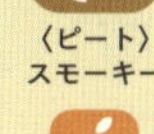

## **ロック**で飲んでみる

| | |
|---|---|
| 香 | ・もっと！　**清涼感**のある**森林感**に<br>・**キシリトールガム**のような突き抜ける**清涼感**<br>・奥に**バニラ**や**はちみつ**、<br>　**ウッディ**さもやや出てきた |
| 味 | ・しっかりと**ビター**でやや**スモーキー**<br>・ドライでもなく、甘すぎるわけでもない<br>・重厚な味わい。好き |

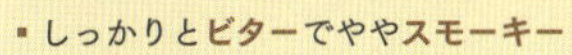

構成要素

## **ハイボール**で飲んでみる

| | |
|---|---|
| 味 | ・重みのあるコクありハイボール<br>・**スモーキー**さはやんわり程度に落ち着く<br>・**樽のウッディ**さ、**渋さ**が見える<br>・『白州』のハイボールながら<br>　重くあり続けるので異質 |

構成要素

### 総評　「ノンエイジ」の重装甲版みたいな感じ……

さらりと爽快に飲めるような代物ではなく（もちろん価格的にも）、終始重厚感をもって味わうように飲ませてくる『白州』。**スモーキー**タイプのモルトと言いつつも**ピート**感はライトめ。重厚感がこれでもかと味わえるロックがおすすめ。ハイボールは「ノンエイジ」でいいかな……。ストレートも「**和**」を感じさせて好き。

### 所感　初っ端からこういうものが出てくるとは……！

『白州 12年』は明確に甘さが出てきているのに対してこちらは別路線で、体重の増えた『白州（ノンエイジ）』というのが正しいかなぁ……？　シェリー樽原酒抜きでここまでコク深さが出る『白州』は新しく面白い!!　蒸留所で飲んだ構成原酒のどれとも違う新機軸が見えました。まだ変身を残しているとは驚きです。

EX 2

# シングルモルトウイスキー 山崎 Story of the Distillery 2024 EDITION

シングルモルト

ジャパニーズ

SINGLE MALT WHISKY YAMAZAKI Story of the Distillery 2024 EDITION

## 『山崎』にしかできない日本感の独創的なアプローチ

DATA

蒸留所：山崎蒸溜所（日本／大阪府）
製造会社：サントリーホールディングス株式会社
内容量：700mℓ
アルコール度数：43%
購入時価格：16,500円（税込）
2024年11月時市場価格：16,500円（税込）

『知多』と同様のカラーのプラスクリュー

### 蒸留所の物語を紐解く2024年限定の『山崎』

2024年5月28日に発売された限定商品です。『山崎 LIMITED EDITION』という名称で2014〜17年、2021〜23年の間に販売されていたものがリニューアルした形です。2021年からの「LIMITED EDITION」はただでさえ希少な『山崎』ということで熾烈な争奪戦となり、入手が非常に困難でした。スペックはミズナラ樽やスパニッシュオーク樽原酒をはじめとした多彩なモルト原酒のヴァッティング。価格は『山崎 12年』と同じなので、熟成年数もそれくらいかもしれません。

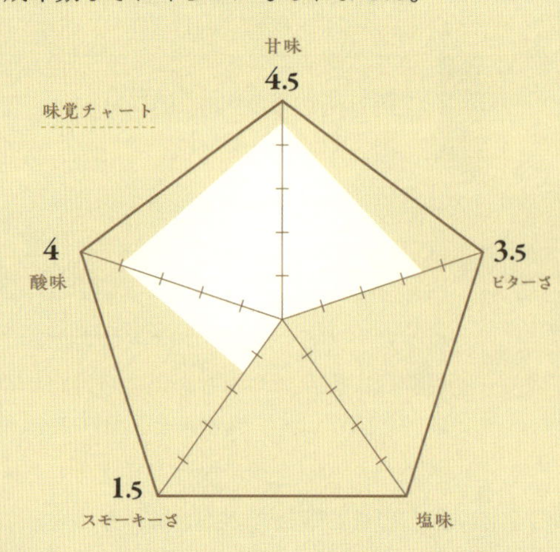


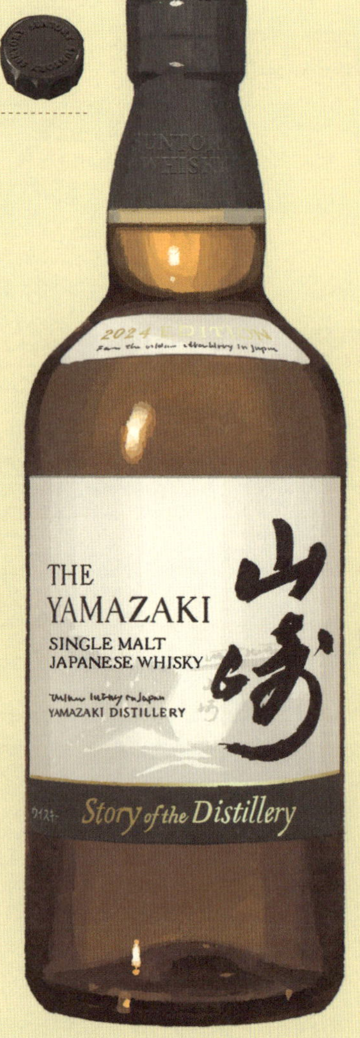

## ストレートで飲んでみる

| | |
|---|---|
| 色 | ▪赤みを帯びたアンバー |
| 香 | ▪赤い果実感、ドライレーズン香<br>▪『山崎』ならではの印象的な香木感、奥にはバニラ<br>▪あぁ、『山崎』を飲んでるんだなぁという安心感 |
| 味 | ▪スパイシー、和菓子っぽい<br>▪確かに小豆、あんこのニュアンスがある<br>▪アクセントに柑橘、フルーティー<br>▪余韻は長く、樽感のビターと<br>スパイシーさが心地よく続く |

構成要素

## ロックで飲んでみる

| | |
|---|---|
| 香 | ▪青りんご、オレンジのような<br>フルーティーさが前面に<br>▪独特のミズナラっぽさも大きく開く<br>▪レーズンやベリー香も生き生きとしだす |
| 味 | ▪やはり小豆のような<br>香ばしさを伴った甘さ<br>▪粒あんと小豆の皮まで連想する<br>▪それとスパイシーさ、オレンジのような柑橘っぽさ<br>▪このロック、美味しい |

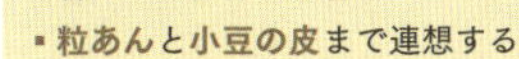

構成要素

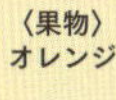

## ハイボールで飲んでみる

| | |
|---|---|
| 味 | ▪無難に美味しいけれど深みは露骨になくなる<br>▪それでも依然として小豆のような<br>香ばしい甘さがついてくる<br>▪ミズナラの香りが余韻に残る<br>▪『山崎』のしっかりとした存在感、<br>残り香までしっかりと『山崎』 |

構成要素

総評

### 『山崎』の『山崎』による『山崎』のためのウイスキー

香り、味からいろいろな『山崎』が浮かんでは消え……と走馬灯のように流れる。終始主役を飾る**小豆**っぽい香ばしい**甘さ**は独自性が見える。ストレートからロックからハイボールまでどう飲んでも美味しかった。それでも最推しは**芳醇濃厚**なストレート。加水でもバランスを崩さないのは「12年」との大きな違い。

所感

### ダウンサイジングした『山崎 18年』かな？と思っていたけれど……

ある意味そうで、ある意味完全別路線。とにかくしっかりとした芳香は主張が強く、**シェリー**感もまたかぐわしい。『山崎』ファンなら絶対に後悔しない、一本でいろいろな経験ができるボトルだと思いました。『山崎 12年』に勝るとも劣らない完成度。味についても外伝的で、本筋の役割を食わない良調整です。

# 世界一やさしい ウイスキーの用語解説

**【アイラ】**
スコットランド西に位置するヘブリディーズ諸島の最南端の島。造られるウイスキーであるアイラモルトは泥炭によるスモーキー・ピートフレーバーが大きな特徴。⇒ピート

**【アイランズ】**
アイラ島を除く、スコットランドの北東から南西にわたって点在する島々の総称。オークニー諸島、ルイス島、スカイ島、マル島、ジュラ島、アラン島の6つに蒸留所が存在している。北から南に大規模にわたっているため、アイランズモルトにはスコッチウイスキーに表れるさまざまな要素が点在しているところが特徴的。

**【アイリッシュウイスキー】**
アイルランドやイギリスの北アイルランド地方にて製造されるウイスキーの総称。世界5大ウイスキーに数えられる。スコッチウイスキー他、大多数のモルトウイスキーは、単式蒸留器にて蒸留を2回行うことが一般的なものの、アイリッシュウイスキーでは3回蒸留が一般的で、それによって得られるスピリッツはスムースな味わいであることが大きな特徴。また、大麦麦芽や未発芽大麦などを原料に使用して造られるシングルポットスチルウイスキーもアイリッシュウイスキーでしか見られない特徴。⇒ポットスチルウイスキー

**【アメリカンウイスキー】**
アメリカにて製造されるウイスキーの総称。世界5大ウイスキーに数えられる。アメリカンウイスキーを代表するバーボンウイスキーはその一種で、他原料などによってコーンウイスキー（トウモロコシ）、モルトウイスキー（大麦麦芽）、ライウイスキー（ライ麦）、ウィートウイスキー（小麦）と大別される。基本的には内側を焦がしたホワイトオークの新樽にて熟成を行うため、樽から得られる甘く芳醇なフレーバーをまとっていることが特徴。⇒バーボンウイスキー

**【ヴァッティング】**
同種の原酒を掛け合わせることを指す。主にモルト原酒＋モルト原酒、グレーン原酒＋グレーン原酒の場合において用いられる。別種の原酒を掛け合わせる場合は「ブレンド」が用いられるものの、ブレンドについては上記ヴァッティングと同義として使われることも多い（逆はない）。

**【オフィシャル】**
蒸留所からリリースされたボトルのこと。主にボトラーズに対しての言葉としてよく使われる。⇔ボトラーズ

**【カスクストレングス】**
樽出しからそのまま加水を行わずボトリングされたウイスキーのこと。類似した概念として単一の樽のみの原酒である「シングルカスク」が存在する。樽ごとに生まれる度数の違いを利用し、それらをヴァッティングして度数調整を行う場合があるため一概にカスクストレングス＝シングルカスクとは言えない。また、シングルカスクも加水する場合があるので、シングルカスク＝カスクストレングスとは言い切れない難解な概念。

**【カナディアンウイスキー】**
カナダにて製造されるウイスキーの総称。世界5大ウイスキーに数えられる。他の地域のウイスキーとは一線を画した特徴として、「トウモロコシを主な原料とし連続式蒸留器にて造られるベースウイスキー」と「大麦麦芽やライ麦を主な原料と

し単式蒸留器、連続式蒸留器にて造られるフレーバリングウイスキー」から構成されるカナディアンウイスキー独自の概念としての「ブレンデッドウイスキー」であること。原料の比率からしてアメリカンウイスキーに類似した味わいなものの、比較的ライトでスムースなことも大きな特徴。

**【キーモルト】**
ブレンデッドウイスキーにおいて、中核となるモルト原酒のこと。特にスコッチウイスキーにおいては多数の蒸留所の原酒を使用してブレンデッドウイスキーが形造られるのでその核となるキーモルトの存在は必要不可欠。

**【クラフトディスティラリー】**
かつてはマイクロディスティラリーと呼ばれていた、小規模蒸留所を指す言葉。ビールで言うクラフトビール（小規模設備で造っているビールを工芸品になぞらえたもの）と同義。

**【グレーンウイスキー】**
トウモロコシ、ライ麦、小麦などの穀物を主な原料とし蒸留されたウイスキー。糖化の過程で大麦麦芽が使用される上、原料にも大麦麦芽が使用される場合も。

**【シークレット】**
ボトラーズリリースにおいて、蒸留所非公開の意。シークレットアイラ、シークレットスペイサイドのように地域名をつけることが専ら。意図するところは大なり小なり蒸留所のイメージを守るためなのでは？　と推測されていたりいなかったりする。

**【シェリー】**
スペイン南部アンダルシア地方のヘレスの周辺地域で造られる「酒精強化ワイン」。製造過程でアルコールを添加することで通常のワインよりアルコール度数が高いことが特徴。ウイスキーにおいては特に辛口のオロロソ、極甘口のペドロヒメネスを熟成した（のち、別の樽に移し替えられ輸送後に中身を払いだされ空になった「その」)樽が用いられ、さらにそれで熟成されたウイスキーにはレーズンをはじめとした甘くフルーティーな香味が加わる。近年では「シーズニング」という手法でシェリー樽を造り出す手法が広く用いられている。

**【ジャパニーズウイスキー】**
日本にて製造されるウイスキーの総称。世界5大ウイスキーに数えられる。ルーツがスコッチウイスキーにあるため大まかな部分はそれに倣う形となっているものの、スコッチと比較してスモーキーな部分が抑えられ軽やかな口当たりなものが多い。また、日本に多く自生するミズナラの木を使用した「ミズナラ樽」で熟成されたウイスキーはジャパニーズウイスキーを象徴する香味をまとい、世界の品評会でも高く評価されている。

**【シングルモルトウイスキー】**
「大麦麦芽を原料として単式蒸留器にて2回蒸留され、木製の樽で熟成されたもの」をモルトウイスキーと呼び、その中でも「単一の蒸留所のみで製造されたモルトウイスキー」をシングルモルトウイスキーと呼ぶ。単一蒸留所の原酒の中であれば原酒の造り分けや樽の種類によって異なる出来となった原酒同士をどれだけヴァッティングしてもシングルモルトと呼ぶ。

**【スコッチウイスキー】**
スコットランドにて製造されるウイスキーの総称。世界5大ウイスキーに数えられる。造られるウイスキーは地方によって「ハイランド」「スペイサイド」「ローランド」「キャンベルタウン」「アイランズ」「アイラ」と区分けされ呼称される。スコッチウイスキーにこれといった定められた特徴はなく、幅広くさまざまな個性を持つウイスキーが集う。

**【スペイサイド】**
スコットランド・ハイランド地方のスペイ川、デブロン川、ロッシー川流域を指す。およそ50もの蒸留所が集まり、スコットランドの中では最も多く蒸留所が存在する地域。造られるスペイサイドモルトは華やかで繊細、フルーティーな香りが特徴的とされる。

**【単式蒸留器】**
ポットスチルとも。モルトウイスキーを造る際に使用され、加熱された発酵液（もろみ）が蒸気となり流れていき、送られた蒸気が冷やされスピリッツを得るという流れとなる。基本的に単式蒸留器では初留、再留の2回蒸留にてアルコール度数を高めるとされているものの、アイリッシュでは3回蒸留が基本となっている。

【ノンエイジ】
ウイスキーの年数表記は「最低でも表記の年数以上熟成した原酒のみを使用している」という意味であることに対し、年数を表記しないことでそれに囚われず短熟から長熟まで幅広く原酒を使用できるという概念から生まれたもの。Non Age Statementから「NA」や「NAS」とも表記される。Non Vintageから「NV」とも。

【ノンカラー】
品質の均一化のため、ウイスキーには補色のためのカラメル色素の添加が許可されているものの、それを行っていないことを明示するための文言。Natural Colorとも。

【ノンチルフィルター】
Non Chillfiltered（冷却濾過をしていない）。ウイスキーは温度が低くなると香味成分が折出し白い澱（おり）となって現れるので、製品化の際に0～5度に冷却して澱を濾過することをチルフィルタリングと呼ぶ。その澱にこそうまみ成分があるとし、あえて冷却濾過を行わないことでより自然なウイスキーとしている。

【バーボンウイスキー】
アメリカのケンタッキー州周辺にて造られるアメリカンウイスキー。「原料の51%以上がトウモロコシ、アルコール度数80%以下で蒸留、アルコール度数62.5%以下で樽詰め、内側を焼き焦がしたホワイトオークの新樽を使用」とした条件を満たしたものをバーボンウイスキーと呼ぶ。その条件のため着色は認められていない。

【ハイランド】
スコットランド北部ハイランド地方を指す。高原、山脈が多く「グレン（ゲール語で谷の意）」と名のつく銘柄も多い。スコットランドの半分以上がハイランド地方とされ広域なため、幅広い個性的なウイスキーが造られる。

【ピート】
石炭の一種で泥炭とも呼ばれる。シダやコケといった野草植物が年月をかけて炭化したもの。ウイスキーの製造過程で発芽した大麦を乾燥させる際に燃料の一部として使われることがあり、その際のピートの含有量によってウイスキーにスモーキーな香味が加わる。⇔ノンピート

【ファーストフィル】
初めてウイスキーの熟成に使われる樽のことで、例としてシェリー樽やバーボン樽などが挙げられる。例外としてバーボン樽についてはバーボンの熟成自体はフィルにカウントされない。もともと入っていた酒の影響が色濃く出るため、濃厚な仕上がりの原酒となりやすい。

【フィニッシュ】
後熟とも呼ばれ、ある程度樽熟成した原酒を別の樽に移し替える手法を指す。フィニッシュの期間は基本的に数カ月～1年程度で、フィニッシュに使用した樽によって出来上がる原酒に大きく影響を及ぼす。

【フェノール値】
ピートレベルとも呼ばれ、麦芽の乾燥の際についたフェノール化合物（スモーキー成分）の量を数値化したものを指す（単位：ppm）。基本的に数値が大きいほど薫香も強くなる傾向にあるものの、あくまで目安なので数値の割にスモーキーさがそこまで強くないものも存在する。

【プルーフ】
イギリスやアメリカで用いられるアルコール度数の表し方。イギリスのブリティッシュプルーフは0.571倍、アメリカのアメリカンプルーフは0.5倍するとアルコール度数が導ける。また、高度数のものはハイプルーフと呼ばれたり呼ばれなかったりする。

【ブレンデッドウイスキー】
複数のモルトウイスキー＋グレーンウイスキーをブレンドしたもの。銘柄によっては数十種類のモルト原酒とグレーン原酒をブレンドするものまで存在し、それでいてシングルモルトより比較的安価なので手に取りやすい利点がある。

【ブレンデッド
モルトウイスキー】
複数のモルトウイスキー同士をブレンド（ヴァッティング）したもの。他ヴァッテッドモルト、日本国内ではピュアモルトとも呼ばれることがある。シングルモルトやブレンデッドと比べて銘柄が少なく、ややニッチなジャンル。

【ヘビリーピーテッド】
麦芽の乾燥の際に燃料に使用されるピートの影響を大きく受けた原酒のことを指す。影響の度合いにより呼

称は異なり、フェノール値で40～50ppm以上のものをヘビリーピーテッド、25ppm周辺をミディアムピーテッド、10ppm以下をライトリーピーテッドと呼ぶ。

**【ポートワイン】**
ポルトガル北部アルト・ドウロ地区で造られポルト港から出荷される「酒精強化ワイン」。シェリーと同じく製造過程でアルコールを添加し発酵を止め、樽で熟成をするという製法のもの。ポートワインは添加するものがブランデーなのが特徴。スペインのシェリー、ポルトガルのポートワイン、同じくポルトガル領マデイラ島のマデイラワインを総称して世界3大酒精強化ワインと呼ぶ。

**【ポットスチルウイスキー】**
アイルランドで造られるアイリッシュウイスキーでのみ見られるウイスキーの種類。大麦麦芽と未発芽の大麦、オーツ麦などを原料とし単式蒸留器で3回蒸留を行ったもの。穀物由来の風味が強く出たり、オイリーさが特徴とされている。なお、アイリッシュウイスキーにおいてはポットスチルウイスキー＋グレーンウイスキーでもブレンデッドウイスキーと呼称する。

**【ボトラーズ】**
インディペンデント・ボトラーズ（独立瓶詰め業者）と呼ばれ、蒸留所から買い取った原酒樽を独自にブレンドしたり追加で熟成したりしたのちに瓶詰めし販売する形態の業者。反対に蒸留所からのリリースは「オフィシャル」と呼ばれる。オフィシャルリリースでは販売されないようなシングルカスクやカスクストレングス、珍しい樽での熟成を経たものなどボトラーズならではの魅力が大いに存在する。沼。

**【マスターブレンダー】**
ウイスキーのブレンダーの中でも最高責任者に当たるブレンダーのこと。会社によってはチーフブレンダーと呼称したりもする。

**【マッカラン】**
言わずと知れたウイスキーのロールスロイス。尺の都合で掲載できず……ごめん!!

**【〇〇オーク】**
ウイスキーを熟成するための樽の原料となるナラの木の木材。大多数の樽に使われているアメリカンホワイトオーク、シェリーの輸送用やワインの樽に使われていたヨーロピアンオーク／スパニッシュオーク、同じくワインの樽に使われるフレンチオーク、ミズナラ樽の原料になるジャパニーズオークなどが代表例。

**【〇〇樽】**
ウイスキーの熟成樽の容量によってもクォーター（45～50ℓ）、ホグスヘッド（250ℓ）、パンチョン（300～500ℓ）などと呼称が異なる。また、ウイスキーの熟成の前に入っていたものの種類によってもバーボン、シェリー、ポートワイン、コニャックなどのブランデー、はてはビールや日本酒まで酒という酒の多岐にわたる。

**【〇〇年】**
ウイスキーにおける年数表記とは「含まれている原酒はすべて、最低でも表示されている年数以上の熟成を行っている」という意味。日本では年数表記信仰が強いとされていて、日本向けにあえて年数表記をしている銘柄も存在したりしなかったりする。⇔ノンエイジ

**【ミズナラ】**
日本に多く自生するブナ科コナラ属の落葉広葉樹。ジャパニーズオークとも。材質が硬いため加工がしづらく、新樽では木感が強く出すぎるなど扱いは難しいものの、繰り返し使用したミズナラ樽からは白檀（びゃくだん）や伽羅（きゃら）といった香木を思わせる日本的・オリエンタル的な香りをもたらす。

**【連続式蒸留器】**
コラムスチル、パテントスチルとも。グレーンウイスキーやバーボンウイスキーなどを造る際に使用される。多塔式となった単式蒸留器といった趣きで、その名の通り連続で蒸留を行うことで効率的に高純度のスピリッツを得られる。何度も蒸留を行うその性質上、単式蒸留器に比べて原料の風味は残りにくいとされる。

**【ワールドブレンデッド】**
国の垣根を超え、世界の蒸留所の原酒同士をブレンドしたもの。基本的にスコッチ、アイリッシュ、アメリカン、カナディアン、ジャパニーズの世界5大産地のものが使われたものに対して呼称される。

著者
**朝倉あさげ**
（あさくら・あさげ）

山口県出身。主にウイスキーについてを綴ったブログ『なもなきアクアリウム』を更新中。「肩肘張らず正直にわかりやすく」を信条に、いわゆるオタク言葉やインターネットスラングを用いて、自由な文章で古酒から現行品、新作まで多岐にわたってレビューを掲載。バーは好きだけどコミュ障なので滅多に行かず専ら宅飲み。好きな銘柄は『ラガヴーリン 16年』、存在自体が好きなボトルは『サントリー ローヤル』。時々イラストレーターとしても活動中。

イラスト
**omiso**
（おみそ）

山梨県出身、都内在中。大学を卒業後グラフィックデザイン会社・洋菓子会社にてデザイン・マーケティング・企画職を経験ののち、イラストレーターとして活動。広告・書籍・パッケージなどさまざまな媒体でのイラスト制作を担当。

ブックデザイン＆DTP　今田賢志
編集　石沢鉄平（株式会社カンゼン）

# 世界一やさしいウイスキーの味覚図鑑

発行日　2024年12月19日　初版
2025年２月14日　第４刷　発行
著　者　朝倉 あさげ
発行人　坪井 義哉
発行所　株式会社カンゼン
〒101-0041
東京都千代田区神田須田町2-2-3
ITC神田須田町ビル8F
TEL 03（5295）7723
FAX 03（5295）7725
https://www.kanzen.jp/
郵便為替 00150-7-130339
印刷・製本　株式会社シナノ


ISBN 978-4-86255-742-1　Printed in Japan

定価はカバーに表示してあります。
ご意見、ご感想に関しましては、kanso@kanzen.jp まで
Eメールにてお寄せ下さい。お待ちしております。